"十三五"江苏省高等学校重点教材（编号：2019-2-249）

装配式建筑丛书

# 装配式建筑结构设计

## Structural Design of Prefabricated Construction

阎长虹　黄天祥　黄慧敏　主编

科学出版社

北京

## 内 容 简 介

　　本丛书从装配式建筑结构设计，预制构件生产与质量管理，装配式混凝土建筑施工技术，装配式建筑材料与连接技术四个方面，全面系统地介绍了装配式建筑从无到有的全过程。本书共 8 章，系统地介绍装配整体式剪力墙结构设计、装配整体式框架结构设计、水平构件设计、竖向构件设计、立体构件设计、地下隧道盾构管片设计等内容。结合设计理论、规范图集、工程案例，详细地阐述装配式建筑结构体系的设计内容、结构拆分设计、连接设计、连接构造、构件设计计算、构件施工验算。同时，书中收录百余幅照片和图片，便于读者直观地了解设计要点和难点。

　　本书可作为土木工程、地下工程、工程管理等相关专业本科生教材，也可供设计企业、工程管理部门、建设单位、监理企业相关的技术人员参考使用。

**图书在版编目（CIP）数据**

　装配式建筑结构设计/阎长虹，黄天祥，黄慧敏主编. —北京：科学出版社，2022.5
　　（装配式建筑丛书）
　　"十三五"江苏省高等学校重点教材
　　ISBN 978-7-03-072253-9

　Ⅰ. ①装… Ⅱ. ①阎… ②黄… ③黄… Ⅲ. ①装配式构件–建筑结构–结构设计–高等学校–教材 Ⅳ. ①TU3

　中国版本图书馆 CIP 数据核字（2022）第 076456 号

责任编辑：李涪汁　曾佳佳/责任校对：任苗苗
责任印制：赵　博/封面设计：许　瑞

**科 学 出 版 社** 出版
北京东黄城根北街 16 号
邮政编码：100717
http://www.sciencep.com
北京中石油彩色印刷有限责任公司印刷
科学出版社发行　各地新华书店经销
\*
2022 年 5 月第 一 版　开本：787×1092　1/16
2025 年 1 月第三次印刷　印张：12
字数：280 000
**定价：79.00 元**
（如有印装质量问题，我社负责调换）

# "装配式建筑丛书"编委会

主　编：阎长虹　黄天祥　黄慧敏

编　委：（按姓氏笔画排序）

马天海　马庆平　王志良　王艳芳　申振威

朱健雄　刘　静　孙　娟　杨伟伟　易新亮

郑　军　钱晓旭　黄锦波　盖雪梅　梁键深

燕晓莹　魏林宏

# 丛 书 序

　　装配式建筑作为国家发展性战略重点，是传统建筑向产业化转型的新型产业。2016年以来，国家已经出台了各项关于建筑产业现代化发展的政策和文件，推动装配式建筑产业化的发展。但是装配式建筑产业尚处于起步阶段，人才的缺乏是行业推进建筑产业现代化的一大瓶颈。目前，建筑类高校还没有完善的装配式建筑人才培养方案及相应的教材，所以，高校毕业生还不熟知装配式建筑理论知识和技术，致使装配式建筑管理人才、技术人才、高技能人员及科研创新人才极大短缺。可以预计在未来相当长的一段时间内，装配式建筑人才培养将是服务和推动建筑产业化发展的核心工作之一。

　　南京大学作为教育部直属的重点综合性大学、A类世界一流大学建设高校，南京大学金陵学院作为国内独立学院类一流的应用型本科院校，承担着为国家培养土木建筑行业急需人才的重要任务和使命。南京大学、南京大学金陵学院与装配式建筑技术先进的企业单位——香港有利集团签订装配式建筑人才培养发展战略合作协议，于2016年启动了装配式建筑系列教材的建设工作，旨在系统地编写能够全面反映当前装配式建筑发展的先进工艺、管理技术和适应现代教育教学理念的系列教材，为培养装配式建筑人才提供保障。装配式建筑系列教材包括《装配式建筑结构设计》《预制构件生产与质量管理》《装配式混凝土建筑施工技术》《装配式建筑材料与连接技术》四本，内容涉及建筑结构设计及拆分理论、预制构件生产工艺及管理技术、装配式建筑施工工艺及管理技术、装配式建筑的核心连接技术等方面，汇聚了当前先进的装配式建筑的生产、施工理论和经验，注重设计原理、工艺方法及管理体系的介绍，突出工程应用及能力培养。希望本系列教材的出版能够起到服务和推动建筑产业化发展的积极作用，为我国装配式建筑产业化的创新型应用人才培养和技术进步贡献力量。

2020 年 4 月

# 前　言

　　装配式建筑采用标准化设计、工厂化生产、装配化施工、信息化管理、智能化应用，是现代工业化生产方式。推进建筑业转型，开展建（构）筑物的新型建造模式，大力发展装配式建筑，是落实中央城市工作会议精神的战略举措，是贯彻"适用、经济、绿色、美观"的建筑方针、实施创新驱动战略、实现建筑现代化和产业转型升级的重要引擎。《中共中央　国务院关于进一步加强城市规划建设管理工作的若干意见》（2016 年 2 月 6 日）提出，力争用 10 年左右时间，使装配式建筑占新建建筑的比例达到30%。

　　大力发展装配式建筑，促进建筑业转型升级，对过去的建造方式根本性的改变，要从设计开始，从工厂生产抓起，从现场组装抓起。发展装配式建筑，关键在于打造新型装配式建筑应用型人才队伍，土木建筑类高校承担着技术人才培养的主要任务。因此，教育必须服务社会经济发展，满足当前经济结构转型升级需求，培养成千上万技术技能应用型人才刻不容缓。土木工程专业实施装配式建筑应用型人才培养是装配式建筑产业链上最为关键的一项艰苦而又迫切的任务。

　　借助南京大学与香港有利集团的产学研合作的契机，本书内容汲取企业先进、成熟的装配式建筑建造经验。本书是由南京大学及南京大学金陵学院有关教师和香港有利集团技术骨干共同合作编写的装配式建筑系列教材之一，本书以结构设计为主线，以培养理论知识与技术能力并重的应用型人才为目标，集理论知识与工程实践于一体。本书主要包括装配整体式剪力墙结构设计、装配整体式框架结构设计、水平构件设计、竖向构件设计、立体构件设计、地下隧道盾构管片设计几个方面。为便于教师授课和学生学习，本书编者结合多年的教学经验，增加了部分设计实例。

　　本书由阎长虹、黄天祥、黄慧敏任主编，指导并编写各章节概要，把控整本书的编写思路及质量。全书共 8 章，第 1、7 章由孙娟编写，第 2、4 章由钱晓旭编写，第 3 章由马庆平编写，第 5、6 章由钱晓旭、马庆平编写，第 8 章由阎长虹、郑军编写，全书由马庆平、阎长虹、钱晓旭统校。在本书编写过程中，有利华建筑产业化科技（深圳）有限公司、建华建材有限公司、南京地铁集团有限公司以及苏州市轨道交通集团有限公司为本书提供了大量的实际工程案例、照片及其他相关资料；刘松玉教授、朱健雄高级工程师给予了热心指导，提出了宝贵的意见并参与了审阅；南京大学地球科学与工程学院和南京大学金陵学院土木工程专业教研组其他教师也给予了很多支持和帮助；本书在表达技术观点时参考了部分论文、论著，在此谨向原作者表示衷心的感谢。

限于作者水平，书中难免存在不足之处，敬请读者批评指正。

编 者

2021 年 12 月于南京

# 目 录

# 第1章 绪  论

## 1.1  装配式建筑简介

装配式建筑是指工厂化生产的部品部件，在施工现场通过可靠连接方式建造的建筑。其主要特征为：①构成建筑的部品部件特别是结构构件是预制的；②预制构件的连接方式必须可靠。

### 1.1.1  装配式建筑基本概念

#### 1. 预制混凝土构件

预制混凝土（precast concrete，PC）构件是指在工厂或现场预先制作的混凝土构件，也可简称预制构件。作为装配式结构的组成单元，预制构件种类繁多、功能多样。除作为非结构构件如预制外挂墙板、空调板、阳台板、楼梯板等之外，预制构件也可作为结构构件如叠合受弯构件、预制柱、预制桩等。

#### 2. 预制率

定义：工业化建筑室外地坪以上的主体结构和围护结构中，预制构件部分的混凝土用量占对应构件混凝土总用量的体积比。预制构件包括：叠合板、叠合梁、预制柱、预制剪力墙、预制楼梯、预制阳台、预制外墙等。

预制率是衡量主体结构和围护结构采用预制构件的比例，是衡量装配式建筑技术水平的重要指标。只有最大限度地采用预制构件，才能充分体现工业化建筑的特点和优势，而过低的预制率则难以体现。

#### 3. 装配率

定义：工业化建筑中预制构件、建筑部品的数量（或面积）占同类构件或部品总数量（或面积）的比例。建筑部品包括：非承重内隔墙、集成式厨房、集成式卫生间、预制管道井、预制排烟道等。

装配率是衡量工业化建筑采用工厂生产的建筑部品的装配化程度。最大限度地采用工厂生产的建筑部品进行装配施工，能够充分体现工业化建筑的特点和优势，而过低的装配率则难以体现。

### 4. 构件连接

一般来说，根据是否存在现场湿作业，可以将装配式混凝土结构的连接方式分为两种，即整体式连接、干式连接。

整体式连接，也可称为等同现浇连接、湿式连接，目前有多种施工工法，形式多样，如浆锚连接、键槽连接、灌浆连接、型钢辅助连接等。整体式连接具有整体性好、结构稳定、安全性高等优点，其性能往往要求等同甚至更优于现浇整体式结构。在我国，以钢筋套筒灌浆连接为主的浆锚连接施工工法最为常用。钢筋套筒灌浆连接是指在预制混凝土构件内预埋的金属套筒中插入钢筋并灌注水泥基灌浆料而实现的钢筋连接方式。

干式连接不采用现场湿作业。干式连接广泛应用于欧美发达国家，其施工简便，人工成本低，现场施工产生的污染相对较小。目前干式连接也有多种施工工法，如牛腿连接、预应力压接、预埋螺栓连接、预埋件焊接、钢吊架连接等。其中牛腿连接又分为明牛腿连接和暗牛腿连接两种。目前我国主要应用于装配式单层或多层厂房。

## 1.1.2 装配式建筑的分类

### 1. 按结构材料分类

按结构材料分类，现代装配式建筑有装配式钢筋混凝土建筑、装配式钢结构建筑、装配式轻钢结构建筑和装配式复合材料建筑（钢结构、轻钢结构与混凝土结合的装配式建筑）；古典装配式建筑有装配式石材建筑和装配式木结构建筑。

### 2. 按高度分类

按高度分类，装配式建筑有低层装配式建筑、多层装配式建筑、高层装配式建筑和超高层装配式建筑。

### 3. 按结构体系分类

按结构体系分类，装配式建筑有框架结构、剪力墙结构、框架-剪力墙结构、筒体结构、无梁板结构、预制钢筋混凝土柱单层厂房结构等。

### 4. 按预制率分类

按预制率分类，装配式建筑有高预制率（70%以上）、普通预制率（30%～70%）、低预制率（20%～30%）和局部使用预制构件四种类型。

## 1.2 装配式建筑的发展现状

早在远古时期就出现了一些简单形式的"装配式建筑"。当时人类用兽骨、树干与兽皮搭建的兽皮帐篷就可看作人类最早的装配式"建筑"。 随着人类历史的发展，建筑技术已随之快速发展，特别是从 18 世纪末至 20 世纪初期的一个多世纪，欧美国家基本上实现了工业化，工业化进程大大推动了建筑技术的发展，涌现了许多著名的建筑，如 1886 年建成的自由女神像是世界上最早的装配式钢结构金属幕墙工程，1931 年建成的帝国大厦是世界上早期装配式建筑代表性建筑。

## 1.2.1　国外装配式建筑的发展现状

国外的工业化概念起步较早，20 世纪五六十年代开始全面建立工业化生产体系，在经历了量、质、节能环保的发展过程后，目前很多技术已经趋于成熟。

1. 欧洲国家装配式建筑发展现状

欧洲国家特别是北欧国家，装配式建筑具有较长的历史，在技术上积累了大量经验，其强调设计、材料、工艺和施工的完美结合。由于长期可持续的研究和发展，其预制技术已形成系统的基础理论，并符合节能环保与循环经济要求。

以德国为例，当前德国的公共建筑、商业建筑、集合住宅项目大都因地制宜，根据建筑工程项目的特点，选择现浇与预制构件混合建造体系或钢结构体系建设实施，并不追求高装配率。随着工业化进程的不断发展，BIM（建筑信息模型）技术得到应用，建筑工业化水平不断提升，采用工厂预制、现场安装的建筑部品越来越多，占比越来越高。

由于人工成本高，建筑业领域不断优化设计、施工方案，减少手工操作，建筑上使用的建筑部品大量实行标准化、模数化。因此，德国的装配式建筑突出追求绿色可持续发展，注重环保建筑材料和建造体系的应用，追求建筑的个性化和设计精细化。图 1-1 为德国建筑部品自动化生产线。图 1-2 为德国装配式建筑现场安装施工图。相应的建筑业标准规范体系也非常完整全面，使装配式建筑在满足通用建筑综合性技术要求前提下，还需满足其应具备的相关技术性能，如结构安全性、防火性能、防水性能、防潮性能等。同时，要满足在生产、安装方面的要求。德国部分装配式建筑相关标准如表 1-1 所示。

图 1-1　德国建筑部品自动化生产线

图 1-2　德国装配式建筑现场安装施工图

**表 1-1　德国部分装配式建筑相关标准统计表**

| 体系 | 标准规范代号 | 标准规范名称 |
|------|------------|------------|
| 混凝土及砌体预制构件、装配系统 | DIN 1045-3 | 混凝土、钢筋预应力混凝土机构（第三部分：建筑施工 DIN 13670 的应用规则） |
| | DIN 18203-1 | 建筑误差（第一部分：混凝土、钢筋混凝土和预应力混凝土预制件） |
| | DIN EN 13369 | 预制混凝土产品的一般性规定 |
| | DIN 1045-4 | 混凝土、钢筋预应力混凝土机构（第四部分：预制构件的生产及合规性的补充规定） |
| | DIN EN 14992 | 预制混凝土产品　墙体 |
| | DIN EN 13747 | 预制混凝土产品　楼板系统用板 |
| | DIN 1053-4 | 砌体（第四部分：预制构件） |

**2. 北美国家装配式建筑发展现状**

北美地区主要以美国和加拿大为主，由于美国预制-预应力混凝土协会（PCI）长期研究和推广预制建筑，预制混凝土的相关标准规范也比较完善，所以其装配式混凝土建筑应用非常普遍。

以美国为例，以其发达的工业化水平为基础，美国已经形成完善的标准化体系，在住宅部分方面以及在构件生产方面都达到很高的工业化生产水平。为了促进工业化住宅发展，出台了很多法律和一些产业政策，其中，最主要的是美国住房和城市发展部（HUD）颁布的技术标准。HUD 颁布了《美国工业化住宅建设和安全标准》（National Manufactured Housing Construction and Safety Standards），简称 HUD 标准。

美国工业化住宅的关键技术是模块化技术，在美国的住宅建筑工业化工程中，模块化技术针对用户的不同要求，只需在结构上更换工业化产品中的一个或几个模块，就可以组成不同的工业化住宅。

在结构类型特点上，框架结构的梁柱节点是预制品最不容易做到的。现在美国预制业用得最多的是剪力墙-梁柱系统。其水平力（风力、地震力）主要由剪力墙来承受，梁柱只承受垂直力，而梁柱的接头在梁端不承受弯矩，简化了梁柱节点。经过 60 年实际工程的证明，这是一个安全有效的结构体系。

3. 亚洲国家装配式建筑发展现状

亚洲国家装配式建筑的起步稍晚于欧美国家，但借鉴了欧美的成功经验，在探索预制建筑的标准化设计施工基础上，结合自身要求，形成了具有自身特色的预制建筑体系。

以日本为例，日本在预制结构体系整体性抗震和隔震设计方面取得了突破性进展。具有代表性的成就是日本 2008 年采用预制装配框架结构建成的两栋 58 层的东京塔。目前，日本可以使用预制梁柱等建筑结构构件建造高度 200m 以上的超高层住宅工程，一般均是框筒结构，并设有隔震或减震层；标准层以上，一般保持工程 4 天/层的施工进度。

主体结构工业化以预制混凝土（PC）结构为主，经历了从 WPC（PC 外墙结构）到 RPC（PC 框架结构）、WRPC（PC 框架-墙板结构）、HRPC（PC-钢混结构）的发展过程。目前在以 PC 结构为主的同时在多层住宅中大量采用钢结构集成住宅、模块化建筑和木结构住宅，实现了多层住宅的高度装配化和集成化。

此外，日本的预制混凝土建筑体系设计、制作和施工的标准规范也很完善，主要集中在 PC 和外围护方面，目前使用的预制规范有《预制混凝土工程（JASS10）》和《混凝土幕墙（JASS14）》。另外，预制建筑协会还出版了与 PC 相关的设计手册。

## 1.2.2 我国装配式建筑的发展现状

1. 香港地区

由于施工场地限制、环境保护要求严格，我国香港地区的装配式建筑应用非常普遍，尤其是在公共住房项目中。随着预制施工技术在香港建筑项目的应用增加，由香港屋宇署负责制定的预制建筑设计和施工规范完善，高层住宅多采用叠合楼板、预制楼梯和预制外墙等方式建造，厂房类建筑一般采用装配式框架结构或钢结构建造。图 1-3 为预制和谐 1 型建筑，其中采用全预制及半预制剪力墙、预制楼梯承台、预制电梯井、预制卫生间等，总预制率达到 75%。采用标准单元设计，如标准化尺寸和空间配置等，运用标准化配件使得组合形式的装配式建筑预制率可以更高。

2. 内地

我国内地从 20 世纪五六十年代开始研究装配式混凝土建筑的设计施工技术，形成了一系列装配式混凝土

图 1-3 预制和谐 1 型建筑

建筑体系，较为典型的建筑体系有装配式单层厂房建筑体系、装配式多层框架建筑体系、装配式大板建筑体系等。

到 20 世纪 80 年代，装配式混凝土建筑的应用达到全盛时期，全国许多地方都形成了设计、制作和施工安装一体化的装配式混凝土工业化建筑模式。其中装配式混凝土建筑和预制空心楼板的砌体建筑是两种最主要的建筑体系，应用普及率达 70%以上。

到 20 世纪 90 年代中期，装配式混凝土建筑已逐渐被全现浇混凝土建筑体系取代。由于当时装配式建筑的功能和物理性能存在许多局限和不足，预制结构抗震的整体性和设计、施工及管理的专业化不够，我国的装配式混凝土建筑设计和施工技术研发水平还跟不上社会需求及建筑技术发展的变化。从"十二五"开始，随着我国经济的快速发展，劳动力成本的上升，以及预制构件的加工精度与质量、预制装配式施工的施工技术和管理水平的提高，预制装配式建筑的应用重新升温，并呈现快速发展的态势。

## 1.3    装配式建筑设计基本流程

装配式建筑设计是需要建筑工程师、结构工程师和其他专业设计工程师紧密协作，需要设计人员与制作厂家和安装施工单位技术人员密切合作的设计过程。"装配式"的概念应当伴随设计的全过程。装配式建筑设计流程如图 1-4 所示。

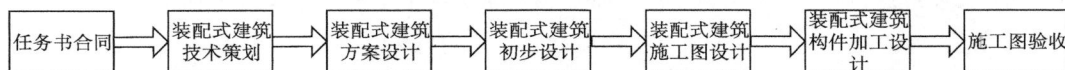

任务书合同 → 装配式建筑技术策划 → 装配式建筑方案设计 → 装配式建筑初步设计 → 装配式建筑施工图设计 → 装配式建筑构件加工设计 → 施工图验收

图 1-4    装配式建筑设计流程

### 1.3.1    设计前期

工程设计开始前，就应该先行从装配式角度对建筑进行分析。设计师首先需要对项目是否适合做装配式进行定量经济技术指标分析，对约束条件进行调查，判断是否有条件进行装配式建筑。

装配式专项设计流程如图 1-5 所示。

### 1.3.2    方案设计

在方案设计阶段，建筑师和结构设计师需根据装配式建筑的特点和有关规范的规定确定方案。方案设计阶段关于装配式的设计内容如下：

（1）在确定建筑风格、造型、质感时，分析判断装配式的影响和实现的可能性。例如，装配式建筑不适宜造型复杂且没有规律立面和无法提供连续的无缝建筑表皮的建筑。

（2）在确定建筑高度时考虑装配式的影响。

（3）在确定形体时考虑装配式的影响。

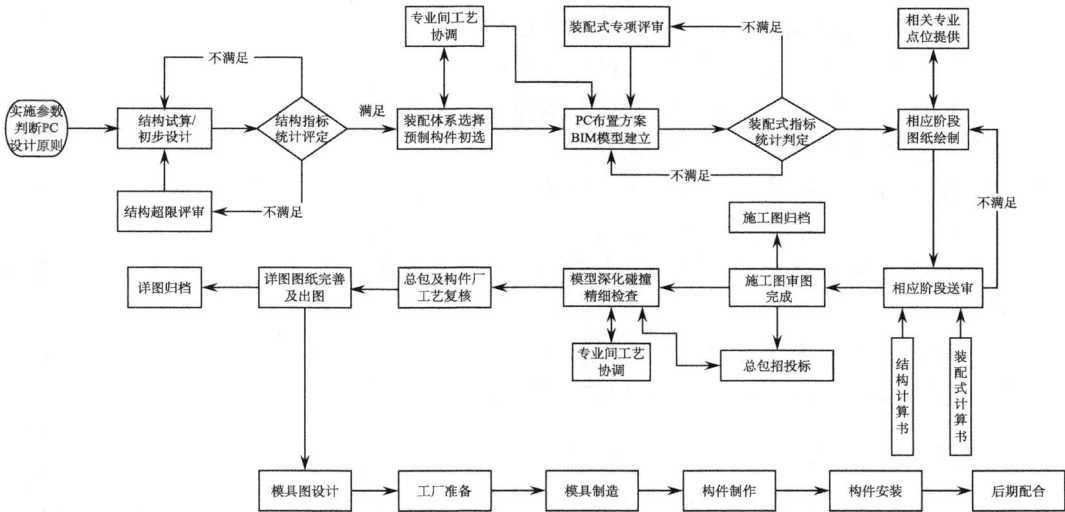

图 1-5 装配式专项设计流程

（4）一些地方政府在土地招拍挂时设定了预制率的刚性要求，建筑工程师和结构设计工程师在设计方案时须考虑实现这些要求的做法。

### 1.3.3 施工图设计

1. 建筑设计

在施工图设计阶段，建筑设计关于装配式的内容如下：
（1）与结构工程师确定预制范围，哪一层、哪个部分预制；
（2）设定建筑模数，确定模数协调原则；
（3）在进行平面布置时考虑装配式的特点与要求；
（4）在进行立面设计时考虑装配式的特点，确定立面拆分原则；
（5）依照装配式特点与优势设计表皮造型和质感；
（6）进行外围护结构建筑设计，尽可能实现建筑、结构、保温、装饰一体化；
（7）设计外墙预制构件接缝防水、防火构造；
（8）根据门窗、装饰、厨卫、设备、电源、通信、避雷、管线、防火等专业或环节的要求，进行建筑构造设计和节点设计，与构件设计对接；
（9）将各专业对建筑构造的要求汇总等。

2. 结构设计

在施工图设计阶段，结构设计关于装配式的内容如下：
（1）与建筑工程师确定预制范围，哪一层、哪个部分预制；

（2）因装配式而附加或变化的部分与作用分析；

（3）对构件接缝处水平抗剪能力进行计算；

（4）因装配式所需要进行的结构加强或改变点位设计；

（5）因装配式所需要进行的构造设计；

（6）依据等同原则和规范确定拆分原则；

（7）确定连接方式，进行连接节点设计，选定连接材料；

（8）对夹心保温构件进行拉结节点布置、外叶板结构设计和拉结件结构计算，选择拉结件；

（9）对预制构件承载力和变形进行验算；

（10）将建筑和其他专业对预制构件的要求集成到构件制作图中。

## 3. 其他专业设计

须将与装配式有关的给水、排水、暖通、空调、设备、电气、通信等专业设计要求，准确定量地提供给建筑工程师和结构工程师。

## 4. 拆分设计与构件设计

结构拆分与构件设计是结构设计的一部分，也是装配式结构设计非常重要的环节，拆分设计人员应当在结构设计工程师的指导下进行拆分，应当由结构设计工程师和项目设计单位审核签字，承担设计责任。

拆分设计与构件设计内容如下：

（1）依据规范，按照建筑结构设计要求和构件制作、运输、施工的条件，结合制作、施工的便利性和成本因素，进行结构拆分设计；

（2）设计拆分后的连接方式、连接节点、出筋长度、钢筋的锚固和搭接方案等，确定连接件材质和质量要求；

（3）进行拆分后的构件设计，包括形状、尺寸、允许误差等；

（4）对构件进行编号，构件有任何不同，编号都要有区别，每一类构件有唯一编号；

（5）设计预制混凝土构件制作和施工安装阶段需要的脱模、翻转、吊运、安装、定位等吊点和临时支撑体系等，确定吊点和支承位置，进行强度、裂缝和变形验算，设计预埋件及其锚固方式；

（6）设计预制构件存放、运输的支撑点位置，提出存放要求。

## 5. 其他设计

装配式混凝土结构建筑的其他设计包括制作工艺设计、模具设计、产品保护设计、运输装车设计和施工工艺设计，由 PC 构件工程师和施工安装企业负责，其中模具可能还需要专业模具厂家负责或参与设计。

## 1.3.4　深化设计

PC 住宅设计增加了深化设计环节，用于预制构件的工厂化生产。预制构件深化设计是工业化住宅实施关键环节，也是工业化住宅优于传统住宅最集中的体现。通过预制构件深化设计工作，将各专业需求进行集合反应，在预制构件生产前，即对整个后续构件生产、构件安装、各专业施工及各专业功能实现进行综合考虑，最终实现预制构件深化设计的高度集成化。

# 第 2 章　装配式建筑结构设计基本规定

装配式建筑是指结构系统、外围护系统、设备与管线系统、内装系统的主要部分采用预制部品部件集成的建筑。装配式混凝土建筑是指建筑的结构系统由混凝土部件（预制构件）构成的装配式建筑。装配整体式混凝土结构是指由预制混凝土构件或部件通过钢筋、连接件或施加预应力加以连接并与现场后浇混凝土、水泥基灌浆料形成整体的装配式混凝土结构，简称装配整体式结构。

本章主要介绍装配整体式框架结构和剪力墙结构建筑、结构设计基本规定，结构材料的选用要求，整体结构分析要点，施工验算基本要求和常见的预制构件类型及影响预制构件选择的主要因素。

## 2.1　建筑设计基本规定

### 2.1.1　一般规定

装配式混凝土建筑设计应符合建筑功能和性能要求，符合可持续发展和绿色环保的设计原则，利用各种可靠的连接方式装配预制混凝土构件，并宜采用主体结构、装修和设备管线的装配化集成技术，综合协调给水、排水、燃气、供暖、通风和空气调节设施、照明供电等设备系统空间设计，考虑安全运行和维修管理等要求。

### 2.1.2　模数协调

少规格、多组合是装配式建筑设计的重要原则。装配式建筑的建筑设计可通过模数设计和模数协调，来满足建造装配化与部品部件标准化、通用化的要求。在建筑设计中，模数的概念是指选定的尺寸单位，作为尺度协调中的增值单位。例如，建筑中常用的 3M、6M 相应的尺寸分别为 300mm、600mm。装配式混凝土建筑设计应符合现行国家标准《建筑模数协调标准》（GB/T 50002—2013）的有关规定。

装配式混凝土建筑的开间与柱距、进深与跨度、门窗洞口等宜采用水平扩大模数数列 2$n$M、3$n$M（$n$ 为自然数）。层高，门窗洞口高度，梁、柱、墙等部件的截面尺寸宜采用竖向扩大模数数列 $n$M。构造节点和部件的接口尺寸宜采用分模数列 $n$M/2、$n$M/5、$n$M/10。但上述尺寸亦可选择符合建筑类型、使用功能、部品部件生产与装配要求的优选尺寸。例如，门洞口，最小洞宽 700mm，最大洞宽 2400mm，最小洞高 1500mm，最大洞高 2300mm 或 2200mm；窗洞口，最小洞宽 600mm，最大洞宽 2400mm，最小洞高

600 mm，最大洞高 2300mm 或 2200mm。

装配式混凝土建筑的定位宜采用中心定位法与界面定位法相结合的方法。

框架结构体系，框架结构柱子间设置的分户部和分室隔墙，宜采用中心定位法。界面定位法适用于住宅建筑集成式厨房、集成式卫生间的内装部品（厨具橱柜、洁具、固定家具等），公共建筑的集成式隔断空间以及模块化吊顶空间。其中，门窗、栏杆、百叶等外围护部品采用模数化的工业产品，并与门窗洞口预埋节点等的模数规则相协调，可采用界面定位法。

部品部件尺寸及安装位置的公差协调应根据生产装配要求、主体结构层间变形、密封材料变形能力、材料干缩、温差变形、施工误差等确定，防止接缝漏水等质量事故发生。

## 2.1.3　标准化设计

装配式混凝土建筑应采用模块及模块组合的设计方法，遵循少规格、多组合的原则。公共建筑应采用楼电梯、公共卫生间、公共管井、基本单元等模块进行组合设计。住宅建筑应采用楼电梯、公共管井、集成式厨房、集成式卫生间等模块进行组合设计。装配式混凝土建筑的部品部件应采用标准化接口。

装配式混凝土建筑平面设计应采用大开间、大进深、空间灵活可变的布置方式；平面布置应规则，承重构件布置应上下对齐贯通，外墙洞口宜规整有序；设备与管线宜集中设置，并应进行管线综合设计。

装配式混凝土建筑立面设计中外墙、阳台板、空调板、外窗、遮阳设施及装饰等部品部件宜进行标准化设计；可通过建筑体量、材质肌理、色彩等变化，形成丰富多样的立面效果；预制混凝土外墙的装饰面层宜采用清水混凝土、装饰混凝土、免抹灰涂料和反打面砖等耐久性强的建筑材料。

标准化设计是实施装配式建筑的有效手段，没有标准化设计就不可能实现结构系统、外围护系统、设备与管线系统以及内装系统的一体化集成。

## 2.1.4　集成设计

集成设计是指建筑结构系统、外围护系统、设备与管线系统、内装系统一体化的设计。建筑内装设计与建筑结构、机电设备系统形成有机配合，是形成高性能品质建筑的关键，而在装配式建筑中还应充分考虑装配式结构的特点，利用信息化技术手段实现各专业间的协同配合设计。

结构系统的集成设计时，应采用功能复合度高的部件，优化部件规格，并满足部件加二、运输、堆放、安装的尺寸和重量要求。

对外墙板、幕墙、外门窗、阳台板、空调板及遮阳部件等外围护系统的集成设计宜采用单元式装配外墙系统或采用提高建筑性能的构造连接措施。

给水、排水、暖通空调、电气智能化、燃气等设备与管线宜选用模块化产品，接口应标准化，并应预留扩展条件。

内装系统应与建筑设计、设备与管线设计同步进行。例如，装配式楼地面、墙面、吊顶，集成式厨房、集成式卫生间等。

# 2.2　结构设计基本规定

装配式结构的设计，应注重概念设计和结构分析模型的建立以及预制构件的连接设计。本书对于装配式结构设计的主要概念，是在选用可靠的预制构件受力钢筋连接技术的基础上，采用预制构件与后浇混凝土相结合的方法，通过连接节点合理的构造措施，将装配式结构连接成一个整体，保证其结构性能具有与现浇混凝土结构等同的整体性、延性、承载力和耐久性，达到与现浇混凝土等同的效果。

装配式结构的设计应符合现行国家标准《混凝土结构设计规范》（GB 50010—2010）（2015 年版）的基本要求，并应符合下列规定：

（1）应采取有效措施加强结构的整体性；

（2）装配式结构宜采用高强混凝土、高强钢筋；

（3）装配式结构的节点和接缝应受力明确、构造可靠，并应满足承载力、延性和耐久性等要求；

（4）应根据连接节点和接缝的构造方式及性能，确定结构的整体计算模型；

（5）抗震设防的装配式结构，应按现行国家标准确定抗震设防类别及抗震设防标准。

装配式结构中，预制构件的连接部位宜设置在结构受力较小的部位，其尺寸和形状应符合下列规定：

（1）应满足建筑使用功能、模数、标准化要求，并应进行优化设计；

（2）应根据预制构件的功能和安装部位、加工制作及施工精度等要求，确定合理的公差；

（3）应满足制作、运输、堆放、安装及质量控制要求。

预制构件深化设计的深度应满足建筑、结构和机电等专业要求以及构件制作、运输、安装等各环节的综合要求。

## 2.2.1　最大适用高度

建筑物最大适用高度（表 2-1）由结构规范规定，与结构类型、抗震设防烈度等因素有关。

表 2-1　装配整体式结构房屋与全现浇结构的最大适用高度　　　　（单位：m）

| 结构类型 | 非抗震设计 | 抗震设防烈度 | | | | |
| --- | --- | --- | --- | --- | --- | --- |
| | | 6 度 | 7 度 | 8 度（0.2g） | 8 度（0.3g） | 9 度 |
| 装配整体式框架结构 | 70 | 60 | 50 | 40 | 30 | — |
| 现浇框架结构 | 70 | 60 | 50 | 40 | 35 | 24 |
| 装配整体式剪力墙结构 | 140（130） | 130（120） | 110（100） | 90（80） | 70（60） | 不采用 |
| 现浇剪力墙结构 | 150 | 140 | 120 | 100 | 80 | 60 |

注：房屋高度指室外地面到主要屋面的高度，不包括局部突出屋顶的部分；当预制剪力墙构件底部承担的总剪力大于该层总剪力的 80%时，最大适用高度应取表中括号内的数值。

## 2.2.2　高宽比

高层建筑的高宽比是对结构刚度、整体稳定、承载能力和经济合理性的宏观控制。一般情况下，可按所考虑方向的最小宽度计算高宽比，但对突出建筑物平面很小的局部结构（如楼梯间、电梯间等），一般不应包含在计算宽度内（表 2-2）。

**表 2-2　装配整体式结构房屋与全现浇结构适用的最大高宽比**

| 结构类型 | 非抗震设计 | 抗震设防烈度 | | |
|---|---|---|---|---|
| | | 6、7 度 | 8 度 | 9 度 |
| 装配整体式框架结构 | 5 | 4 | 3 | — |
| 现浇框架结构 | 5 | 4 | 3 | — |
| 装配整体式剪力墙结构 | 6 | 6 | 5 | 不采用 |
| 现浇剪力墙结构 | 7 | 6 | 5 | 4 |

## 2.2.3　抗震等级

装配整体式结构构件的抗震设计，应根据设防类别、烈度、结构类型和房屋高度采用不同的抗震等级，并应符合相应的计算和构造设计要求。丙类建筑装配整体式结构的抗震等级应符合表 2-3 的要求。

**表 2-3　丙类建筑装配整体式结构的抗震等级**

| 结构类型 | | 抗震设防烈度 | | | | | |
|---|---|---|---|---|---|---|---|
| | | 6 度 | | 7 度 | | 8 度 | |
| 装配整体式框架结构 | 高度/m | ≤24 | >24 | ≤24 | >24 | ≤24 | >24 |
| | 框架 | 四 | 三 | 三 | 二 | 二 | 一 |
| | 大跨度框架 | 三 | | 二 | | 一 | |
| 装配整体式框架结构-现浇剪力墙结构 | 高度/m | ≤60 | >60 | ≤24 | >24 且 ≤60 | >60 | ≤24 | >24 且 ≤60 | >60 |
| | 框架 | 四 | 三 | 四 | 三 | 二 | 二 | 二 | 一 |
| | 剪力墙 | 三 | 三 | 三 | 二 | 二 | 二 | 二 | 一 |

乙类建筑装配整体式剪力墙结构应按本地区抗震设防烈度提高一度的要求加强其抗震措施；当本地区抗震设防烈度为 8 度且抗震等级为一级时，应采取比一级更高的抗震措施；当建筑场地为 Ⅰ 类时，仍可按本地区抗震设防烈度的要求采取抗震构造措施。

### 2.2.4　平面及竖向布置

装配整体式结构的平面布置宜符合下列要求：

（1）平面形状宜简单、规则、对称，质量、刚度分布宜均匀，不应采用严重不规则的平面布置；

（2）平面长度不宜过长，长宽比（$L/B$）宜按表 2-4 要求采用；

（3）平面突出部分的长度 $l$ 不宜过长，宽度 $b$ 不宜过小，$l/B_{max}$、$l/b$ 应符合规范相应要求；

（4）平面不宜采用角部重叠或细腰形平面布置。

表 2-4　平面尺寸及突出部位尺寸的比值限值

| 抗震设防烈度 | $L/B$ | $l/B_{max}$ | $l/b$ |
|---|---|---|---|
| 6、7 度 | ≤6.0 | ≤0.35 | ≤2.0 |
| 8、9 度 | ≤5.0 | ≤0.30 | ≤1.5 |

注：表中 $L$、$B$ 等符号详见图 2-1。

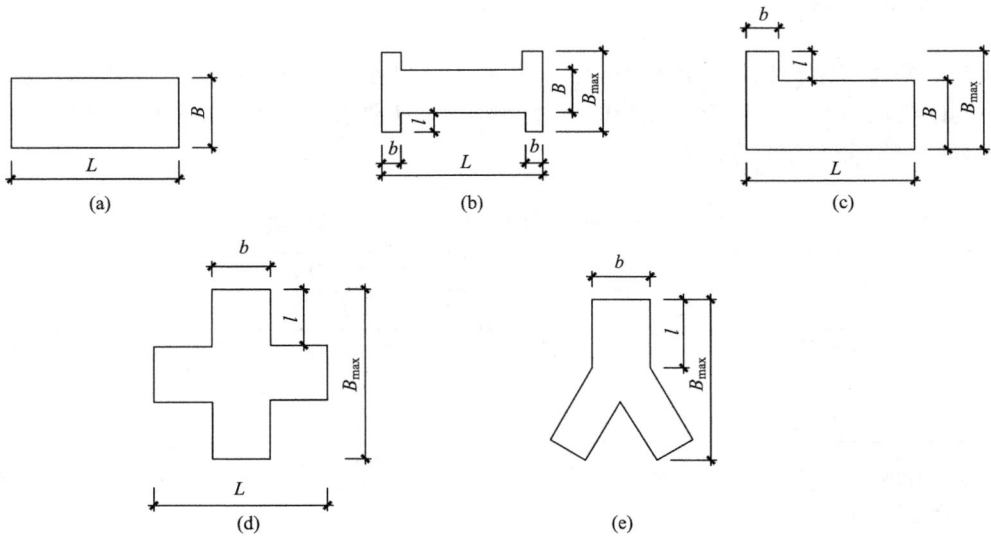

图 2-1　建筑平面规则性示意图

装配整体式结构竖向分布应连续、均匀，应避免抗侧力结构的侧向刚度和承载力沿竖向突变。装配式结构的平面及竖向布置要求，应严于现浇混凝土结构。特别不规则的建筑会出现各种非标准的构件，且在地震作用下内力分布较复杂，不适宜采用装配式结构。装配整体式建筑设计应根据抗震概念设计的要求明确建筑形体的规则性。

### 1. 框架结构

装配整体式框架结构的柱网布置既要满足建筑功能要求，又要使结构受力合理，方便施工。框架只能在自身平面内抵抗侧向力，因此必须在两个正交的主轴方向设置框架，以抵抗各个方向的侧向力。根据重力荷载的传递路径，框架结构可以采用横向承重，或者纵向承重，或者纵横双向承重（图 2-2）。

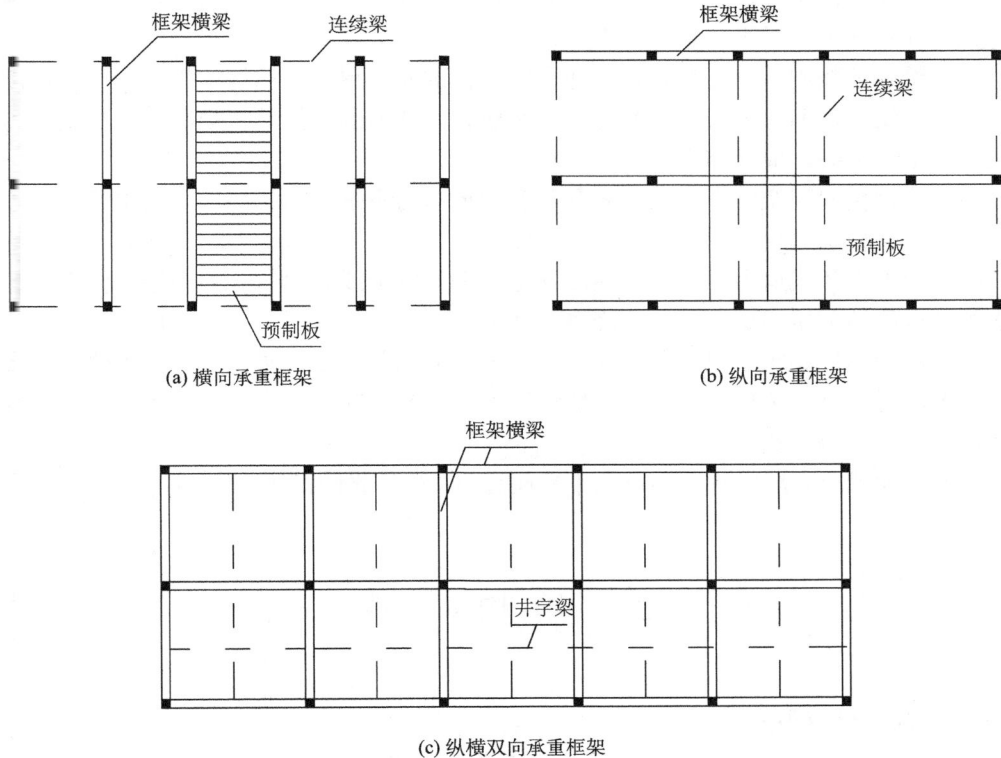

(a) 横向承重框架

(b) 纵向承重框架

(c) 纵横双向承重框架

图 2-2　框架结构布置形式

装配整体式框架根据预制构件的种类，又可分为以下两种类型：①预制柱+叠合梁+叠合板；②现浇柱+叠合梁+叠合板。

框架沿高度方向各层平面柱网尺寸宜相同，框架柱宜上下对齐，尽量避免因楼层某些框架柱取消而形成竖向不规则框架，如因建筑功能需要造成不规则时，应根据不规则程度采取加强措施，如加厚楼板、增加边梁配筋等。

框架柱截面尺寸宜沿高度方向由大到小均匀变化，尽可能使框架柱截面中心对齐，或上下柱仅有较小的偏心。结构设计时首先必须遵循强柱弱梁、强剪弱弯、强节点弱构件等原则。

装配整体式框架结构的主体结构可采用装配式。高层装配整体式框架结构宜设置地下室，地下室宜采用现浇混凝土。框架结构首层柱宜采用现浇混凝土，顶层宜采用现浇楼盖结构。带转换层的装配整体式框架结构当采用部分框支剪力墙结构时，底部框支层不宜超过 2 层，且框支层及相邻上一层应采用现浇结构。

2. 剪力墙结构

对于装配整体式剪力墙结构，《装配式混凝土结构技术规程》（JGJ 1—2014）规定：在各种设计状况下，可采用与现浇混凝土结构相同的方法进行结构分析。因此，装配整体式剪力墙结构的平面及竖向布置不仅要满足常规现浇剪力墙结构的布置原则，更需要设计人员在设计中对以下内容予以考虑：

（1）结构的规则性。装配整体式剪力墙结构的布置更强调结构的规则性，即需满足下列要求：①应沿两个方向布置剪力墙；②剪力墙的截面宜简单、规则；③预制墙的门窗洞口宜上下对齐、成列布置。

（2）应避免出现扭转不规则及侧向刚度和承载力不规则的楼层，当无法避免上述情况出现时，该楼层建议采用现浇混凝土结构。

（3）装配整体式剪力墙结构房屋的顶层、平面复杂或开洞过大的楼层、作为上部结构嵌固部位的地下室楼层应采用现浇楼盖结构。

（4）由于高层建筑中电梯井筒往往承受很大的地震剪力及倾覆力矩，因此抗震设防烈度为 8 度时，高层装配整体式剪力墙结构中的电梯井筒宜采用现浇混凝土结构，有利于保证结构的抗震性能。

（5）装配式剪力墙结构的高宽比不宜超过 6，抗震设防烈度为 8 度时，高宽比不宜超过 5。

# 2.3  结 构 材 料

## 2.3.1  混凝土和钢筋

预制构件的混凝土强度等级不宜低于 C30；预应力混凝土预制构件的混凝土强度等级不宜低于 C40，且不应低于 C30；现浇混凝土的强度等级不应低于 C25。

钢筋的选用应符合现行国家标准《混凝土结构设计规范》（GB 50010—2010）（2015年版）的规定。普通钢筋采用套筒灌浆连接和浆锚搭接连接时，钢筋应采用热轧带肋钢筋。

## 2.3.2  连接材料

钢筋套筒灌浆连接接头采用的套筒应符合现行行业标准《钢筋连接用灌浆套筒》（JG/T 398—2019）的规定。钢筋套筒灌浆连接接头采用的灌浆料应符合现行行业标准《钢筋连接用套筒灌浆料》（JG/T 408—2019）的规定。

铸造灌浆套筒宜选用球墨铸铁，机械加工灌浆套筒宜选用优质碳素结构钢、低合金高强度结构钢、合金结构钢或其他经过接头形式检验确定符合要求的钢材。

采用球墨铸铁制造的灌浆套筒,材料性能尚应符合表 2-5 规定。

表 2-5　灌浆套筒材料性能

| 项目 | 性能指标 |
| --- | --- |
| 抗拉强度 $\sigma_b$ /MPa | ≥550 |
| 断后伸长率 $\delta_s$ /% | ≥5 |
| 球化率/% | ≥85 |
| 硬度/HBW | 180～250 |

用于钢筋浆锚搭接连接的镀锌金属波纹管应符合现行行业标准《预应力混凝土用金属波纹管》(JG/T 225—2020)的有关规定。镀锌金属波纹管的钢带厚度不宜小于 0.3mm,波纹高度不应小于 2.5mm。

预制构件的吊环应采用未经冷加工的 HPB300 级钢筋制作。吊装用内埋式螺母或吊杆的材料应符合国家现行相关标准的规定。

受力预埋件的锚板及锚筋材料应符合现行国家标准《混凝土结构设计规范》(GB 50010—2010)的有关规定。专用预埋件及连接件材料应符合国家现行有关标准的规定。

连接用焊接材料,螺栓、锚栓和铆钉等紧固件的材料应符合现行国家标准《钢结构设计标准》(GB 50017—2017)、《钢结构焊接规范》(GB 50661—2011)和现行行业标准《钢筋焊接及验收规程》(JGJ 18—2012)等的规定。

### 2.3.3　密封材料

密封材料中,密封胶(如硅酮、聚氨酯、聚硫建筑密封胶)应与混凝土具有相容性,以及有规定的抗剪切和伸缩变形能力;密封胶尚应具有防霉、防水、防火、耐候等性能。

夹心外墙板接缝处填充用保温材料的燃烧性能应满足国家标准《建筑材料及制品燃烧性能分级》(GB 8624—2012)中 A 级的要求,其导热系数不宜大于 0.040W/(m·K),体积比吸水率不宜大于 0.3%;燃烧性能不应低于国家标准《建筑材料及制品燃烧性能分级》(GB 8624—2012)中 $B_2$ 级的要求。

## 2.4　结构施工验算

装配式结构的作用及作用组合,承载能力极限状态、正常使用极限状态验算,荷载和地震作用等,同现浇结构一样均可按国家现行标准执行。区别于现浇结构,装配式结构设计中,预制构件需进行施工阶段验算,其施工过程主要包括构件制作、构件运输与堆放、安装与连接三个阶段。

### 2.4.1　施工验算工况和荷载取值

预制构件在翻转、运输、吊运、安装等短暂设计状况下的施工验算，应将构件自重标准值乘以动力系数后作为等效静力荷载标准值。

构件运输、吊运时，动力系数宜取 1.5；构件翻转及安装过程中就位、临时固定时，动力系数可取 1.2。

预制构件进行脱模时，受到的荷载包括：自重、脱模起吊瞬间的动力效应、脱模时模板与构件表面的吸附力。其中，起吊瞬间产生的动力效应采用构件自重标准值乘以动力系数计算。脱模吸附力是作用在构件表面的均布力，与构件表面和模具状况有关，根据经验一般不小于 1.5 kN/m²。

预制构件进行脱模验算时，等效静力荷载标准值应取构件自重标准值乘以动力系数后与脱模吸附力之和，且不宜小于构件自重标准值的 1.5 倍。

构件堆放时的支座位置宜与脱模、吊装时的位置一致，当不一致时，应根据堆放条件进行验算。堆放时如需考虑其他施工荷载不利影响造成的荷载放大，可考虑 1.2 的动力系数。

在叠合层施工阶段验算中，作用在叠合板上的施工活荷载标准值可按实际情况计算，且取值不宜小于 1.5 kN/m²。

### 2.4.2　施工验算

#### 1. 一般规定

预制混凝土构件在生产、施工过程中应按实际工况的荷载、计算简图、混凝土实体强度进行施工阶段验算。施工阶段属于短暂设计状况，应进行承载能力极限状态设计。对于施工阶段的验算方法，《工程结构可靠性设计统一标准》（GB 50153—2008）中规定：工程结构设计宜采用以概率理论为基础、以分项系数表达的极限状态设计方法；当缺乏统计资料时，工程结构设计可根据可靠的工程经验或必要的试验研究进行，也可采用容许应力或单一安全系数等经验方法进行。

装配式结构施工验算中，由于缺少施工阶段荷载的统计资料，缺少采用极限状态设计方法的依据。对于临时支撑，往往需要重复使用，其设计控制水平与永久结构构件有区别。对于形状复杂的商品预埋吊件，其承载能力需要通过试验统计得到，难以采用现行相关标准的计算模式。对工具式配件或设备，如预埋吊件、吊索、吊车等，设计中主要采用安全系数法。因此，施工规范对装配式混凝土结构的施工验算，包括预制构件、预埋吊件、临时支撑等，采用容许应力法或安全系数法，对工程应用可能更为简单、可靠。

2. 预制构件验算

对于水平构件，大多采用平躺方式制作，其最不利的荷载工况可能是脱模起吊，而对于叠合构件，当没有设置竖向临时支撑时，其最不利的荷载还可能出现在浇筑混凝土时。对于竖向构件，有些也采用平躺方式制作，如预制桩、预制框架柱等，也可能采用水平方式吊运和运输，即施工阶段的受力与其作为正式结构构件的受力状态完全不同，此种情况下构件的配筋可能由施工阶段控制，特别是类似于预制桩那样的细长构件。为通过施工验算，加大构件的截面和配筋是最直接的方式，而调整吊点的位置、数量以及吊运形式则是较为经济的方式。对于柱、墙板等竖向构件，安装后大多会及时安装临时支撑，作用在构件上的水平荷载相对于构件的自重是比较小的，对此种施工状态只需对支垫和临时支撑进行验算即可。

预制构架吊运应根据构件的形状以及现场的机械设备、吊运条件来确定吊运方案，可采用多线吊运、多台起重机、多个滚动装置、多个分配梁等方式。由于吊运方式会对预制构件吊运的受力有很大影响，吊运验算的计算模型必须与吊运方案保持一致。预制构件在吊运阶段的受力大多可采用"点支承"的模型计算，对于梁、柱、桩等构件可以采用简支梁或连续梁模型，而对于楼板或墙板则可采用等代梁模型。采用等代梁计算楼板或墙板时，应按纵、横两个方向分别计算，且均应考虑全部荷载的作用；等代梁宽可取支点两侧半跨之和或支点到板边缘的距离与一侧半跨之和，且不宜大于板厚的 15 倍。

3. 预制构件验算限值

预制构件的施工验算应符合设计要求。当设计无具体要求时，宜符合下列规定。

（1）钢筋混凝土和预应力混凝土构件正截面边缘的混凝土法向压应力应满足

$$\sigma_{cc} \leqslant 0.80 f'_{ck} \tag{2-1}$$

（2）钢筋混凝土和预应力混凝土构件正截面边缘的混凝土法向拉应力应满足

$$\sigma_{ct} \leqslant 1.0 f'_{tk} \tag{2-2}$$

（3）预应力混凝土构件的端部正截面边缘的混凝土法向拉应力可适当放松，但不应大于 $1.2 f'_{tk}$。

（4）施工过程中允许出现裂缝的钢筋混凝土构件，其正截面边缘混凝土法向拉应力限值可适当放松，但开裂截面处受拉钢筋的应力应满足下式：

$$\sigma_s \leqslant 0.7 f_{yk} \tag{2-3}$$

式中，$\sigma_{cc}$——各施工环节在荷载标准组合作用下产生的构件正截面边缘混凝土法向压应力（MPa），可按毛截面计算；

$f'_{ck}$——与各施工环节的混凝土立方体抗压强度相应的抗压强度标准值（MPa）；

$\sigma_{ct}$——各施工环节在荷载标准组合作用下产生的构件正截面边缘混凝土法向拉应力（MPa），可按毛截面计算；

$f'_{tk}$——与各施工环节的混凝土立方体抗压强度相应的抗拉强度标准值（MPa）；

$\sigma_s$——各施工环节在荷载标准组合作用下产生的构件受拉钢筋应力（MPa），应按开裂截面计算；

$f_{yk}$——受拉钢筋强度标准值（MPa）。

4. 预埋吊件、临时支撑验算

为了达到节约材料、方便施工、吊装可靠的目的，并避免外露金属件的锈蚀，预制构件的吊装方式宜优先采用内埋式螺母、内埋式吊杆或预留吊装孔。预制构件的吊环应采用未经冷加工的 HPB300 级钢筋制作。锚入混凝土的深度不应小于 $30d$（$d$ 为吊环钢筋直径），并应焊接或绑扎在钢筋骨架上。

我国传统使用的预埋吊件是用热轧光圆钢筋加工而成的吊钩和吊环，其设计也采用类似安全系数法的方法。设计规范规定，在构件的自重标准值下，当采用 HPB300 级热轧钢筋时，每个吊环按 2 个截面计算的吊环应力应≤65MPa，即相应的施工安全系数为 4.6。实际上，施工安全系数的取值需要考虑较多的因素，包括构件自重荷载分项系数、钢筋弯折后的应力集中对强度的折减、动力系数、钢丝绳角度、临时结构的安全系数、临时支撑的重复使用性等，因此其安全系数比按持久性设计的结构大。

参考国外的相关标准和我国的工程经验，对预埋吊件、临时支撑的施工验算，施工规范采用安全系数法进行设计：

$$K_c S_c \leqslant R_c \qquad (2\text{-}4)$$

式中，$K_c$——施工安全系数，临时支撑取 2.0，临时支撑的连接件、预制构件中用于连接临时支撑的预埋件取 3.0，普通预埋吊件取 4.0，多用途的预埋吊件取 5.0，当有可靠经验时，$K_c$ 可根据实际情况适当增减；

$S_c$——施工阶段荷载标准组合作用下的效应值；

$R_c$——按材料强度标准值计算或根据试验确定的预埋吊件、临时支撑的承载力。

## 2.5　结构分析和变形验算

### 2.5.1　结构整体分析要点

在各种设计状况下，装配整体式结构可采用与现浇混凝土结构相同的方法进行结构分析。根据国内外多年的研究成果，在地震区的装配整体式框架结构，当采取了可靠的节点连接方式和合理的构造措施后，其性能可等同于现浇混凝土框架结构，并采用和现浇结构相同的方法进行结构分析和设计。

进行结构整体分析时，对于现浇结构或装配整体式结构，可假定楼盖在其自身平面内为无限刚性。当楼盖开有较大洞口或其局部产生明显的平面内变形时，在结构分析中应考虑其影响。

装配整体式结构承载能力极限状态及正常使用极限状态的作用分析可采用弹性方法。

装配式框架和剪力墙结构进行内力和变形计算时，当采用轻质墙板填充墙时，框架结构周期折减系数应取 0.7～0.9，剪力墙结构周期折减系数应取 0.8～1.0。当非承重墙体为填充砖墙时，计算自振周期折减系数可取 0.6～0.7。

现浇楼面和装配整体式楼面中梁的刚度可考虑翼缘的作用予以增大。楼面梁刚度增大系数可根据翼缘情况取为 1.3～2.0。

在竖向荷载作用下，可考虑框架梁端塑性变形内力重分布对梁端负弯矩乘以调幅系数进行调幅，并应符合下列规定：

（1）装配整体式框架梁端负弯矩调幅系数可取为 0.7～0.8，现浇框架梁端负弯矩调幅系数可取为 0.8～0.9；

（2）框架梁端负弯矩调幅后，梁跨中弯矩应按平衡条件相应增大；

（3）应先对竖向荷载作用下框架梁的弯矩进行调幅，再与水平作用产生的框架梁弯矩进行组合；

（4）截面设计时，框架梁跨中截面正弯矩设计值不应小于竖向荷载作用下按简支梁计算的跨中弯矩设计值的 50%。

当同一层内既有预制又有现浇抗侧力构件时，地震设计状况下宜对现浇抗侧力构件在地震作用下的弯矩和剪力进行适当放大。例如，在 PKPM 软件中，对于装配整体式框架结构，现浇部分的地震内力放大系数可取 1.10。

### 2.5.2　变形验算

装配整体式框架结构的层间位移角限值与现浇结构相同，都为 1/550。

高层预制装配式剪力墙结构的层间位移角限值与现浇结构相同，都为 1/1000。对多层装配式剪力墙结构，当按现浇结构计算而未考虑墙板间接缝的影响时，多层预制装配式剪力墙结构的层间位移角限值为 1/1200。

# 2.6　常见预制构件类型和选择因素

## 2.6.1　结构体系的预制构件种类

民用建筑工程中常用的预制构件类型包括：框（排）架柱、剪力墙、柱梁节点、支撑、梁（屋架）、板、楼梯、围护和分隔墙、功能性部品部件等，详见表 2-6。

当前，预制混凝土结构应用的建筑类型以住宅建筑为主，并逐步向学校、办公楼、停车楼、精密车间等建筑类型发展。在预制构件的使用方面有以下几个特点：以板、梁、楼梯等构件类型应用范围最广，并逐步向框架柱、剪力墙、围护墙、功能性部品部件等方向发展；以一字形、平面类构件为主，类型较单一；预制构件应用与现场施工方式转变（如取消外脚手架等）的关系密切。随着预制混凝土技术应用的建筑类型的扩展，预制构件也会得到更大的发展。

表 2-6　预制构件类型

| 构件类型 | 构件描述 | 标准、规范编号 | 技术发展和应用 |
|---|---|---|---|
| 框（排）架柱 | 实心、空心、格构 | GB 50010—2010 | 铰接和半刚接连接技术、混合连接框架结构体系 |
| | | JGJ 1—2014 | |
| | | JGJ 3—2010 | 推广应用 |
| 剪力墙 | 实心、空心、叠合（双面/单面）格构 | JGJ 1—2014 | 干式和湿式混合连接技术 |
| | | 地方标准 | 推广应用 |
| 柱梁节点 | 一字形、L形、T形、十字形、牛腿式、柱、梁、节点一体化 | GB 50010—2010 | 干式连接、与型钢配合的技术筌 |
| | | JGJ 1—2014 | 推广应用 |
| 支撑 | X形、V形、K形 | 无 | 完善结构体系 |
| 梁（屋架） | 预制、叠合，实心、空心、桁架、格构 | GB 50010—2010 | 干式连接、与型钢配合的技术筌 |
| | | JGJ 1—2014 | |
| | | JGJ 3—2010 | 推广应用 |
| 板 | 预制、叠合，平板、带肋、双T、V形折板、槽形、格栅等 | GB 50010—2010 | |
| | | JGJ 1—2014 | |
| | | JGJ 3—2010 | 推广应用 |
| | 预应力板（空心、实心、带肋） | JGJ/T 258—2011 | |
| 楼梯 | 板式、梁式，剪刀、双跑、多跑 | JGJ 1—2014 | 推广应用 |
| | | 国家建筑标准设计 | |
| 围护和分隔墙 | 实心、空心、复合型，幕墙、装饰等 | JGJ 1—2014 | 点、线连接技术，与预制混凝土结构和装修相结合，推广应用 |
| 功能性部品部件 | 送排风道、管道井、电梯井道、整体式厨房和卫生间、太阳能支架、门窗套、遮阳等 | 无 | 完善产品标准 |
| | | | 与建筑体系结合 |
| | | | 推广应用 |
| 其他 | 地下设施、地面服务设施等 | 无 | 完善产品标准和技术标准 |

以住宅为主的装配整体式剪力墙结构基础顶面以上的预制构件主要包括：预制剪力墙外墙板、预制剪力墙内墙板、叠合楼板、预制楼梯、预制阳台、预制空调板、预制女儿墙、预制飘窗等。

## 2.6.2　影响预制构件选择的主要因素

### 1. 预制率、装配率

预制率是《工业化建筑评价标准》（GB/T 51129—2015）中提出的装配式建筑评价指标，指工业化建筑室外地坪以上的主体结构和围护结构中，预制构件部分的混凝土用量占对应部分混凝土总用量的体积比。一般认为预制率大于 20% 的建筑可以算作工业化建筑。目前，很多地方政策仍沿用预制率的概念进行装配式建筑的评价。

装配率指单体建筑室外地坪以上的主体结构、围护墙和内隔墙、装修和设备管线等采用预制部品部件的综合比例。一般装配式建筑的装配率在 50% 以上。

　　预制率、装配率的高低直接决定了预制构件的多少。预制率、装配率要求越高的建筑，预制构件的数量越多，预制构件的种类也可能越多，建筑的工业化程度越高。预制率、装配率的大小一般由当地政策要求确定。

　　各地出台的预制率和装配率的计算细则也有不同。设计时需要根据相应的计算方法合理选择钢筋混凝土预制构件。下面简要列出部分地区预制率和装配率的计算特点。

　　（1）上海市计算方法（沪建建材〔2016〕601号）。

　　预制率、装配率不同，且有两种计算方法，按正负零以上全楼计算，非承重内隔墙不计算。

　　（2）深圳市计算方法（深建字〔2015〕106号）。

　　预制率、装配率不同，按正负零以上标准层计算。其中非承重内隔墙预制混凝土部分计算预制率不大于7.5%。

　　（3）合肥市计算方法（合建设〔2013〕15号）。

　　计算预制装配率，仅计算标准层，全部按混凝土体积直接计算。

　　（4）湖南省计算方法（湘建房〔2016〕23号）。

　　计算预制装配率，仅计算标准层，考虑内隔墙和定型模板。

　　（5）济南市计算方法（济建发〔2014〕17号、济南市城乡建设委员会）。

　　计算预制装配率，主要按节省模板的用量及整体厨卫考虑。

　　（6）江苏省计算方法。

　　地下室车库采用叠合墙板和叠合楼板时可以计入。屋顶平面以上塔楼不计入计算。采用现浇混凝土结构的裙房在主体结构平面外的部分不计入计算。

　　2. 政策因素

　　1）不同地区技术要求不同，预制构件的选择不同

　　不同地区政策对建筑物的预制率、装配率要求不一样，计算方法不一样。在将内隔墙计入预制率的地区，考虑选择预制内隔墙。在按标准层计算预制率的地区，非标准层就尽量考虑现浇。江苏地区也可以选择地下车库的外墙和顶板作叠合墙、叠合板。上海《关于本市进一步推进装配式建筑发展的若干意见》（沪府办〔2013〕52号）规定住宅外墙采用预制墙体或叠合墙体的面积应不低于50%。

　　2）工业化建筑、绿色建筑补贴政策对预制构件选择的影响

　　目前各地的装配式住宅补贴政策非常多，对预制构件选择有影响的主要是以下几类：

　　（1）多地规定采用预制外墙时，预制外墙增加的建筑面积不计入容积率，不计容建筑面积不超过单体地上建筑面积的3%（部分地区要求是夹心保温墙）。商品房设计时尽量多地选用预制外墙（或采用夹心保温墙）。

　　（2）有地方规定住宅项目的预制率达到一定要求时，可以享受补贴。此时尽量多地选择预制墙体和预制楼板等预制率高且构件成本低的构件。

　　（3）放宽商品房预售条件规定。例如，宁波市预制装配率达到15%以上完成主体高度/4即可预售，预制装配率达到30%以上，主体结构施工完成正负零即可预售。对资金回笼要求较高的商品房项目可以采用较高的预制装配。

（4）上海市规定实施装配式的保障性住房造价指标计算时，采用夹心保温比不采用高出 100 元/m² 。此条对保障房是否采取夹心保温也有影响。

还有其他一些类似补贴政策，预制构件的选择需要根据政策具体内容进行比选后确定。

**3．规范影响**

在目前行业标准《装配式混凝土结构技术规程》（JGJ 1—2014）中有以下条文规定对预制构件的选择有影响。

6.1.1 节表 6.1.1 规定了装配整体式结构房屋的最大适用高度。

6.1.8 节规定了高层装配整体式结构宜设置采用现浇混凝土结构的地下室；剪力墙的底部加强部位最好采用现浇钢筋混凝土剪力墙；框架结构的第一层柱宜采用现浇钢筋混凝土柱，屋顶宜采用现浇钢筋混凝土屋面。

6.1.9 节对带转换层的装配整体式结构做了一些要求。部分框支剪力墙结构中，框支层不宜超过 2 层，且框支层和相邻上一层应该选用钢筋混凝土现浇结构；其余转换结构体系中转换梁、转换柱最好现浇。

8.1.4 节规定抗震设防烈度为 8 度时，高层装配整体式剪力墙结构中的电梯井筒宜采用现浇混凝土结构。

在常规设计中应遵守上述条文规定。

**4．施工因素**

施工因素对构件选择的影响主要体现在构件加工制作、现场吊装和施工方法三个方面。

1）构件加工制作方面

预制构件尽量选择平面构件，如预制楼板、预制空调板等。预制墙体可以通过现浇段分成矩形，尽量避免立体形状，降低加工制作难度。尽量选择重复使用次数多的构件，避免选择数量很少的构件，减少开模数量，提高模板的使用率。

2）现场吊装方面

预制构件的选择要考虑现场机械设备的工作能力，避免过大过重的构件。尽量避免在同一位置有多个预制构件需要互相连接。尽量避免选取管线十分集中的部位预制等。

3）施工方法方面

施工方法方面需要考虑总包单位和业主的特殊需求，如是否有外脚手架的情况。

# 2.7　常见预制构件连接

## 2.7.1　连接方式

预制构件与后浇混凝土、灌浆料、座浆材料的结合面应设置粗糙面、键槽。

　　预制混凝土构件与后浇混凝土的接触面必须做成粗糙面或键槽，以提高抗剪能力。试验表明，不计钢筋作用的平面、粗糙面和键槽混凝土抗剪能力的比例关系是 1∶1.6∶3。也就是说，粗糙面抗剪能力是平面的 1.6 倍，键槽是平面的 3 倍。所以，预制构件与后浇混凝土接触面或做成粗糙面，或做成键槽，或两者兼有。

　　1. 结合面——键槽

　　装配式建筑中键槽是指预制构件混凝土表面规则且连续的凹凸构造，可实现预制构件和后浇筑混凝土的共同受力作用。键槽有单向键槽（包括三角形键槽、梯形键槽、圆形键槽）、双向键槽（双向梯形键槽）以及多向键槽（球面键槽）的构造形式，可以是连续的，也可以是不连续的（图 2-3）。

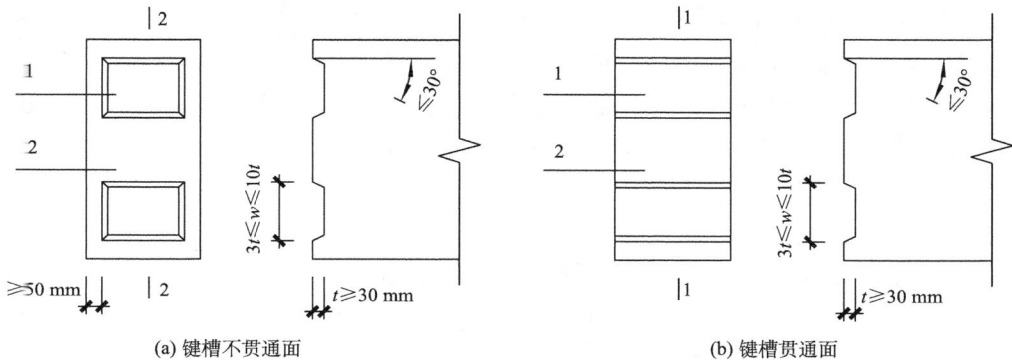

(a) 键槽不贯通面　　　　　　　　　　(b) 键槽贯通面

图 2-3　键槽示意图

1-键槽；2-梁端面

　　2. 结合面——粗糙面

　　粗糙面的面积不宜小于结合面的 80%，预制板的粗糙面凹凸深度不应小于 4mm，预制梁端、预制柱端、预制墙端的粗糙面凹凸深度不应小于 6mm（图 2-4）。

　　装配整体式结构中，节点及接缝处的纵向钢筋连接宜根据接头受力、施工工艺等要求选用套筒灌浆连接、浆锚搭接连接、钢筋机械连接、焊接连接、绑扎搭接连接、锚固连接等连接方式，并应符合国家现行有关标准的规定。

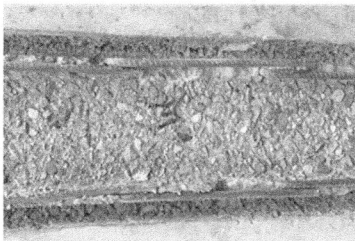

(a)露骨料粗糙面　　　　　　　　　　(b)刻花粗糙面

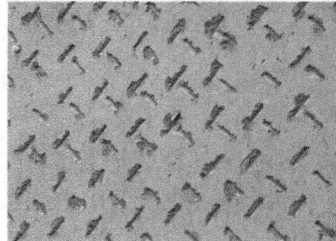

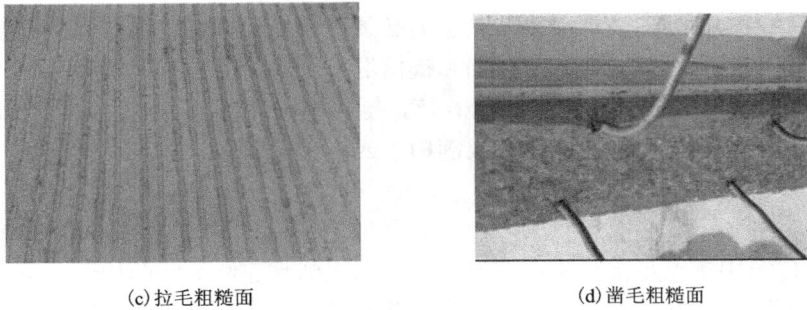

(c)拉毛粗糙面 (d)凿毛粗糙面

图 2-4 粗糙面示意图

1）套筒灌浆连接

套筒灌浆连接的工作原理是将需要连接的带肋钢筋插入金属套筒内"对接"，在套筒内注入高强、早强且有微膨胀特性的灌浆料，灌浆料在套筒筒壁与钢筋之间形成较大的正向应力，在钢筋带肋的粗糙表面产生较大的摩擦力，由此得以传递钢筋的轴向力。灌浆套筒（图 2-5）分为全灌浆套筒和半灌浆套筒。灌浆套筒也是现有常用的连接方式之一。

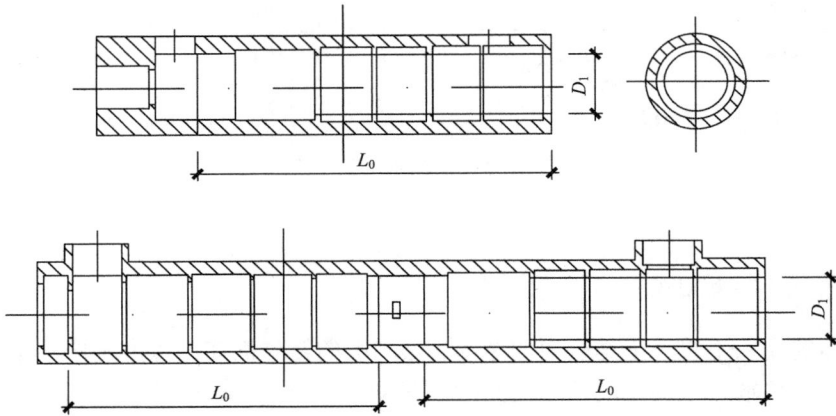

图 2-5 灌浆套筒示意图

$L_0$-注浆端锚固长度；$D_1$-灌浆套筒机械连接端螺纹的公称直径

2）浆锚搭接连接

浆锚搭接连接是指在预制混凝土构件中预留孔道，在孔道中插入需搭接的钢筋，并灌注水泥基灌浆料而实现的钢筋连接方式（图 2-6）。

3）钢筋机械连接

钢筋机械连接是指通过钢筋和连接件的机械咬合作用或钢筋端面的承压作用，将一根钢筋中的力传递到另一根钢筋的连接（图 2-7）。

4）焊接连接

焊接连接方式是在预制混凝土构件中预埋钢板，构件之间如钢结构一样用焊接方式连接。与螺栓连接一样，焊接连接方式在装配整体式混凝土结构中，仅用于非结构构件的连接。

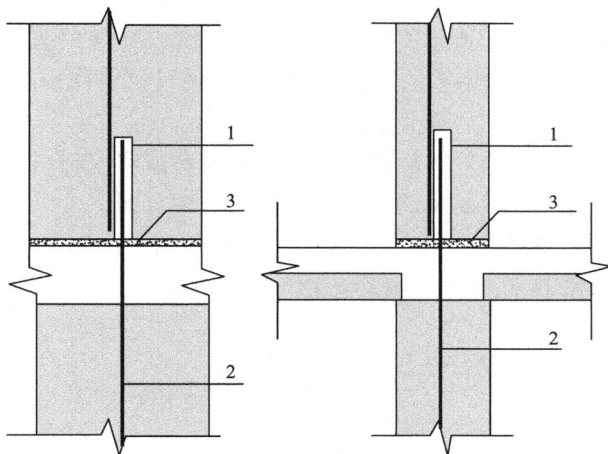

图 2-6　浆锚搭接连接示意图
1-预留孔道；2-竖向连接钢筋；3-座浆

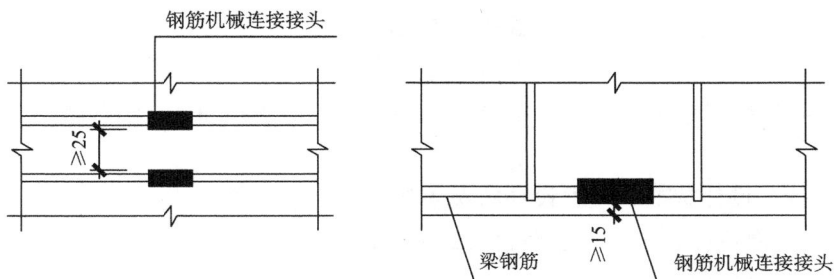

图 2-7　钢筋机械连接示意图（单位：mm）

5）绑扎搭接连接

绑扎搭接连接是指两根钢筋相互有一定的重叠长度，用扎丝绑扎的连接方法。详见《混凝土结构设计规范》（GB 50010—2010）（2015 年版）。

6）锚固连接

钢筋的锚固长度取决于钢筋的受力状态和锚固方式。预制构件纵向钢筋宜在后浇混凝土内直线锚固；当直线锚固长度不足时，可采用弯折、机械锚固方式，并应符合现行国家标准《混凝土结构设计规范》（GB 50010—2010）（2015 年版）和现行行业标准《钢筋锚固板应用技术规程》（JGJ 256—2011）的规定。

## 2.7.2　接缝验算

装配整体式结构中的接缝主要指预制构件之间的接缝及预制构件与现浇及后浇混凝

土之间的结合面。装配整体式结构中，接缝是影响结构受力性能的关键部位。装配整体式结构的接缝主要有梁端接缝、柱顶底接缝以及剪力墙的竖向、水平接缝。

接缝内力有压力、拉力、剪力。接缝的压力由后浇混凝土、灌浆料或座浆材料直接传递。接缝的拉力由各种方式连接的钢筋、预埋件传递。接缝的剪力由结合面混凝土的黏结强度、键槽或者粗糙面和钢筋的摩擦抗剪作用、销栓抗剪作用承担。接缝处于受压、受弯状态时，静力摩擦可承担一部分剪力。

连接接缝强度等级高于构件的后浇混凝土、灌浆料或座浆材料。接缝的拉、压、弯承载力计算同混凝土构件，满足构造要求时无须计算结合面。

由于后浇混凝土、灌浆料或座浆材料与预制构件结合面的黏结抗剪强度往往低于预制构件本身混凝土的抗剪强度。因此，预制构件的接缝一般都需要进行受剪承载力的计算。

预制构件的接缝受剪承载力验算：

持久设计状况：

$$\gamma_0 V_{jd} \leqslant V_u \qquad\qquad (2\text{-}5)$$

地震设计状况：

$$V_{jdE} \leqslant V_{uE} / \gamma_{RE} \qquad\qquad (2\text{-}6)$$

梁、柱端部箍筋加密区及剪力墙底部加强部位：

$$\eta_j V_{mua} \leqslant V_{uE} \qquad\qquad (2\text{-}7)$$

式中，$\gamma_0$——结构重要性系数，安全等级为一级时不应小于 1.1，安全等级为二级时不应小于 1.0；

$V_{jd}$——持久设计状况和短暂设计状况下接缝剪力设计值（N）；

$V_{jdE}$——地震设计状况下接缝剪力设计值（N）；

$V_u$——持久设计状况和短暂设计状况下梁端、柱端、剪力墙底部接缝受剪承载力设计值（N）；

$V_{uE}$——地震设计状况下梁端、柱端、剪力墙底部接缝受剪承载力设计值（N）；

$V_{mua}$——被连接构件端部按实配钢筋面积计算的斜截面受剪承载力设计值（N）；

$\gamma_{RE}$——接缝受剪承载力抗震调整系数，取 0.85；

$\eta_j$——接缝受剪承载力增大系数，抗震等级为一、二级取 1.2，抗震等级为三、四级取 1.1。

# 第3章 装配整体式剪力墙结构设计

剪力墙结构用钢筋混凝土墙板来代替框架结构中的梁柱，能承担各类荷载引起的内力，并能有效控制结构的水平力，这种用钢筋混凝土墙板来承受竖向和水平力的结构称为剪力墙结构。当墙体处于建筑物中合适的位置时，它们能形成一种有效抵抗水平作用的结构体系，同时又能起到对空间的分割作用。这种结构在高层房屋中被大量运用。近年来，装配式剪力墙结构发展非常迅速，应用量不断加大，不同形式、不同结构特点的装配式剪力墙结构不断涌现，在北京、上海、天津、哈尔滨、沈阳、唐山、合肥、南通、深圳等诸多城市中均有较大规模的应用。

按照主要受力构件的预制及连接方式，国内的装配式剪力墙结构体系可以分为以下三和：①装配整体式剪力墙结构体系；②叠合板剪力墙结构体系；③多层剪力墙结构体系。各种剪力墙结构体系中，装配整体式剪力墙结构体系应用较多，适用的房屋高度最大；叠合板剪力墙结构体系目前主要应用于多层建筑或者低烈度区高度不大的高层建筑中；多层剪力墙结构体系目前应用较少，但基于其高效、简便的特点，在新型城镇化的推进过程中前景广阔。

此外，还有一种应用较多的剪力墙结构体系，即结构主体采用现浇剪力墙结构，外墙、楼梯、楼板、隔墙等采用预制构件（亦称为内浇外挂式剪力墙体系）。这种方式在我国南方部分省市以及香港地区应用较多，结构设计方法与现浇结构基本相同，但预制装配化程度较低。

本章主要介绍装配整体式剪力墙结构的拆分与连接设计方法。

## 3.1 装配整体式剪力墙结构拆分设计

剪力墙结构的拆分设计是装配式建筑最重要的环节，对降低成本、提高效率、保证质量起到非常重要的作用。预制构件的发展方向是标准化、系列化和商品化，因此，装配整体式剪力墙结构的拆分设计是贯彻标准化设计、"等同现浇"结构概念的过程。

以住宅为主的装配整体式剪力墙结构基础顶面以上的预制构件主要包括预制剪力墙外墙板、预制剪力墙内墙板、叠合楼板、预制楼梯、预制阳台、预制空调板、预制女儿墙、预制飘窗等。本节主要介绍装配整体式剪力墙结构预制剪力墙板的拆分方法，其他预制构件的拆分详见第5~7章。

### 3.1.1 装配整体式剪力墙结构预制范围的基本要求

（1）当设置地下室时，宜采用现浇混凝土。震害调查表明，有地下室的高层建筑破坏比较轻，而且地下室对提高地基的承载力有利；高层建筑设置地下室，可以提高其在风、地震作用下的抗倾覆能力。因此高层建筑装配整体式混凝土结构宜按照现行行业标准《高层建筑混凝土结构技术规程》（JGJ 3—2010）的有关规定设置地下室。当地下室顶板作为上部结构的嵌固部位时，宜采用现浇混凝土以保证其嵌固作用。对嵌固作用没有直接影响的地下室结构构件，当有可靠依据时，也可采用预制混凝土。

（2）剪力墙结构和部分框支剪力墙结构底部加强部位宜采用现浇混凝土。高层建筑装配整体式剪力墙结构和部分框支剪力墙结构的底部加强部位是结构抵抗罕遇地震的关键部位。弹塑性分析和实际震害均表明，底部墙肢的损伤往往较上部墙肢严重，因此对底部墙肢的延性和耗能能力的要求较上部墙肢高。目前，高层建筑装配整体式剪力墙结构和部分框支剪力墙结构的预制剪力墙竖向钢筋连接接头面积百分率通常为 100%，其抗震性能尚无实际震害经验，对其抗震性能的研究以构件试验为主，整体结构试验研究偏少，剪力墙墙肢的主要塑性发展区域采用现浇混凝土，有利于保证结构整体抗震能力。因此，高层建筑剪力墙结构和部分框支剪力墙结构的底部加强部位的竖向构件宜采用现浇混凝土。

以上规定主要是确保装配式建筑的抗震性能和整体性。实际上，由于建筑功能和结构需要，建筑底部与标准层大都不一样，包括平面布置、结构断面和配筋等，做装配式既不方便也不合算。

（3）高层装配整体式混凝土结构中，结构转换层、平面复杂或开洞较大的楼层、作为上部结构嵌固部位的地下室楼层对整体性及传递水平力的要求较高,宜采用现浇楼盖。此外,高层装配整体式混凝土结构顶层宜采用现浇楼盖结构,目的是保证结构的整体性。

（4）抗震设防烈度为 8 度时，高层装配整体式剪力墙结构中的电梯井筒宜采用现浇混凝土结构。高层建筑中电梯井筒往往承受很大的地震剪力及倾覆力矩，采用现浇结构有利于保证结构的抗震性能。

（5）带转换层的装配整体式结构应符合下列规定：当采用部分框支剪力墙结构时，部分框支剪力墙结构的框支层受力较大且在地震作用下容易被破坏，为加强整体性，底部框支层不宜超过两层，且框支层及相邻上一层应采用现浇结构。

转换梁、转换柱是保证结构抗震性能的关键受力部位，且往往构件截面较大、配筋多，节点构造复杂，不适合采用预制构件。因此，部分框支剪力墙以外的结构中，转换梁、转换柱宜现浇。

（6）住宅标准层卫生间、电梯前室、公共交通走廊宜采用现浇结构。

（7）电梯井、楼梯间剪力墙宜采用现浇结构。

（8）折板楼梯宜采用现浇结构。

### 3.1.2　预制剪力墙构件的分类

预制剪力墙构件按照结构功能可分为预制剪力墙外墙板、预制剪力墙内墙板、预制外柱墙板。其中，按照规范和图集预制剪力墙外墙板通常采用非组合式承重预制混凝土夹心保温外墙板。

预制夹心保温外墙板在国内外均有广泛应用，具有结构、保温、装饰一体化的优点。预制夹心保温外墙板根据其在结构中的作用，可分为承重墙板和非承重墙板两类。预制夹心保温外墙板根据其内、外叶墙板间的连接构造，对应可以分为组合墙板和非组合墙板。组合墙板为承重墙板，其内、外叶墙板通过拉接件的连接作用共同工作，共同承担垂直力和水平力；非组合墙板为非承重墙板，内、外叶墙板不共同受力，外叶墙板通过拉接件系在内叶墙板上，仅作为外围护墙体使用，结构计算仅作为荷载考虑。鉴于我国对预制夹心保温外墙板的科研成果和工程实践经验都还较少，目前在实际工程中，通常采用非组合墙板。作为承重墙体的内叶墙板与普通剪力墙板的要求完全相同。预制夹心保温外墙板如图 3-1 所示，通常承重内叶板厚度为 200mm，外叶板厚度为 60mm，中间夹心保温层厚度为 30～100mm。

图 3-1　预制夹心保温外墙板

### 3.1.3　预制剪力墙构件的拆分原则

预制剪力墙构件的拆分原则如下。

（1）符合规范规定，确保结构安全性。

（2）提升建筑使用功能。

（3）经济合理。采取灵活的拆分方式，与 PC 构件厂家和施工企业进行沟通获得最新的信息，并将其融入结构拆分设计当中，从而达到提高生产效率、降低成本、保证质量、施工便利的目标。

（4）概念设计原则。①预制剪力墙宜按建筑开间和进深尺寸划分，高度不宜大于层高；预制墙板的划分还应考虑预制构件制作、运输、吊运、安装的尺寸限制。②预制剪力墙的拆分应符合模数协调原则，优化预制构件的尺寸和形状，减少预制构件的种类。③预制剪力墙的竖向拆分宜在各层层高处进行。④预制剪力墙的水平拆分应保证门窗洞口的完整性，便于部品标准化生产。⑤预制剪力墙结构最外部转角应采取加强措施，当不满足设计的构造要求时，可采用现浇构件。

（5）结构方案比较原则。根据结构方案进行综合因素比较和多因素分析，选择灵活合理的拆分方案。

### 3.1.4　预制剪力墙构件的拆分方法

#### 1. 预制剪力墙顶部和底部的拆分

装配整体式剪力墙结构中，上下层预制外墙板、预制内墙板的竖向钢筋采用套筒灌浆连接。预制剪力墙底部接缝宜设置在楼面标高处，接缝高度宜为 20mm，因此预制剪力墙底部一般自楼层板顶结构标高向上 20mm 处拆分。

标准层的预制剪力墙顶部应设置连续的水平后浇带，水平后浇带高度不应小于楼板厚度，且需考虑叠合楼板竖向标高的安装误差，因此预制剪力墙顶部一般自楼层板顶结构标高向下扣除水平后浇带高度的位置进行拆分，如图 3-2 所示。

屋面以及立面收进的楼层，预制剪力墙顶部应设置封闭的后浇钢筋混凝土圈梁，圈梁高度不宜小于 250mm 和楼板厚度的较大值，且需考虑叠合楼板竖向标高的安装误差，因此预制剪力墙底部一般自屋面板或楼面板顶结构标高向下扣除圈梁高度的位置进行拆分，如图 3-3 所示。

#### 2. 同一楼层内相邻预制剪力墙的拆分

装配整体式剪力墙结构中，相邻预制剪力墙之间的水平钢筋采用整体式接缝连接，确定剪力墙墙体水平连接（即竖向接缝）位置的主要原则是便于标准化生产、吊装、运输和就位，并尽量避免接缝对结构整体性能产生不良影响。因此，通常预制剪力墙宜按建筑开间和进深尺寸划分，并符合模数协调原则，同时考虑以下几种因素。

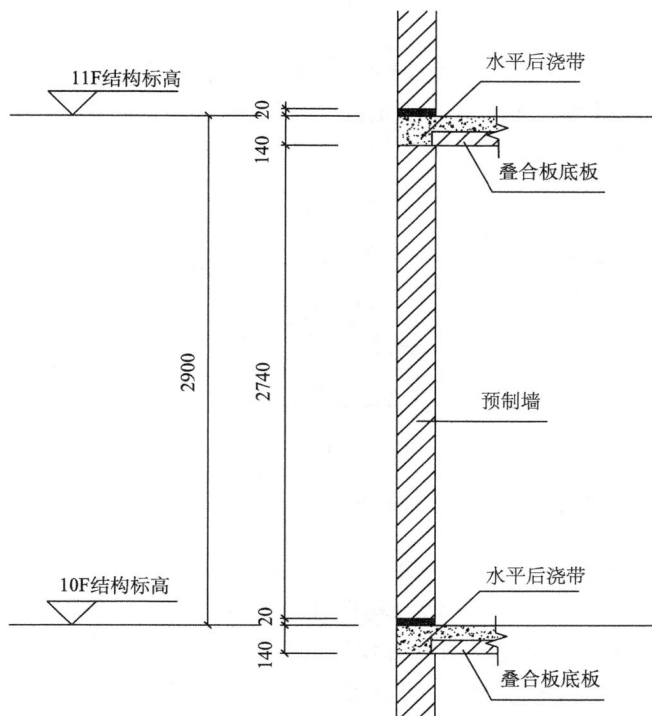

图 3-2　标准层预制剪力墙顶部、底部拆分示意图（单位：mm）①

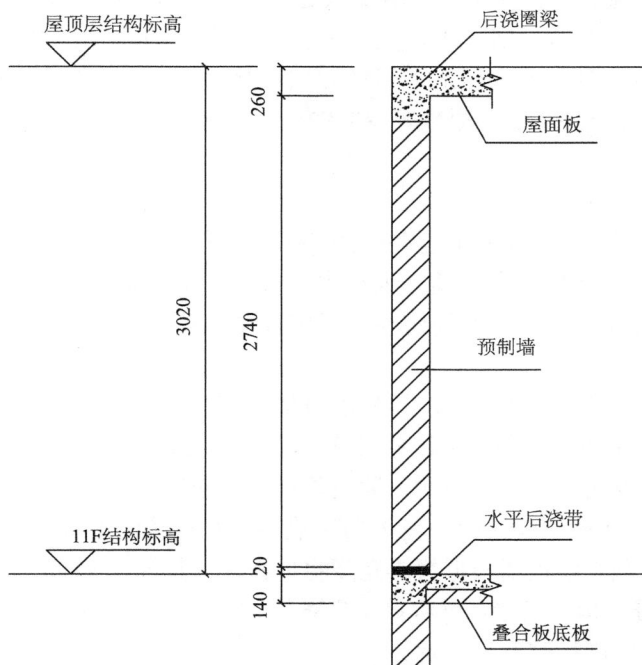

图 3-3　屋面层预制剪力墙顶部拆分示意图

① 图中数据单位为 mm，本书后续章节的图中数据单位均为 mm，不再一一标注。

1）预制率因素

在计算预制率时，处于预制剪力墙之间竖向接缝的后浇混凝土区域不超过一定范围时，仍可计入预制构件内，如图3-4所示。

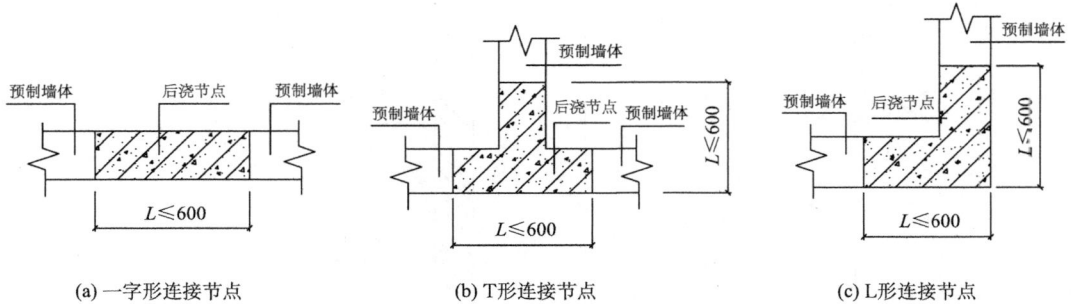

图 3-4　预制剪力墙板间后浇段现浇混凝土计入装配的允许尺寸示意图

根据《混凝土结构设计规范》（GB 50010—2010）（2015 版）和《装配式混凝土结构技术规程》（JGJ 1—2014）中对于边缘构件（包括约束边缘构件和构造边缘构件）的定义及区域范围，常规尺寸剪力墙构件（较长的除外）、边缘构件区域都可按《装配式建筑评价标准》（GB/T 51129—2017）的规定计入预制构件内。对于个别非常规尺寸的剪力墙，当边缘构件尺寸较大时，可视情况将部分边缘构件区域划入预制构件范围内采用工厂预制，现场施工区段控制在《装配式建筑评价标准》（GB/T 51129—2017）的要求内。应注意的是，在这种情况下，被纳入预制构件内的边缘构件，因其受力特点，所需配置钢筋可能较多。为方便上下层剪力墙连接时灌浆套筒的钢筋连接操作，设计时该部分需尽量配置直径较粗、根数较少的钢筋，但仍需满足相关规范的要求，如图3-5所示。

2）构件生产因素

剪力墙拆分除了要满足结构安全外，还要考虑构件生产、运输及安装等因素。对于常规尺寸的构件，厂家有现成的模具进行生产加工，模具的重复使用率越高，生产成本就越低；对个别特殊尺寸的预制构件，厂家需根据构件的尺寸特别定制一套模具进行生产。

国内部分构件生产厂家用于生产墙板的自动生产线模具尺寸相差不大，常用模具的宽度为 3～4m，可生成墙板的宽度比模具宽度小 300mm 左右。与楼板不同，剪力墙板一般采用竖向堆放及运输形式，因此上述模具尺寸对应用于一般住宅项目（层高 3m 左右）中的预制剪力墙构件影响不大，基本可以满足整片墙预制的要求。当建筑层高较大，超过模具宽度时，预制墙板需根据模具宽度将墙板进行拆分，中间增设现浇区域段（不得小于 300mm）进行构件连接，以满足生产条件。当采用立模生产时，剪力墙的规格不宜太多，设计应与生产厂家商量确定。

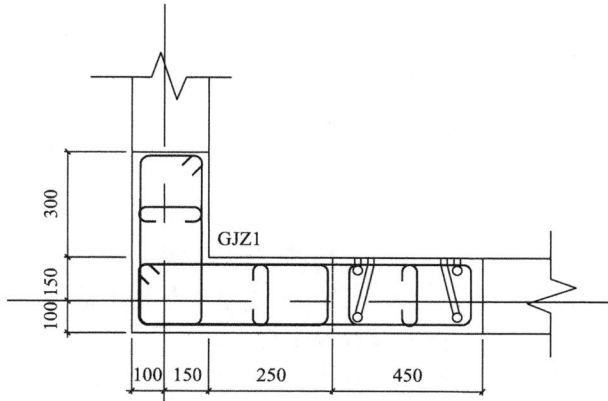

图 3-5　局部边缘构件区域预制构件钢筋构造示意图

3）构件运输及吊装的要求

通常构件生产厂距施工现场有一定的距离，距离越近，在构件运输上的投入就越少，途中构件破损率也越低。一般情况下，构件生产厂距工地 150km 以内比较合理。根据国家道路交通运输相关的规定，对重型、中型载货汽车、半挂车载物，高度从地面起不得超过 4m，载运集装箱的车辆不得超过 4.2m。墙板的运输一般是竖向放置，所以墙板的高度控制应注意不要超高。

现场安装时，用于吊装预制构件的塔吊选择是否合理，关系到整个工程的施工进度及生存安全等问题。通常一栋建筑中除了预制楼梯构件以外，最重的预制构件即为墙板构件。一般高层建筑工地采用悬臂半径为 45m 的塔吊居多，若塔吊最大起重量为 5t，以 200mm 厚的预制剪力墙为例，墙高为楼层高度减去楼板厚度，即 3000–120=2880mm，宽度按 3200mm 计算，一片常规模具生产的最大预制墙体重量为 25×0.2×2.88×3.2=46.C8kN，合计 4.61t<5t，满足塔吊吨位要求。

因此，从吊装角度考虑，将预制剪力墙拆分的最大宽度定为 3.2m 是合理的。当然拆分尺寸太小，吊装效率也较低，深化设计时，设计与安装、制作单位应协商确定。

4）剪力墙竖向钢筋连接构造的因素

《装配式混凝土建筑技术标准》（GB/T 51231—2016）规定剪力墙边缘构件竖向钢筋应逐根连接。由于剪力墙边缘构件是剪力墙受力较集中部位，钢筋配置较多。若将边缘构件划分为预制构件，在上下层剪力墙连接时，对于比较重要的约束边缘构件（如一至三级抗震等级的底部加强部位的约束边缘构件），竖向钢筋采用套筒灌浆连接受力最好。套筒内径比钢筋直径大 12mm 左右，允许误差小，在吊装安装时，下层墙体钢筋与上层墙体内预埋套筒对位困难，施工难度大。对于浆锚搭接同样存在类似问题。这种情况下，在构件拆分时，若能满足装配式建筑预制率和生产厂模具使用要求的前提下，可将配筋较多部分划分为现浇区段，采用比较成熟的现场绑扎钢筋的施工方式来完成。

# 3.2 拆分案例

## 3.2.1 项目简介

本小节以深圳市某住宅项目中的一栋超高层住宅为例，介绍剪力墙结构预制构件的拆分。该建筑为 52 层超高层住宅，设计四层地下室（包括半地下一层）。半地下一层为机动车库、自行车库、设备房、商业及社区配套；地下二、三、四层作为停车库及设备用房，地下四层局部设计为人防空间，战时为物资库及人员掩蔽所，为 I 类汽车库。该栋建筑采用剪力墙结构体系，建筑总高度 172.05m。

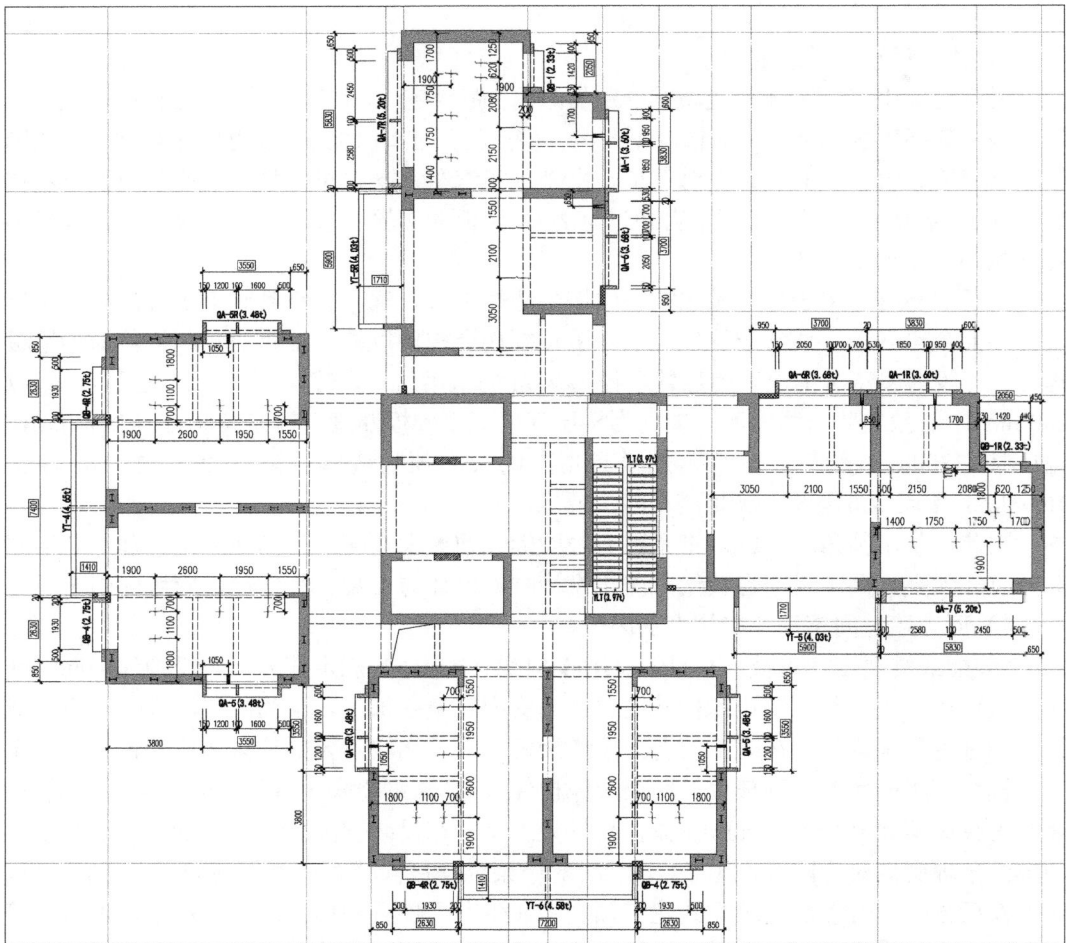

图 3-6　标准层预制构件及预埋件平面定位图

该建筑主体结构采用内浇外挂形式，剪力墙全部现浇。工程中采用的预制构件包括预制外墙板、叠合楼板、预制阳台、预制楼梯、预制隔墙板；现浇部分模板采用工具式铝模板。按照当地政府颁布的预制率和装配率的计算细则，本工程预制率 15.29%，装配率 52.43%，符合《装配式建筑评价标准》要求。

### 3.2.2 构件拆分

该建筑选用的竖向预制构件主要为预制凸窗和预制隔墙板，预制构件应用范围为 2～52 层，为非主体结构预制构件；水平预制构件中楼梯及阳台应用范围为 2～52 层、叠合楼板应用范围为 3～44 层。

其标准层预制构件及预埋件平面定位图详见图 3-6，标准层预制叠合板平面布置图见图 3-7；标准层预制构件种类及数量统计表见表 3-1，标准层叠合楼板数量统计表见表 3-2。

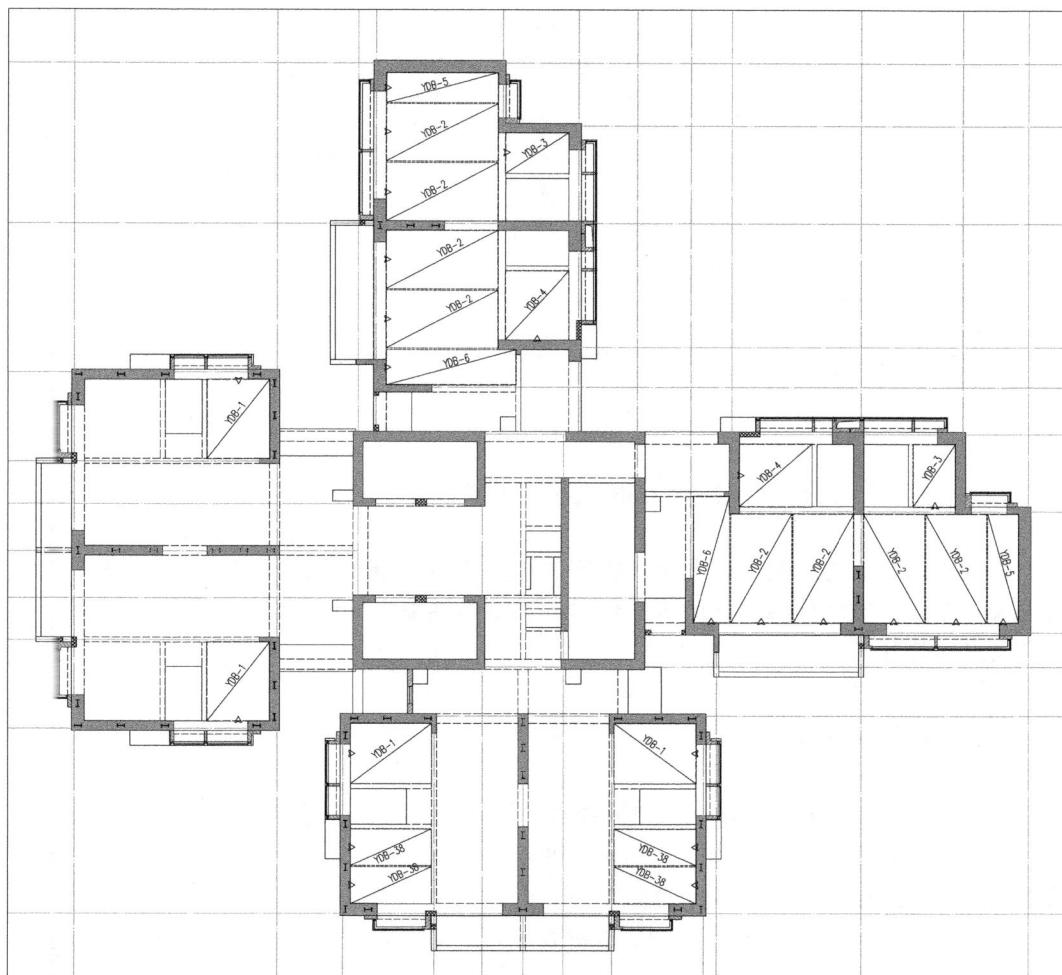

图 3-7 标准层预制叠合板平面布置图

表 3-1　标准层预制构件种类及数量统计表

| 构件编号 | 单层数量 | 总量 | 构件编号 | 单层数量 | 总量 |
|---|---|---|---|---|---|
| QA-1 | 1 | 51 | QB-1 | 1 | 51 |
| QA-1R | 1 | 50 | QB-1R | 1 | 50 |
| QA-5 | 2 | 101 | QB-4 | 2 | 101 |
| QA-5R | 2 | 101 | QB-4R | 2 | 101 |
| QA-6 | 1 | 51 | YT-4 | 1 | 49 |
| QA-6R | 1 | 50 | YT-5 | 1 | 50 |
| QA-7 | 1 | 50 | YT-5R | 1 | 51 |
| QA-7R | 1 | 51 | YT-6 | 1 | 51 |
| YLT | 2 | 102 | | | |

注：QA 构件为具有两个窗洞的凸窗构件；QB 构件为具有一个窗洞的凸窗构件；YT 构件为阳台构件；YLT 构件为楼梯构件。

表 3-2　标准层叠合楼板数量统计表

| 编号 | 尺寸（$a \times b$）/m | 现浇层厚/mm | 预制层厚/mm | 单层数量 |
|---|---|---|---|---|
| YDB-1 | 2.47×3.22 | 80 | 60 | 4 |
| YDB-2 | 2.4×4.42 | 80 | 60 | 8 |
| YDB-3 | 1.67×2.52 | 80 | 60 | 2 |
| YDB-4 | 2.52×2.87 | 80 | 60 | 2 |
| YDB-5 | 1.22×4.42 | 80 | 60 | 2 |
| YDB-6 | 1.42×5.12 | 80 | 60 | 2 |
| YDB-38 | 1.49×3.22 | 80 | 60 | 4 |

注：YDB 构件为预制叠合板。

## 3.3　装配整体式剪力墙结构连接设计

装配整体式剪力墙结构的预制墙板间的连接构造按墙体所在位置可分为预制内墙板间的水平连接、预制外墙板间的水平连接、预制内墙板间的竖向连接以及预制外墙板间的竖向连接等几种类型。

### 3.3.1　墙体水平连接

确定剪力墙墙体水平连接（即竖向接缝）位置的主要原则是便于标准化生产、吊装、运输和就位，并尽量避免接缝对结构整体性能产生不良影响。楼层内相邻预制剪力墙之间应采用整体式接缝连接，且应遵循下列规定。

对于一字形约束边缘构件，位于墙肢端部的通常与墙板一起预制，如图 3-8 所示。

(a) 暗柱

(b) 有端柱

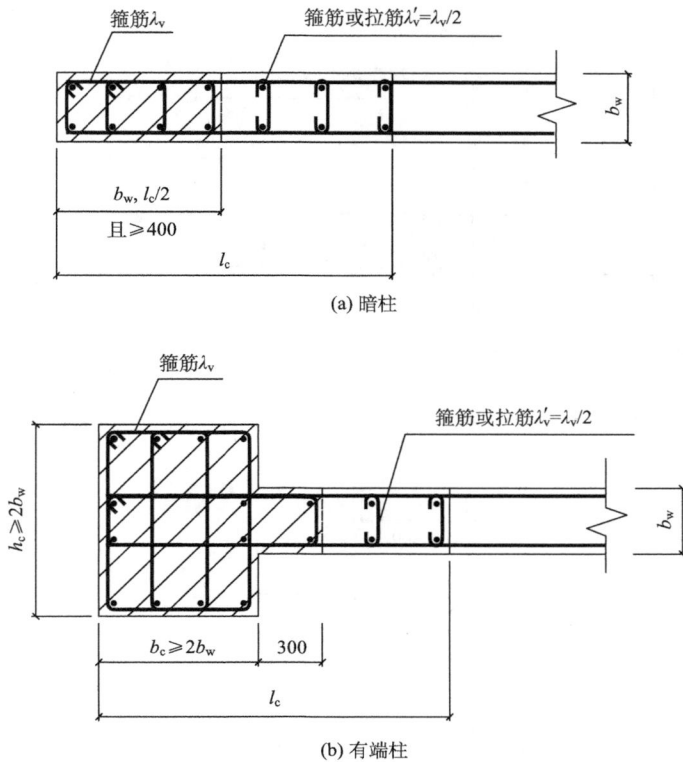

图 3-8　一字形约束边缘构件整体预制示意图

$l_c$-约束边缘构件沿墙肢的长度；$b_w$-墙厚；$b_c$-端柱沿墙肢方面截面高度；$h_c$-端柱垂直于墙肢方向截面高度

　　纵横墙交接部位一般存在接缝，当接缝位于纵横墙交接处的约束边缘构件区域时，约束边缘构件的阴影区域（图 3-9）宜全部采用后浇混凝土，纵向钢筋主要配置在后浇段内，且在后浇段内应配置封闭箍筋及拉筋，预制墙板中的水平分布筋在后浇段内锚固。预制的约束边缘构件的配筋构造要求与现浇结构一致。

　　墙肢端部的构造边缘构件通常全部预制；当采用 L 形、T 形或者 U 形墙板时，拐角处的构造边缘构件也可全部在预制剪力墙中。当采用一字形构件时，纵横墙交接处的构造边缘构件可全部后浇（图 3-10）。为了满足构件的设计要求或施工方便，也可部分后浇部分预制（图 3-11），仅在一面墙上设置后浇段且后浇段的长度不宜小于 300mm，同时需要合理布置预制构件及后浇段中的钢筋，使边缘构件内形成封闭箍筋。

　　边缘构件内的配筋及构造要求应符合现行国家标准《建筑抗震设计规范》（GB 50011—2010）（2016 年版）的有关规定；预制剪力墙的水平分布钢筋在后浇段内的锚固、连接应符合现行国家标准《混凝土结构设计规范》（GB 50010—2010）（2015 年版）的有关规定。

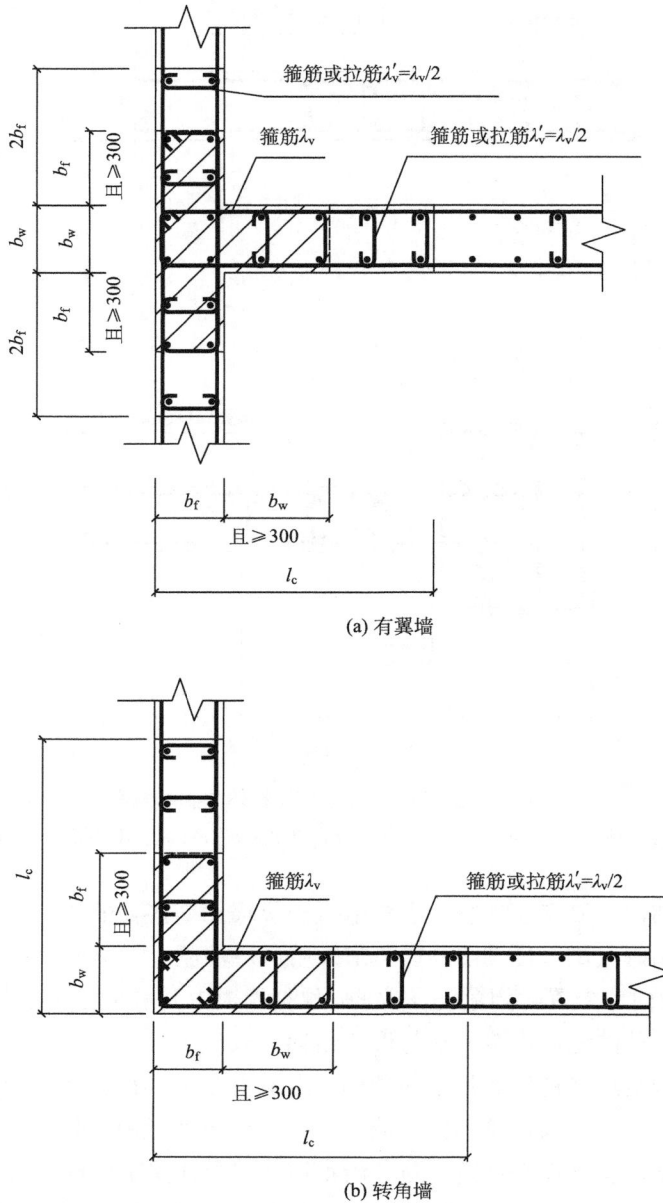

(a) 有翼墙

(b) 转角墙

图 3-9　约束边缘构件阴影区域全部后浇构造示意图

阴影区域为斜线填充范围

　　非边缘构件位置，相邻预制剪力墙之间应设置后浇段（图 3-12），后浇段的宽度不应小于墙厚且不宜小于 200mm；后浇段内应设置不少于 4 根竖向钢筋，钢筋直径不应小于墙体竖向分布筋直径且不应小于 8mm；两侧墙体的水平分布筋在后浇段内的锚固、连接应符合现行国家标准《混凝土结构设计规范》（GB 50010—2010）（2015 年版）的有关规定。

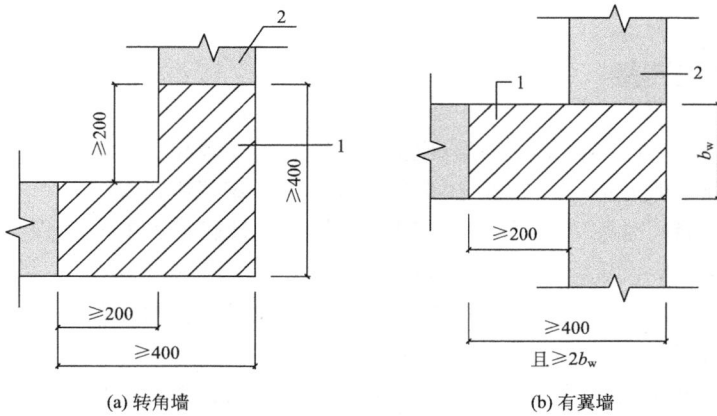

(a) 转角墙　　　　　　　　　　　(b) 有翼墙

图 3-10　构造边缘构件全部后浇构造示意图

阴影区域为构造边缘构件范围；1-后浇段；2-预制剪力墙

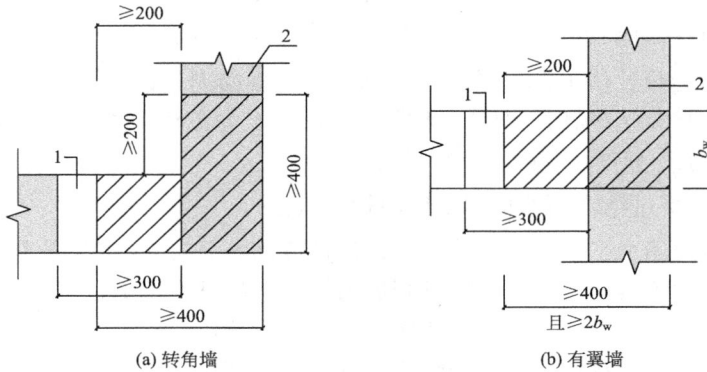

(a) 转角墙　　　　　　　　　　　(b) 有翼墙

图 3-11　构造边缘构件部分后浇构造示意图

阴影区域为构造边缘构件范围；1-后浇段；2-预制剪力墙

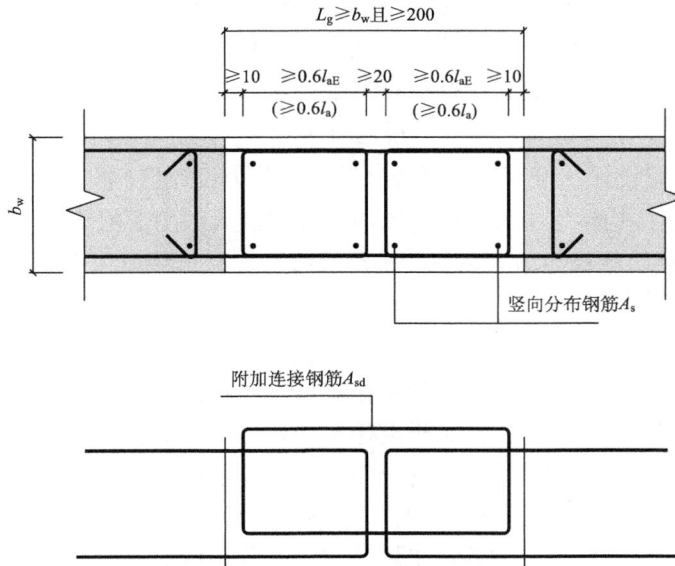

图 3-12　非边缘构件位置后浇构造示意图

### 3.3.2　墙体竖向连接

（1）预制剪力墙底部接缝宜设置在楼面标高处，接缝高度宜为 20mm，接缝宜采用灌浆料填实。预制剪力墙竖向钢筋一般采用套筒灌浆或浆锚搭接连接，在灌浆时宜采用灌浆料将水平接缝同时灌满。灌浆料强度较高且流动性较好，有利于保证接缝承载力，后浇混凝土上表面应设置粗糙面，但未规定凹凸深度，建议采用 6mm。灌浆时，预制剪力墙构件下表面与楼面之间的缝隙周围可采用封边砂浆进行封堵和分仓，以保证水平接缝中灌浆料填充饱满。

（2）在地震设计状况下，剪力墙水平接缝的受剪承载力设计值应按下式计算：

$$V_u = 0.6 f_y A_{sd} + 0.8N \tag{3-1}$$

式中，$V_u$——剪力墙水平接缝受剪承载力设计值（N）；

$f_y$——垂直穿过结合面的钢筋抗拉强度设计值（N/mm²）；

$N$——与剪力设计值 $V$ 相应的垂直于结合面的轴向力设计值（N），这里压力为正，拉力为负，当大于 $0.6 f_c b h_0$ 时，取为 $0.6 f_c b h_0$，此处 $f_c$ 为混凝土轴心抗压强度设计值，$b$ 为剪力墙厚度，$h_0$ 为剪力墙截面有效高度；

$A_{sd}$——垂直穿过结合面的抗剪钢筋面积（mm²）。

上述预制剪力墙水平接缝的受剪承载力设计值的计算公式，主要采用剪摩擦的原理，考虑了钢筋和轴力的共同作用。进行预制剪力墙水平接缝的受剪承载力计算时，计算单元的选取分以下三种情况：①不开洞或者开小洞口整体墙，作为一个计算单元；②小开口整体墙可作为一个计算单元，各墙肢联合抗剪；③开口较大的双肢及多肢墙，各墙肢作为单独的计算单元。

从式（3-1）可以看出，当出现拉力时，将严重削弱剪力墙水平接缝承载力。因此，剪力墙应采用合理的结构布置、适宜的高宽比，避免墙肢出现较大的拉力。最后还须以下列公式复核剪力墙底部加强部位的接缝"强连接"。

$$\eta_j V_{mua} \leqslant V_{uE} \tag{3-2}$$

式中，$V_{uE}$——地震设计状况下加强区接缝受剪承载力设计值；

$V_{mua}$——被连接构件端部按实配钢筋面积计算的斜截面受剪承载力设计值；

$\eta_j$——接缝受剪承载力增大系数，抗震等级为一、二级取 1.2，抗震等级为三、四级取 1.1。

（3）上下层预制剪力墙的竖向钢筋连接应符合下列规定：①边缘构件竖向钢筋应逐根连接；②预制剪力墙的竖向分布钢筋宜采用双排连接，当采用"梅花形"部分连接时（图 3-13），连接钢筋的配筋率不应小于现行国家标准《建筑抗震设计规范》（GB 50011—2010）（2016 年版）规定的剪力墙竖向分布钢筋最小配筋率要求，连接钢筋的直径不应小于 12mm，同侧间距不应大于 600mm，且在剪力墙构件承载力设计和分布钢筋配筋率计算中不得计入未连接的分布钢筋；未连接的竖向分布钢筋直径不应小于 6mm。

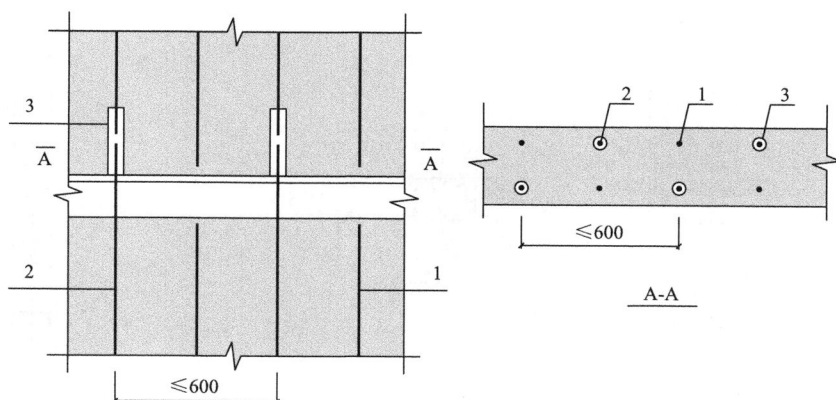

图 3-13　竖向分布钢筋"梅花形"套筒灌浆连接构造示意图

1-未连接的竖向分布钢筋；2-连接的竖向分布钢筋；3-灌浆套筒

（4）除下列情况外，墙体厚度不大于 200mm 的丙类建筑预制剪力墙的竖向分布钢筋可采用单排连接：①抗震等级为一级的剪力墙；②轴压比大于 0.3 的抗震等级为二、三、四级的剪力墙；③一侧无楼板的剪力墙；④一字形剪力墙、一端有翼墙连接但剪力墙非边缘构件区长度大于 3m 的剪力墙以及两端有翼墙连接但剪力墙非边缘构件区长度大于 6m 的剪力墙。

当竖向分布钢筋采用单排套筒灌浆连接时（图 3-14），应满足接缝正截面承载力、受剪承载力要求，且分析计算时不应考虑剪力墙平面外刚度及承载力。墙身分布钢筋采用单排连接时，属于间接连接，钢筋间接连接的传力效果取决于连接钢筋与被连接钢筋的间距以及横向约束情况，需满足以下规定。

剪力墙两侧竖向分布钢筋与配置于墙体厚度中部的连接钢筋搭接连接，连接钢筋位于内、外侧被连接钢筋的中间；连接钢筋受拉承载力不应小于上下层被连接钢筋受拉承载力较大值的 1.1 倍，间距不宜大于 300mm。下层剪力墙连接钢筋自下层预制墙顶算起的埋置长度不应小于 $1.2l_{aE}+b_w/2$（$b_w$ 为墙体厚度），上层剪力墙连接钢筋自套筒顶面算起的埋置长度不应小于 $l_{aE}$，上层连接钢筋顶部至套筒底部的长度不应小于 $1.2l_{aE}+b_w/2$，这里 $l_{aE}$ 按连接钢筋直径计算。钢筋连接长度范围内应配置拉筋，同一连接接头内的拉筋配筋面积不应小于连接钢筋的面积；拉筋沿竖向的间距不应大于水平分布钢筋间距，且不宜大于 150mm；拉筋沿水平方向的间距不应大于竖向分布钢筋间距，直径不应小于 6mm；拉筋应紧靠连接钢筋，并钩住最外层分布钢筋。

（5）抗震等级为一级的剪力墙以及二、三级底部加强部位的剪力墙，其边缘构件竖向钢筋宜采用套筒灌浆连接。

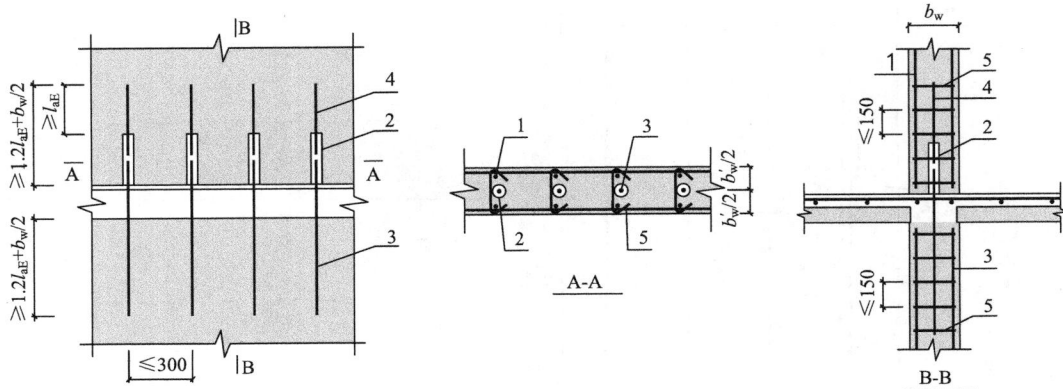

图 3-14　竖向分布钢筋单排套筒灌浆连接构造示意图

1-上层预制剪力墙竖向分布钢筋；2-灌浆套筒；3-下层剪力墙连接钢筋；4-上层剪力墙连接钢筋；5-拉筋

### 3.3.3　墙梁连接

封闭连续的后浇钢筋混凝土圈梁（图 3-15）是保证结构整体性和稳定性、连接楼盖结构与预制剪力墙的关键构件，应在楼层收进及屋面处设置，并应符合下列规定。

（1）圈梁截面宽度不应小于剪力墙的厚度，截面高度不宜小于楼板厚度及 250mm 的较大值；圈梁应与现浇或者叠合楼、屋盖浇筑成整体。

（2）圈梁内配置的纵向钢筋不应少于 4$\phi$12，且按全截面计算的配筋率不应小于 0.5% 和水平布筋配筋率的较大值，纵向钢筋竖向间距不应大于 200mm；箍筋间距不应大于 200mm，且直径不应小于 8mm。

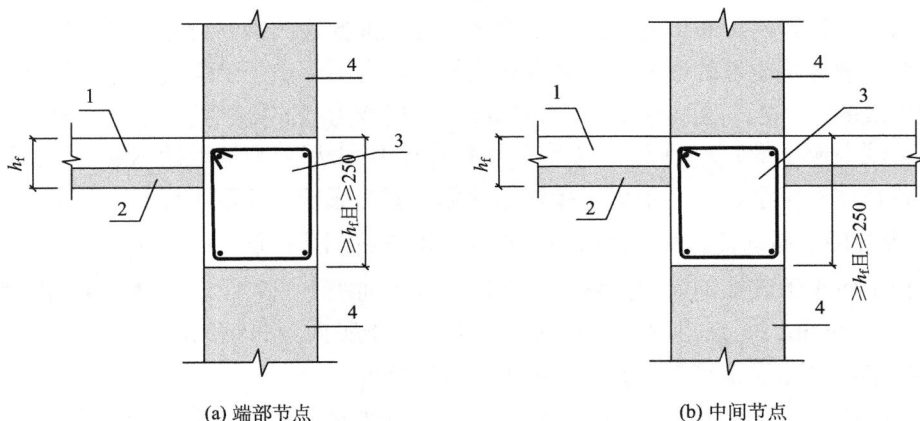

(a) 端部节点　　　　　　　　　　　(b) 中间节点

图 3-15　后浇钢筋混凝土圈梁构造示意图

1-后浇混凝土叠合层；2-预制板；3-后浇圈梁；4-预制剪力墙

在不设置圈梁的楼面处，水平后浇带及在其内设置的纵向钢筋也可起到保证结构整体性和稳定性、连接楼盖结构与预制剪力墙的作用。因此，若各层楼面位置预制剪力墙顶部无后浇圈梁时，应设置连续的水平后浇带（图 3-16）。水平后浇带应符合下列规定。

（1）水平后浇带宽度应取剪力墙的厚度，高度不应小于楼板厚度；水平后浇带应与现浇或者叠合楼、屋盖浇筑成整体。

（2）水平后浇带内应配置不少于两根连续纵向钢筋，其直径不宜小于 12mm。

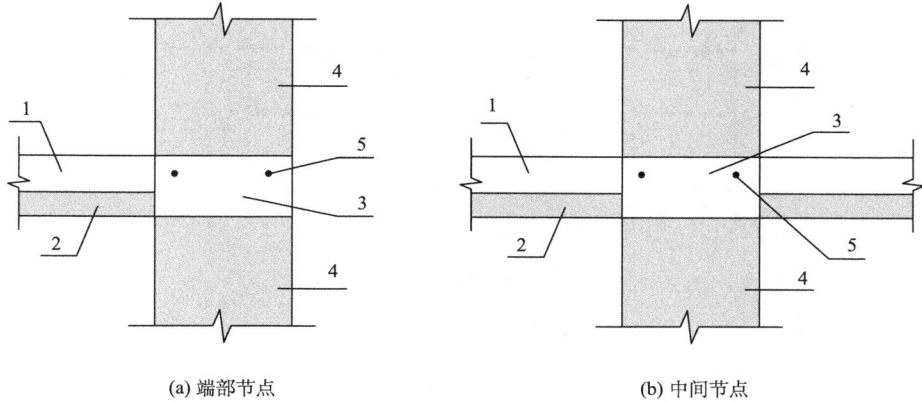

(a) 端部节点　　　　　　　　　　　　(b) 中间节点

图 3-16　水平后浇带构造示意图

1-后浇混凝土叠合层；2-预制板；3-水平后浇带；4-预制剪力墙；5-纵向钢筋

预制剪力墙洞口上方的预制连梁宜与后浇圈梁或水平后浇带形成叠合连梁（图3-17），叠合连梁的配筋及构造要求应符合现行国家标准《混凝土结构设计规范》（GB 50010—2010）（2015 年版）的有关规定。预制叠合连梁的预制部分宜与剪力墙整体预制，也可在跨中拼接或在端部与预制剪力墙拼接。但连梁端部钢筋锚固构造复杂，要尽量避免预制连梁在端部与剪力墙连接。

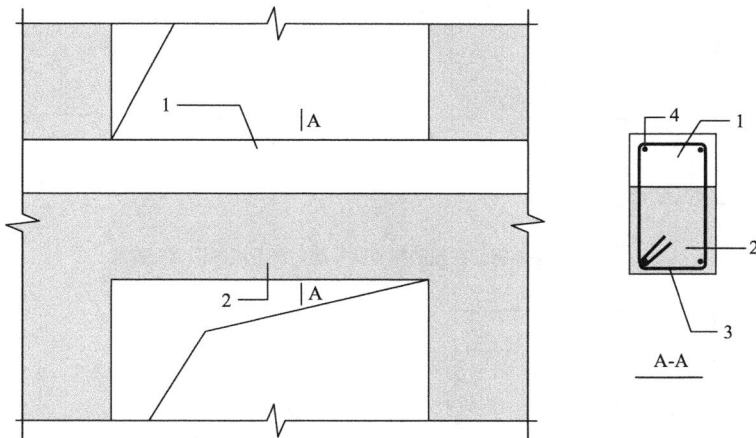

图 3-17　预制剪力墙叠合连梁构造示意图

1-后浇圈梁或后浇带；2-预制连梁；3-箍筋；4-纵向钢筋

当预制叠合连梁在跨中拼接时，可按叠合梁对接连接的要求进行接缝的构造设计，详见第 4 章。

当预制叠合连梁端部与预制剪力墙在平面内拼接时，接缝构造应符合下列规定。

（1）当墙端边缘构件采用后浇混凝土时，连梁纵向钢筋应在后浇段中可靠锚固[图 3-18（a）]或连接[图 3-18（b）]；

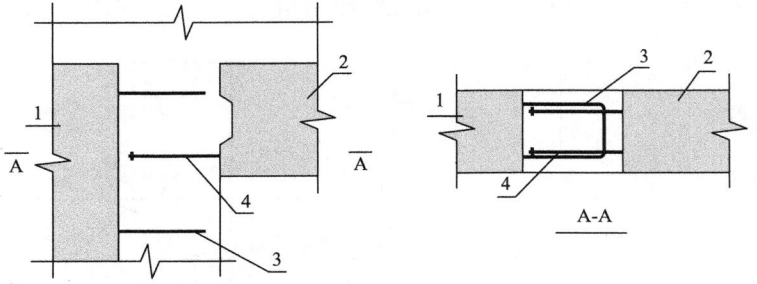

(a) 预制连梁钢筋在后浇段内锚固构造

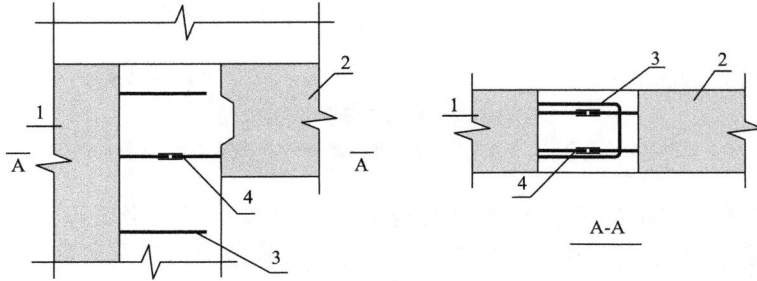

(b) 预制连梁钢筋在后浇段内与预制剪力墙预留钢筋连接构造

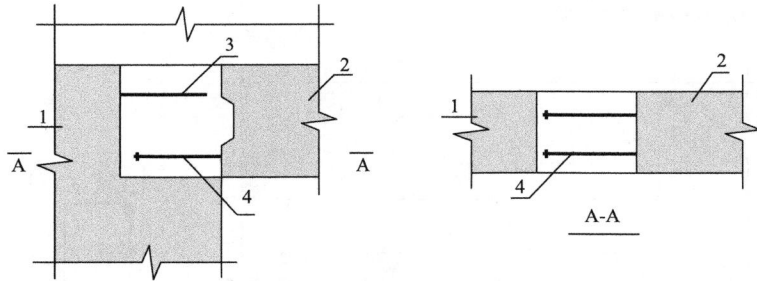

(c) 预制连梁钢筋在预制剪力墙局部后浇节点区内锚固构造

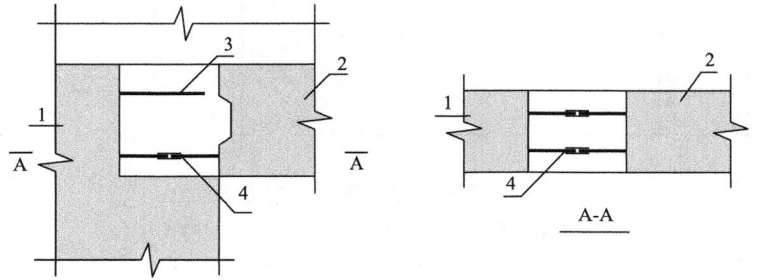

(d) 预制连梁钢筋在预制剪力墙局部后浇节点区内与墙板预留钢筋连接构造

图 3-18　同一平面内预制连梁与预制剪力墙连接构造示意图

1-预制剪力墙；2-预制连梁；3-边缘构件箍筋；4-连梁下部纵向受力钢筋锚固或连接

（2）当预制剪力墙端部上角预留局部后浇节点区时，连梁的纵向钢筋应在局部后浇节点区内可靠锚固[图 3-18（c）]或连接[图 3-18（d）]。

当采用后浇连梁时，宜在预制剪力墙端伸出预留纵向钢筋，并与后浇连梁的纵向钢筋可靠连接（图 3-19），可采用搭接、机械连接、焊接等方式。

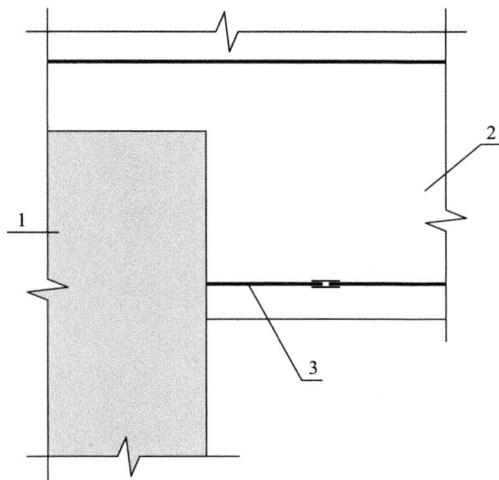

图 3-19　后浇连梁与预制剪力墙连接构造示意图

1-预制墙板；2-后浇连梁；3-预制剪力墙伸出纵向受力钢筋

叠合连梁端部接缝的受剪承载力计算参考 4.4.2 节叠合梁竖向接缝受剪承载力验算。

楼面梁不宜与预制剪力墙在剪力墙平面外单侧连接；当楼面梁与剪力墙在平面外单侧连接时，宜采用铰接，可采用在剪力墙上设置挑耳的方式。

当预制剪力墙洞口下方有墙时，宜将洞口下墙作为单独的连梁进行设计（图 3-20）。此时，下层的预制连梁与其上方的后浇混凝土形成叠合连梁；洞口下墙与下方的后浇混

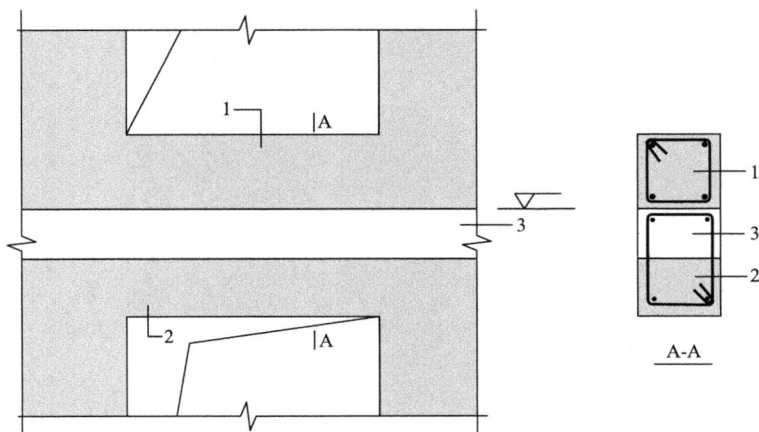

图 3-20　预制剪力墙洞口下墙与叠合连梁的关系示意图

1-洞口下墙；2-预制连梁；3-后浇圈梁或水平后浇带

凝土之间连接少量的竖向钢筋，以防止接缝开裂并抵抗必要的平面外荷载。洞口下墙内设置纵筋和箍筋，作为单独的连梁进行设计。当计算中不需要窗下墙时，可采用轻质填充墙或与结构主体利用柔性材料隔离的混凝土墙，在计算中可仅作为荷载，洞口下墙与下方的后浇混凝土及预制连梁之间不连接，墙内设置水平构造钢筋作为窗下墙的面筋，竖向设置构造的分布短筋。

# 第4章 装配整体式框架结构设计

装配整体式混凝土框架结构是指全部或部分框架梁、柱采用预制构件构建成的装配整体式混凝土结构。梁、柱作为预制构件时，在吊装就位后，焊接或绑扎节点区钢筋，通过浇筑混凝土，将梁、柱连成整体结构，形成刚接节点。它兼有现浇式框架和装配式框架的优点，既具有良好的整体性和抗震能力，又可部分采用预制构件，减少现场浇捣混凝土工作量，但施工工艺相对复杂，施工技术要求高。

装配式混凝土通用框架结构体系（表4-1）一般由预制柱（现浇柱）、预制梁（叠合梁）、预制楼板（叠合楼板）、预制楼梯、外挂墙板等构件组成。结构传力路径明确，装配效率高，现浇湿作业少，是最适合进行预制装配化的结构形式。该结构主要用于需要开辟大空间的厂房、仓库、商场、停车场、办公楼、教学楼、医务楼、商务楼等建筑，近年来也逐渐应用于居民住宅等民用建筑。

表 4-1 装配式混凝土通用框架结构体系

| 组成部分 | 内容 |
| --- | --- |
| 结构体系 | 预应力装配框架体系（法国） |
| | R-PC 抗震框架体系（日本） |
| | 预制混凝土双 T 板楼盖体系（美国） |
| | 预制混合型抗弯框架体系（美国） |
| | 润泰预制框架体系（中国） |
| | 世构预制框架体系（中国） |
| | 传统框架体系（中国） |
| 预制部分 | 叠合梁、叠合板、预制柱、预制外挂墙板、预制楼梯、预制阳台等 |
| 连接形式 | 框架梁、柱通过后浇整体式或预应力拼接的等同现浇节点连接，柱纵筋通过灌浆套筒连接 |

## 4.1 装配整体式框架结构设计内容

装配整体式框架结构设计内容如下。

（1）概念设计：高度、高宽比、平/立面布置、连接方式。

（2）结构承载力计算及设计：除等同现浇外，进行梁柱节点核心区的抗剪承载力验算；对叠合梁竖向接缝抗剪承载力进行验算；地震情况下，对预制柱底水平缝抗剪承载力进行验算。

（3）构造设计：装配整体式框架结构节点连接设计，包括中柱与梁的连接节点、边柱与梁的连接节点、基础与柱的连接节点、框架主梁与次梁的连接节点等。

（4）拆分设计。

（5）连接设计。

（6）预埋件设计。

（7）构件在脱模、存储、运输及吊装等方面进行设计。

## 4.2　框架结构拆分设计

### 4.2.1　拆分原则

本章所涉及的拆分内容，主要是建筑外立面以外部分的拆分，主要为梁、柱的拆分原则和案例。一般从结构合理性、制作、运输、安装等方面进行考虑。

装配式结构中，预制构件的连接部位宜设置在结构受力较小的部位，其尺寸和形状应符合下列规定。

（1）应满足建筑使用功能、模数、标准化要求，并应进行优化设计；

（2）应根据预制构件的功能和安装部位、加工制作及施工精度等要求，确定合理的公差；

（3）应满足制作、运输、堆放、安装及质量控制要求。

装配整体式框架结构地下室与一层宜现浇，与标准层差异较大的裙楼也宜现浇，最顶层楼板应现浇。其他楼层结构构件拆分原则如下。

（1）装配式框架结构中预制混凝土构件的拆分位置除宜在构件受力最小的地方拆分和依据套筒的种类、结构弹塑性分析结果（塑性铰位置）来确定外，还应考虑生产能力、道路运输、吊装能力及施工方便等条件。

（2）梁拆分位置可以设置在梁端，也可以设置在梁跨中，拆分位置在梁端时，梁纵向钢筋套管连接位置距离柱边不宜小于 $1.0h$（$h$ 为梁高），不应小于 $0.5h$（考虑塑性铰，塑性铰区域内存在套管连接，不利于塑性铰转动）。

（3）柱拆分位置一般设置在楼层标高处，底层柱拆分位置应避开柱脚塑性铰区域，每根预制柱长度可为一、二或三层高。

### 4.2.2　拆分方法

柱可按层高为单位拆分，梁可按跨度为单位拆分，板可按周边的边界拆分。对于节点刚性连接的装配式混凝土框架结构，按预制构件的拆分及拼装方式可以分为以下三种。

1）梁柱以一字形构件为主

梁柱以一字形构件为主，主要在梁柱节点位置进行构件的拼接。优点：构件生产及施工方便，结构整体性较好。缺点：接缝位于受力关键部位，连接要求高，节点区钢筋交错，构件截面较大。

常规梁柱体系拆分方法：在 PC 柱、梁结合部位，叠合梁和叠合楼板的结合部位后浇筑混凝土。拆分时，每根预制柱的长度为一层，连接套筒预埋在柱底；梁主筋连接通常是在柱距的中心部位进行后浇筑混凝土，钢筋连接方式为注浆套筒连接，也可采用机械套筒连接。

　　2）二维预制构件

　　基于二维预制构件，采用平面 T 形和十字形或一字形构件通过一定的方法连接。优点：节点性能较好，接头位于受力较小部分。缺点：生产、运输、堆放以及安装施工不方便。例如，二维十字形莲藕梁，工厂制作十字形 PC 梁，中间部位是莲藕柱，留有像莲藕一样的预留孔，以便柱子主筋能够穿过。

　　3）三维构件

　　基于三维构件，采用三维双 T 形和双十字形构件通过一定的方法连接。优点：能减少施工现场布筋、浇筑混凝土等工作，接头数量较少。缺点：构件是三维构件，质量大，不便于生产、运输、堆放以及安装施工。该种框架体系应用较少。

## 4.3　拆分案例

　　某创业园办公楼，建筑长度 81.8m，宽度 28m，占地面积 2290m$^2$，建筑面积 8600 m$^2$，建筑共 4 层，层高 4.5m，总高 18m，首层采用现浇，其余各层采用装配式构件，包含：

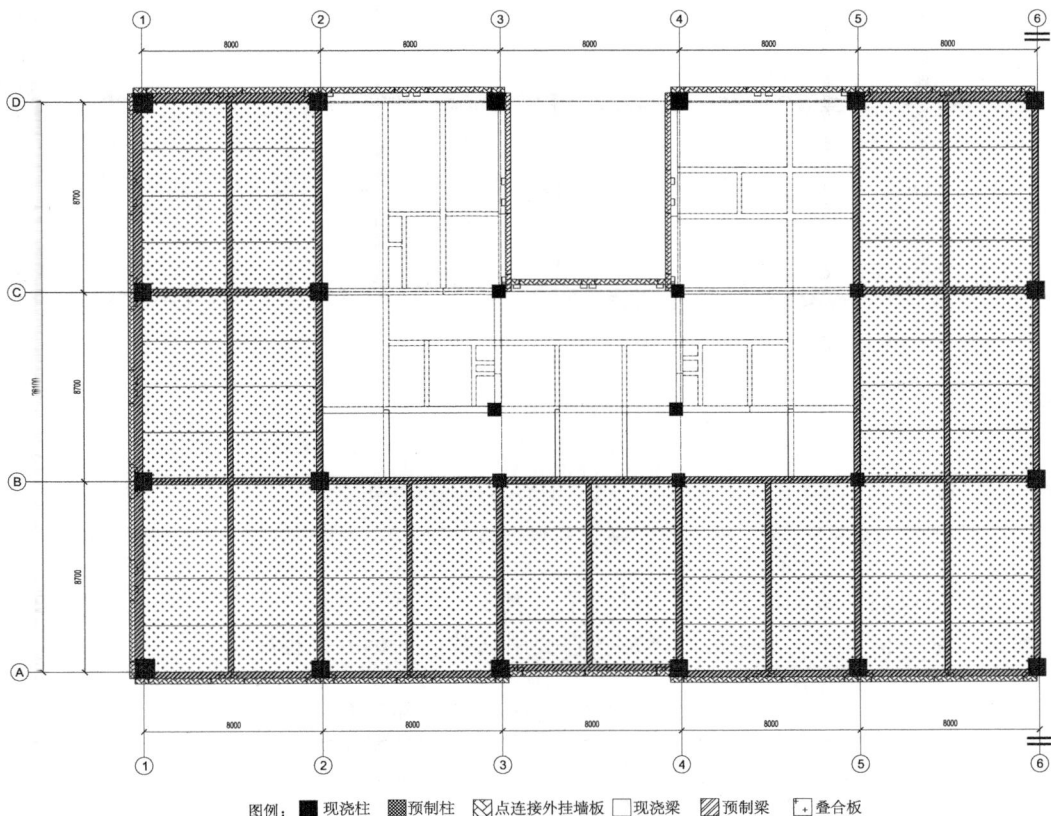

图例：■现浇柱　▨预制柱　▨点连接外挂墙板　□现浇梁　▨预制梁　⊹叠合板

图 4-1　叠合板拆分结构模板图

桁架叠合板、叠合梁、预制柱。外墙采用外挂墙板。叠合梁采用预留凹口截面形式，叠合主梁现浇区高度 160mm，次梁现浇区高度 140mm。桁架叠合板为 60mm 厚预制板加 70mm 厚现浇层。预制柱采用灌浆套筒连接。预制柱、叠合梁拆分后重量均小于 6t。

预制叠合板、预制梁、预制柱拆分示意如图 4-1、图 4-2 所示。其中预制主梁与预制次梁间连接为次梁端部取 $1.5h_0$ 段进行现浇连接。梁柱连接采用图集 15G310-1 中常月做法连接。

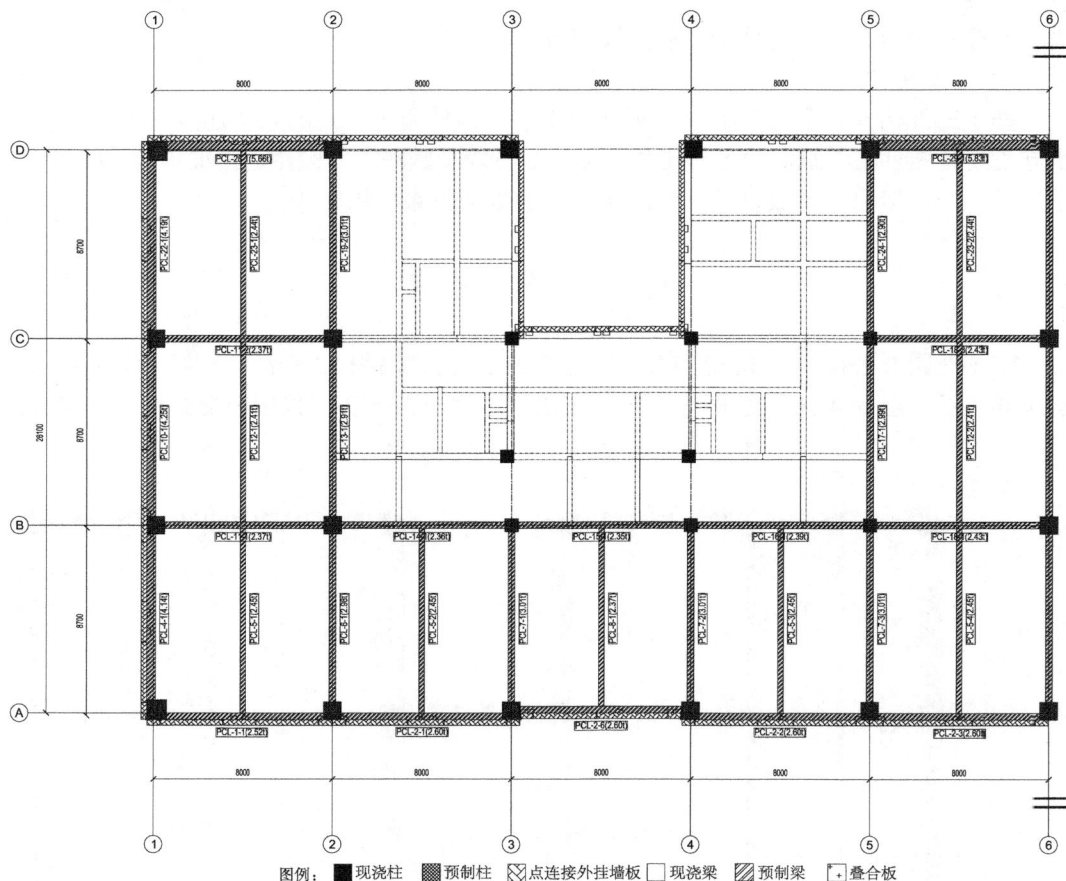

图例： ■ 现浇柱 ▨ 预制柱 ⊠ 点连接外挂墙板 □ 现浇梁 ▨ 预制梁 ⊞ 叠合板

图 4-2 梁、柱拆分结构模板图

图中标注 "PCL-*m-n*（*xx*）" 表示 "预制混凝土梁-编号-编号（重量）"，预制柱可参考预制梁的标注方式

列取该自然层中的部分预制构件清单（表 4-2），拆分过程中需注意拆分方式，在满足设计要求的情况下，尽可能地增加构件使用次数，使标准化程度更高。

表 4-2 某创业园部分预制构件清单

| 编号 | 尺寸（长×宽×高）/mm | 预制体积/m³ | 预制质量/t | 数量 |
|------|------|------|------|------|
| PCB-8-1 | 3745 × 2140 × 60 | 0.48 | 1.20 | 14 |
| PCB-9-1 | 3745 × 2140 × 60 | 0.48 | 1.20 | 14 |

续表

| 编号 | 尺寸（长×宽×高）/mm | 预制体积/m³ | 预制质量/t | 数量 |
| --- | --- | --- | --- | --- |
| PCZ-1-1 | 3780 × 800 × 800 | 2.42 | 6.05 | 9 |
| PCZ-3-1 | 3780 × 600 × 600 | 1.36 | 3.40 | 8 |
| PCL-7-3 | 7900 × 300 × 510 | 1.21 | 3.01 | 3 |
| PCL-5-4 | 8550 × 250 × 460 | 0.98 | 2.45 | 3 |

注：PCB 表示预制板，PCZ 表示预制柱，PCL 表示预制梁。

# 4.4　连接承载力计算

装配式结构成败的关键在于预制构件之间，以及预制构件与现浇和后浇混凝土之间的连接技术，其中包括连接接头的选用和连接节点的构造设计。对于框架结构，框架柱和框架梁之间的可靠连接是保证体系整体工作的关键。

装配整体式框架结构中，框架柱的纵筋连接宜采用套筒灌浆连接；梁的水平钢筋连接可根据实际情况选用机械连接、焊接连接或套筒灌浆连接。

装配整体式框架结构的承载力验算包含以下几个方面：梁柱节点核心区抗震受剪承载力验算，叠合梁竖向接缝受剪承载力验算，地震作用下预制柱底水平接缝受剪承载力验算。

## 4.41　梁柱节点核心区抗震受剪承载力验算

1. 梁柱节点验算要求

框架节点区的混凝土强度等级：对于装配整体式框架则要求比预制构件的混凝土强度等级高一级。

对一、二、三级抗震等级的装配整体式框架，应进行梁柱节点核心区抗震受剪承载力验算；对四级抗震等级可不进行验算。对于非抗震设防区，框架节点的承载能力一般通过采取适当的构造措施来保证，不必专门计算。

2. 节点核心区的剪力设计值

一、二、三级抗震等级的框架梁柱节点核心区的剪力设计值 $V_j$，应按下列规定计算。

1）顶层中间节点和端节点

（1）一级抗震等级的框架结构和 9 度地震设防烈度的一级抗震等级框架：

$$V_j = \frac{1.15 \sum M_{bua}}{h_{b0} - a_s'}$$ （4-1）

（2）其他情况：

$$V_{\mathrm{j}} = \frac{\eta_{\mathrm{jb}} \sum M_{\mathrm{bua}}}{h_{\mathrm{b0}} - a_{\mathrm{s}}'} \tag{4-2}$$

2）其他层中间节点和端节点

（1）一级抗震等级的框架结构和 9 度设防烈度的一级抗震等级框架：

$$V_{\mathrm{j}} = \frac{1.15 \sum M_{\mathrm{bua}}}{h_{\mathrm{b0}} - a_{\mathrm{s}}'} \left( 1 - \frac{h_{\mathrm{b0}} - a_{\mathrm{s}}'}{H_{\mathrm{c}} - h_{\mathrm{b}}} \right) \tag{4-3}$$

（2）其他情况：

$$V_{\mathrm{j}} = \frac{\eta_{\mathrm{jb}} \sum M_{\mathrm{b}}}{h_{\mathrm{b0}} - a_{\mathrm{s}}'} \left( 1 - \frac{h_{\mathrm{b0}} - a_{\mathrm{s}}'}{H_{\mathrm{c}} - h_{\mathrm{b}}} \right) \tag{4-4}$$

式中，$\sum M_{\mathrm{bua}}$——节点左、右两侧的梁端逆时针或顺时针方向实配的正截面抗震受弯承载力所对应的弯矩值之和，可根据实配钢筋面积 $A_{\mathrm{k}}^{\mathrm{a}}$（计入纵向受压钢筋）和材料强度标准值 $f_{\mathrm{yk}}$ 确定，$M_{\mathrm{bua}} \approx \dfrac{1}{\gamma_{\mathrm{RE}}} f_{\mathrm{yk}} A_{\mathrm{k}}^{\mathrm{a}} (h_0 - a_{\mathrm{s}}')$，$\gamma_{\mathrm{RE}}$ 为承载力抗震调整系数，$h_0$ 为截面有效高度；

$\sum M_{\mathrm{b}}$——节点左、右两侧的梁端逆时针或顺时针方向组合弯矩设计值之和，一级抗震等级框架节点左右梁端均为负弯矩时，绝对值较小的弯矩应取 0；

$\eta_{\mathrm{jb}}$——节点剪力增大系数，对于框架结构，一级取 1.50，二级取 1.35，三级取 1 20，对于其他结构中的框架，一级取 1.35，二级取 1.20，三级取 1.10；

$h_{\mathrm{b0}}$、$h_{\mathrm{b}}$——梁的截面有效高度、截面高度，当节点两侧梁高不相同时，取其平均值；

$H_{\mathrm{c}}$——节点上柱和下柱反弯点之间的距离；

$a_{\mathrm{s}}'$——梁纵向受压钢筋合力点至截面近边的距离。

3. 节点抗震受剪承载力的上限

框架梁柱节点核心区的受剪水平截面应符合下列条件：

$$V_{\mathrm{j}} = \frac{1}{\gamma_{\mathrm{RE}}} \left( 0.3 \eta_{\mathrm{j}} f_{\mathrm{c}} b_{\mathrm{j}} h_{\mathrm{j}} \right) \tag{4-5}$$

式中，$f_{\mathrm{c}}$——混凝土轴心抗压强度设计值。

$h_{\mathrm{j}}$——框架节点核心区的截面高度，可取验算方向的柱截面高度 $h_{\mathrm{c}}$。

$b_{\mathrm{j}}$——框架节点核心区的截面有效验算宽度，当 $b_{\mathrm{b}}$ 不小于 $b_{\mathrm{c}}/2$ 时，可取 $b_{\mathrm{c}}$；当 $b_{\mathrm{b}}$ 小于 $b_{\mathrm{c}}/2$ 时，可取 $(b_{\mathrm{b}} + 0.5h_{\mathrm{c}})$ 和 $b_{\mathrm{c}}$ 中的较小值；当梁与柱的中线不重合且偏心距 $e_0$ 不大于 $b_{\mathrm{c}}/4$ 时，可取 $(b_{\mathrm{b}} + 0.5h_{\mathrm{c}})$、$(0.5b_{\mathrm{b}} + 0.5b_{\mathrm{c}} + 0.25h_{\mathrm{c}} - e_0)$ 和 $b_{\mathrm{c}}$ 三者中的最小值。此处，$b_{\mathrm{b}}$ 为验算方向梁截面宽度，$b_{\mathrm{c}}$ 为该侧柱截面宽度，$e_0$ 为梁与柱中线的偏心距。

$\eta_{\mathrm{j}}$——正交梁对节点的约束影响系数，当楼板为现浇、梁柱中线重合、四侧各梁截面宽度不小于该侧柱截面宽度的 1/2，且正交方向梁高度不小于较高框架梁高度的 3/4 时，可取 $\eta_{\mathrm{j}}$ 为 1.50，但对 9 度设防烈度宜取 $\eta_{\mathrm{j}}$ 为 1.25；当不满足上述条件时，应取 $\eta_{\mathrm{j}}$ 为 1.00。

框架节点核心区的截面有效验算宽度的计量流程框图见图 4-3。

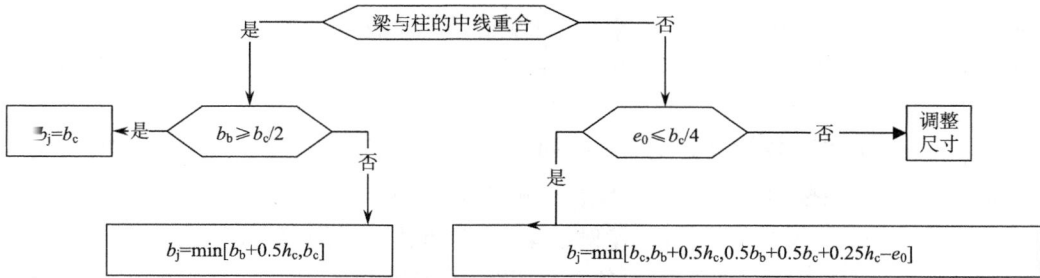

图 4-3　框架节点核心区的截面有效验算宽度 $b_j$ 的计量流程框图

正交梁对节点的约束影响系数 $\eta_j$ 的计量流程框图见图 4-4。

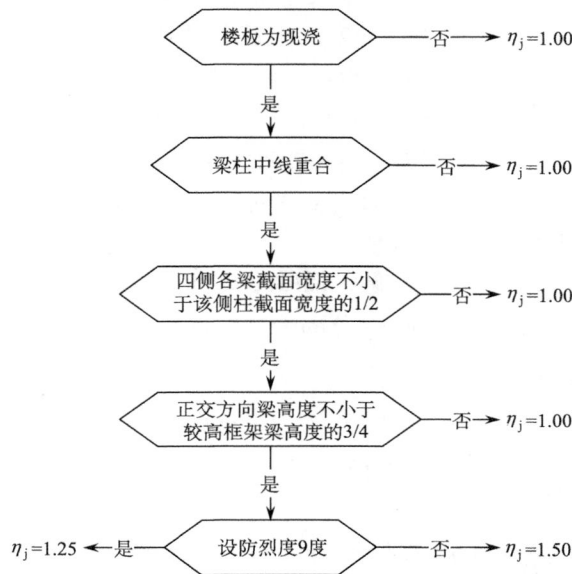

图 4-4　正交梁对节点的约束影响系数 $\eta_j$ 的计量流程框图

### 4. 节点的抗震受剪承载力

框架梁柱节点的抗震受剪承载力应符合下列规定。

（1）9 度设防烈度的一级抗震等级框架：

$$V_j \leqslant \frac{1}{\gamma_{\mathrm{RE}}} \left( 0.9 \eta_j f_t b_j h_j + f_{\mathrm{yv}} A_{\mathrm{svj}} \frac{h_{\mathrm{b0}} - a_s'}{s} \right) \tag{4-6}$$

式中，$f_t$——混凝土轴心抗拉强度设计值；

　　　$f_{\mathrm{yv}}$——箍筋的抗拉强度设计值。

（2）其他情况：

$$V_j \leqslant \frac{1}{\gamma_{\mathrm{RE}}} \left( 1.1 \eta_j f_t b_j h_j + 0.05 \eta_j N \frac{b_j}{b_c} + f_{\mathrm{yv}} A_{\mathrm{svj}} \frac{h_{\mathrm{b0}} - a_s'}{s} \right) \tag{4-7}$$

式中，$N$——对应于考虑地震组合剪力设计值的节点上柱底部的轴向压力设计值；当 $N$ 为压力时，取轴向压力设计值的较小值，且当 $N > 0.5 f_c b_c h_c$ 时，取 $0.5 f_c b_c h_c$；当 $N$ 为拉力时，取为 0；

$A_{svj}$——核心区有效验算宽度范围内同一截面验算方向箍筋各肢的全部截面面积；

$h_{b0}$——框架梁截面有效高度，节点两侧梁截面高度不等时取平均值。

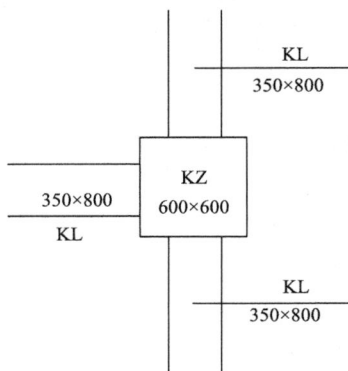

图 4-5　框架节点平面图

KL-框架梁；KZ-框架柱

【例题 4-1】节点核心区的剪力设计值。

条件：某抗震设防烈度为 9 度、抗震等级为一级的现浇钢筋混凝土多层框架结构房屋，梁柱混凝土强度等级为 C30，纵筋均采用 HRB400 级热轧钢筋。框架中间楼层某端节点平面尺寸如图 4-5 所示。中间楼层水平向框架梁 KL 在考虑 $x$ 方向地震作用组合时，梁端最大负弯矩设计值 $M_h = 600\,\mathrm{kN \cdot m}$；梁端上部和下部纵筋采用 HRB400，均为 $6\phi25$（$A_s = A_s' = 2945\,\mathrm{mm}^2$，$a_s = a_s' = 40\,\mathrm{mm}$）；该节点上柱和下柱反弯点之间的距离为 4.5m，梁高为 800mm。

求：$x$ 方向进行节点验算时，该节点核心区的剪力设计值。

解：混凝土 C30，$f_{ck} = 20.1\,\mathrm{N/mm}^2$，纵筋 HRB400、$f_{yk} = 400\,\mathrm{N/mm}^2$，框架梁 $h_{b0} = (800 - 40)\,\mathrm{mm} = 760\,\mathrm{mm}$，$\gamma_{RE} = 0.75$，$H_c = 4500\,\mathrm{mm}$。

（1）计算梁受弯承载力

根据式（4-4）：

$$M_{bua} = \frac{M_{buk}}{\gamma_{RE}} \approx \frac{1}{\gamma_{RE}} f_{yk} A_k^a (h_0 - a_s')$$

$$= \frac{1}{0.75} \times 400 \times 2945 \times (760 - 40) = 1130.88 \times 10^6\,\mathrm{N \cdot mm}$$

（2）框架梁柱节点核心区的剪力设计值

$$V_j = \frac{1.15 \sum M_{bua}}{h_{b0} - a_s'} \left(1 - \frac{h_{b0} - a_s'}{H_c - h_b}\right)$$

$$= 1.15 \times \frac{1130.88 \times 10^6}{760 - 40} \times \left(1 - \frac{760 - 40}{4500 - 800}\right) \times 10^{-3} = 1455\,\mathrm{kN}$$

### 4.4.2　叠合梁竖向接缝受剪承载力验算

持久设计状况：

$$V_u = 0.07 f_c A_c + 0.10 f_c A_k + 1.65 A_{sd} \sqrt{f_c f_y} \tag{4-8}$$

地震设计状况：

$$V_{uE} = 0.04 f_c A_{c1} + 0.06 f_c A_k + 1.65 A_{sd} \sqrt{f_c f_y} \tag{4-9}$$

式中， $A_{c1}$ ——叠合梁端截面后浇混凝土叠合层截面面积；

　　 $f_c$ ——预制构件混凝土轴心抗压强度设计值；

　　 $f_y$ ——垂直穿过结合面钢筋抗拉强度设计值；

　　 $A_k$ ——各键槽的根部截面面积（图 4-6）之和，按后浇键槽根部截面和预制键槽根部截面分别计算，并取二者的较小值；

　　 $A_{sd}$ ——垂直穿过结合面所有钢筋的面积，包括叠合层内的纵向钢筋。

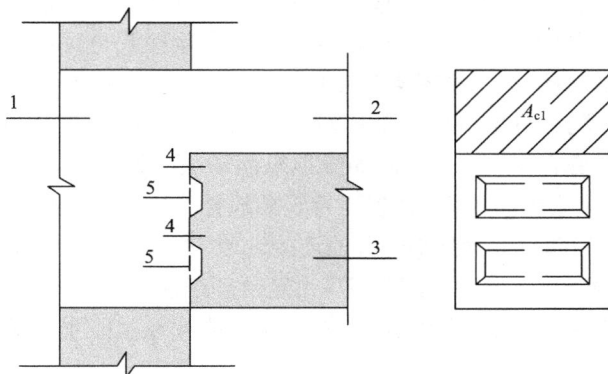

图 4-6  叠合梁端受剪承载力计算示意图

1-后浇节点区；2-后浇混凝土叠合层；3-预制梁；4-预制键槽根部截面；5-后浇键槽根部截面； $A_{c1}$ -叠合梁端截面后浇混凝土叠合层截面面积

### 4.4.3  地震作用下预制柱底水平接缝受剪承载力验算

当预制柱受压时：

$$V_{uE} = 0.8N + 1.65 A_{sd} \sqrt{f_c f_y} \qquad (4\text{-}10)$$

当预制柱受拉时：

$$V_{uE} = 1.65 A_{sd} \sqrt{f_c f_y \left[ 1 - \left( \frac{N}{A_{sd} f_y} \right)^2 \right]} \qquad (4\text{-}11)$$

式中， $N$ ——与剪力设计值 $V$ 相应的垂直于结合面的轴向力设计值，取绝对值进行计算。

# 4.5  连 接 构 造

## 4.5.1  叠合梁对接连接

### 1. 一般规定

连接位置宜设在受力较小处，且连接处应设置后浇段，后浇段的长度应满足梁下部纵向钢筋连接作业的空间需求。

梁下部纵向钢筋在后浇段内宜采用机械连接、套筒灌浆连接或焊接连接。

后浇段内的箍筋应加密，箍筋间距不应大于 5d （d 为连接纵筋的最小直径），且不应大于 100mm。

## 2. 常见构造

叠合梁对接连接构造如图 4-7 所示。当梁的下部纵向钢筋在后浇段内采用机械连接时，一般只能采用加长丝扣型直螺纹接头，滚轧直螺纹加长丝头在安装中会存在一定的困难，且无法达到 I 级接头的性能指标。套筒灌浆连接接头也可用于水平钢筋的连接。除规范规定的叠合梁对接形式外[图 4-7（a）和（b）]，还有部分新型连接方式，如图 4-7（c）所示，叠合梁预制部分的纵向钢筋在端头伸出并在端部带有 180° 弯钩，在叠合梁预制部分的上侧设置叠合层，叠合层内的梁顶纵筋端头亦设 180° 弯钩，两端带 180° 弯钩的连接钢筋分别与梁底纵筋、梁顶纵筋平行紧贴放置，形成传力环，在每个传力环内插入 4 根插筋，叠合层与相邻叠合梁预制部分的连接区域内浇筑混凝土固定成型为叠合梁。如图 4-7（d）所示，叠合梁本身为型钢和混凝土结合，在预制叠合梁顶端设置连接筋，连接筋一端与梁内骨筋相连，一端设置凸出筋，预制梁体表面设粗糙面，端部设置键槽。

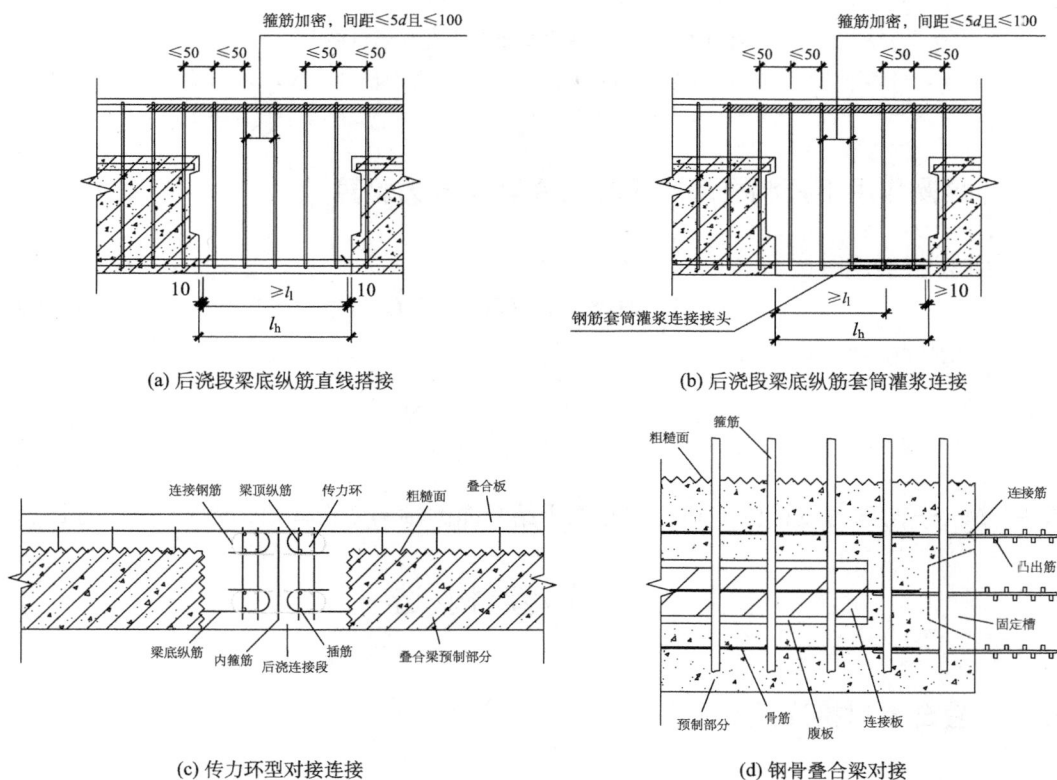

(a) 后浇段梁底纵筋直线搭接

(b) 后浇段梁底纵筋套筒灌浆连接

(c) 传力环型对接连接

(d) 钢骨叠合梁对接

图 4-7　叠合梁对接连接构造

$l_l$-钢筋搭接长度；$l_h$-后浇段的长度；$d$-钢筋直径

### 4.5.2　预制柱连接

**1. 一般规定及常见构造**

预制柱连接对结构性能如承载能力、结构刚度、抗震性能等往往起到决定性的作用，同时也影响着预制混凝土框架结构的施工可行性和建造方式。

柱纵向受力钢筋在柱底采用套筒灌浆连接时，柱箍筋加密区长度不应小于纵向受力钢筋连接区域长度 $L$ 与 500mm 之和；套筒上端第一道箍筋距离套筒顶部不应大于 50mm，如图 4-8（a）所示。箍筋加密区和体积配箍率同普通柱，详见《混凝土结构设计规范》（GB 50010—2010）（2015 年版）。采用较大的直径钢筋及较大的柱截面，可减少钢筋根数，增大间距，便于柱钢筋连接及节点区钢筋布置。套筒连接区域柱截面刚度及承载力较大，柱的塑性铰区可能会上移到套筒连接区域以上，因此至少应将套筒连接区域以上 500mm 高度范围内柱的箍筋加密。

除套筒灌浆连接形式外[图 4-8（a）]，还有部分新型连接方式。如图 4-8（b）所示的环形加固件连接，钢筋混凝土预制柱在工厂制作时，柱端部设箍板，箍板的内侧面设有栓钉和焊接环向加强件，以箍板内的环向加强件为界支模，浇筑制作预制柱，现场连接时，焊接箍板连接处，并由灌浆口注浆。如图 4-8（c）所示的柱端钢套筒连接，预制柱内纵筋与柱端钢套筒内壁焊接，上下柱端钢套筒通过抗剪键连接。如图 4-8（d）所示的柱内预留装配孔连接，在柱体内预埋不外露于柱体的钢筋骨架，且在柱体内竖向设置若干装配孔，装配孔贯穿柱体并沿着柱体的端部截面的周边分布，在装配孔中插入受力筋实现上下层预制柱的装配连接。

**2. 纵向钢筋连接**

当房屋高度不大于 12m 或层数不超过 3 层时，可采用套筒灌浆、浆锚搭接、焊接等连接方式。当结构层数较多时，柱的纵向钢筋采用套筒灌浆连接可保证结构的安全。

### 4.5.3　叠合主、次梁的节点连接构造

对于叠合楼盖结构，次梁与主梁的连接可采用后浇混凝土节点，即主梁上预留后浇段，混凝土断开而钢筋连续，以便穿过和锚固次梁钢筋。当主梁截面较高且次梁截面较小时，主梁预制混凝土也可不完全断开，采用预留凹槽的形式供次梁钢筋穿过。次梁端部可设计为刚接或铰接。

**1. 主、次梁刚接连接的连接构造**

叠合主、次梁的中间节点连接构造中，主梁预留槽口的高度 $h_h$ 和宽度 $b_h$ 由设计确定（图 4-9）。两侧次梁上部纵向钢筋宜在现浇层内贯通设置；当无法贯通时，次梁上部纵

向钢筋应在主梁预留槽口内弯折锚固或采用锚固板。次梁下部纵筋伸入主梁预留槽口的长度应$\geqslant 12d$（$d$为纵筋直径）。

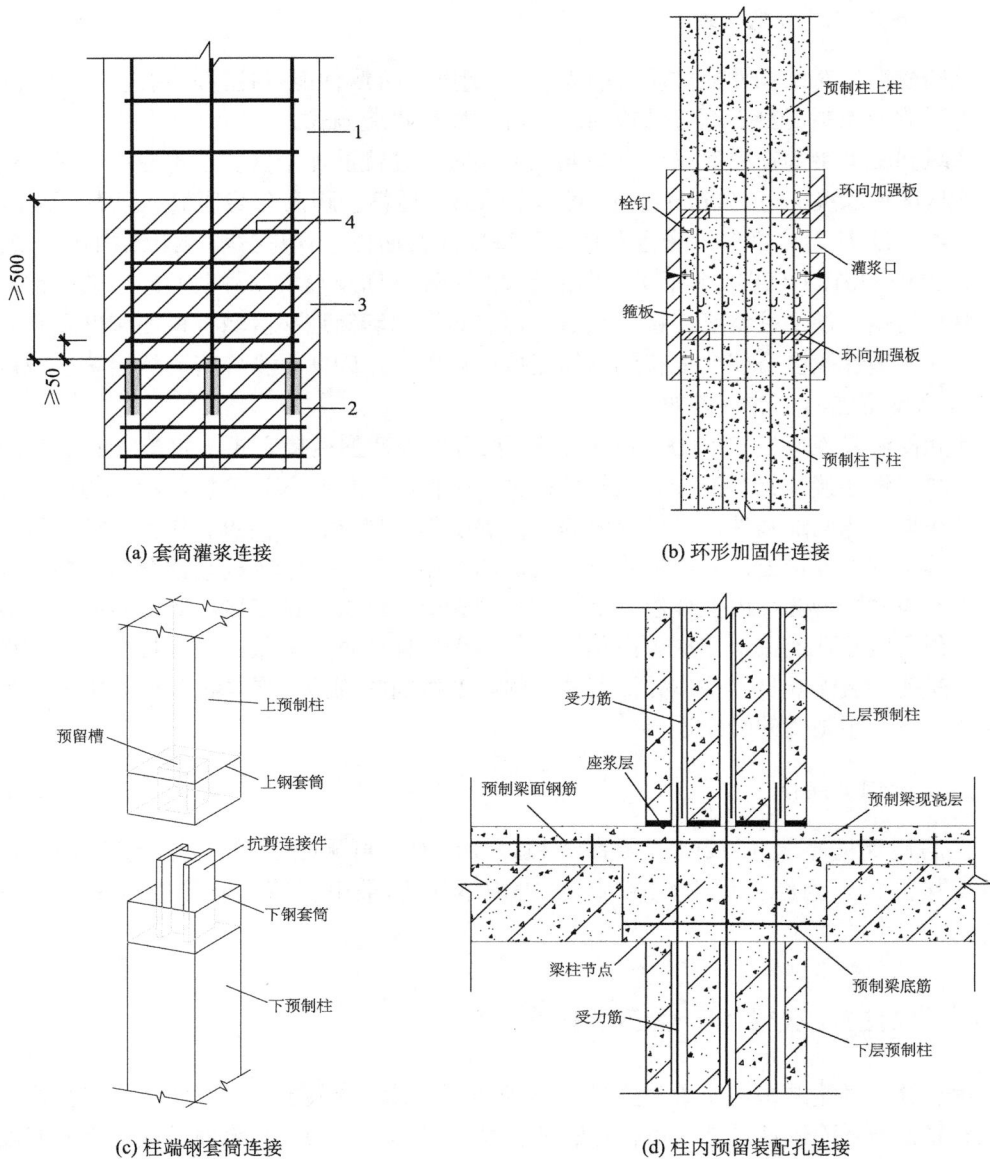

(a) 套筒灌浆连接

(b) 环形加固件连接

(c) 柱端钢套筒连接

(d) 柱内预留装配孔连接

图 4-8　预制柱连接构造

1-预制柱；2-套筒灌浆连接接头；3-箍筋加密区（阴影区域）；4-加密区箍筋

(a) 主梁预留后浇槽口（梁上部纵筋采用90°弯钩锚固）

(b) 主梁预留后浇槽口（一侧次梁梁端下部纵筋水平错位弯折后伸入支座锚固）

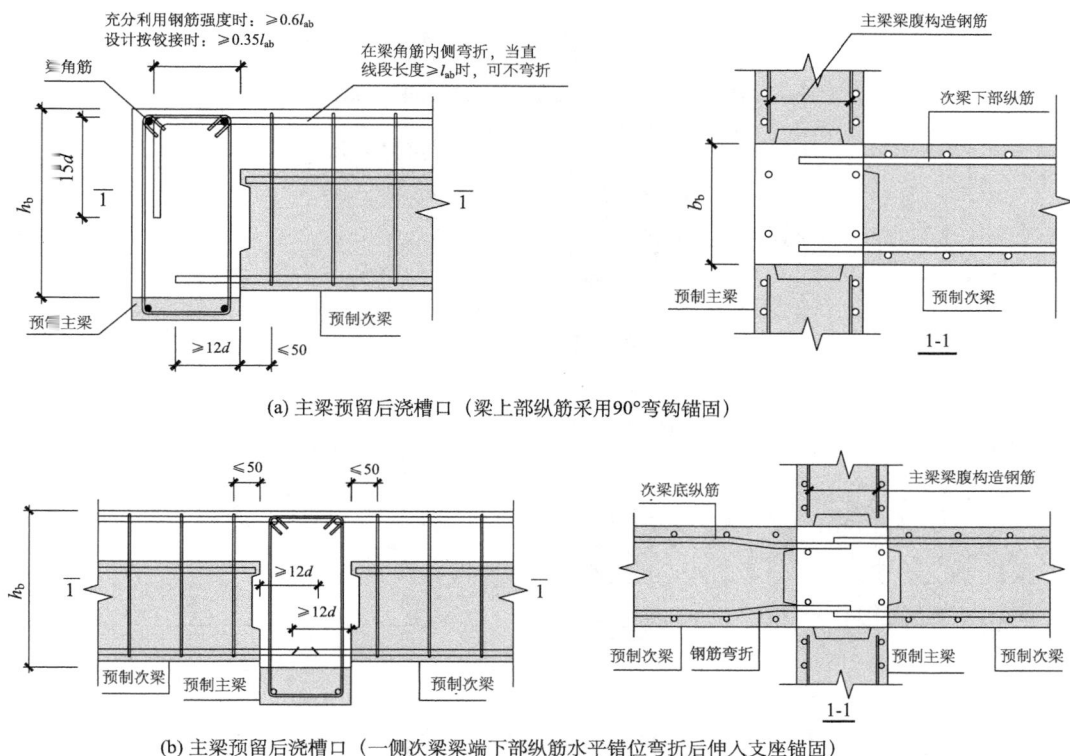

图 4-9 主、次梁刚接连接构造示意图

$l_{ab}$-钢筋基本锚固长度；$d$-钢筋直径；$h_b$-主梁浇筑高度；$b_b$-次梁浇筑宽度

**2. 主、次梁铰接连接的连接构造**

次梁与主梁宜采用铰接连接，当次梁不直接承受动力荷载且跨度不大于 9 时，可采用钢企口连接，如图 4-10 所示。钢企口两侧应对称布置抗剪栓钉，钢板厚度不应小于栓钉直径的 60%；预制主梁与钢企口连接处应设置预埋件；次梁端部 1.5 倍梁高范围内，箍筋间距不应大于 100mm。

## 4.5.4　预制柱与叠合梁框架节点连接构造

**1. 一般要求**

在预制柱叠合梁框架节点中，梁钢筋在节点中锚固及连接方式是决定施工可行性以及节点受力性能的关键。

梁柱纵筋均宜直线锚固，当截面不足时，宜采用锚固板锚固。梁、柱构件尽量采用较粗直径、较大间距的钢筋布置方式，节点区的主梁钢筋较少，有利于节点的装配施工，保证施工质量。设计过程中，应充分考虑到施工装配的可行性，合理确定梁、柱截面尺寸及钢筋的数量、间距及位置等。

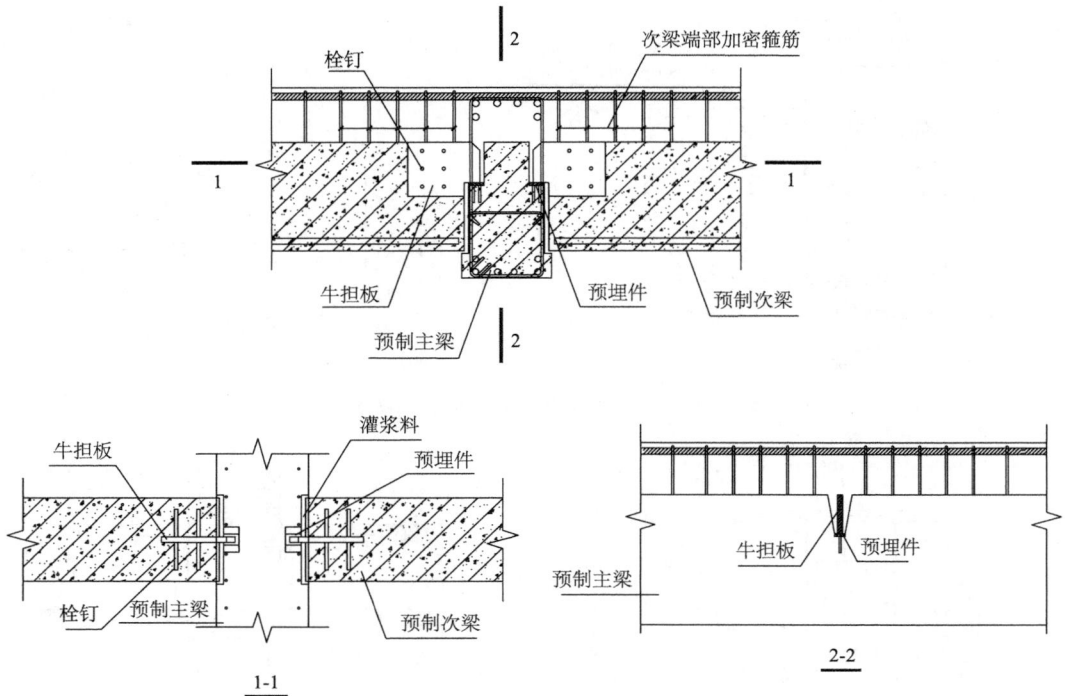

图 4-10　主、次梁铰接连接（钢企口接头）构造示意图

在中间节点中，如果两侧梁等高，若不做调整，两侧钢筋在柱中节点处就会相遇，必须考虑钢筋避让，注意安装顺序，否则节点内就会出现钢筋弯折避让的情况（弯折角度不宜大于 1：6）。如果钢筋多层排布，就会造成等高的梁内钢筋交叉严重，钢筋弯折幅度很大，所以首选的节点设计是两边梁不等高的情况，更便于梁内钢筋的避让。节点区施工时，应注意合理安排节点区箍筋、预制梁、梁上部钢筋的安装顺序，控制节点区箍筋的间距以满足要求。

2. 柱底接缝构造要求

采用预制柱及叠合梁的装配整体式框架中，柱底接缝宜设置在楼面标高（图 4-11），并应符合下列规定。

（1）后浇节点区混凝土上表面应设置粗糙面；

（2）柱纵向受力钢筋应贯穿后浇节点区；

（3）柱底接缝厚度宜为 20mm，并应采用灌浆料填实；

（4）后浇节点上表面设置粗糙面，增加与灌浆层的黏结力及摩擦系数。

3. 中间层节点构造

对框架中间层中节点，节点两侧的梁下部纵向受力钢筋宜锚固在后浇节点区内[图 4-12（a）]，也可采用机械连接或焊接的方式直接连接[图 4-12（b）]；梁的上部纵向受力钢筋应贯穿后浇节点区。

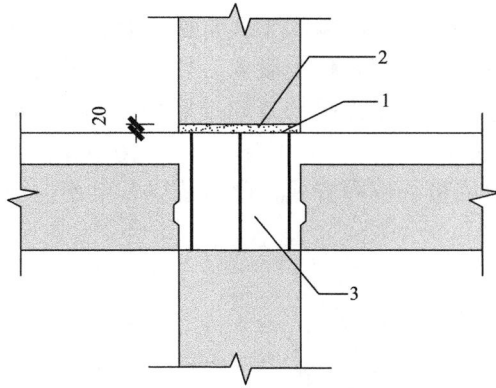

图 4-11 预制柱底接缝构造示意图

1-后浇节点区区混凝土上表面粗糙面；2-接缝灌浆层；3-后浇区

对框架中间层端节点，当柱截面尺寸不满足梁纵向受力钢筋的直线锚固要求时，宜采月锚固板锚固[图 4-12（c）]，也可采用 90°弯折锚固。

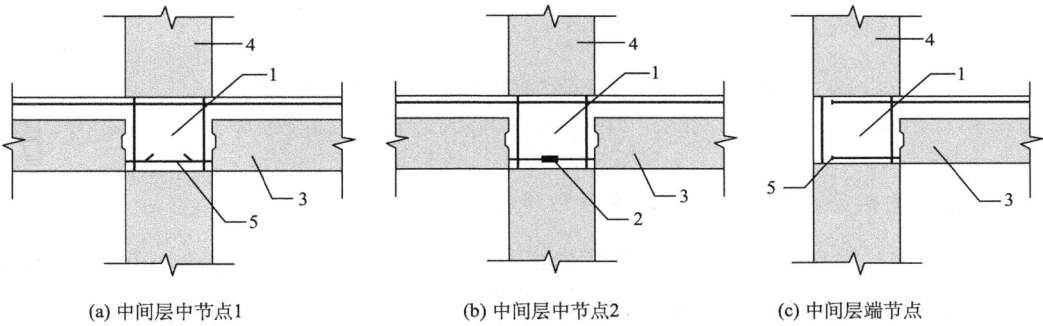

(a) 中间层中节点1      (b) 中间层中节点2      (c) 中间层端节点

图 4-12 预制柱及叠合梁框架中间层节点构造示意图

1-后浇区；2-梁下部纵向钢筋连接；3-预制梁；4-预制柱；5-梁下部纵向钢筋锚固

对框架顶层中节点，梁纵向受力钢筋构造同框架中间层中节点。柱纵向受力钢筋宜采月直线锚固；当梁截面尺寸不满足直线锚固要求时，宜采用锚固板锚固（图 4-13）。

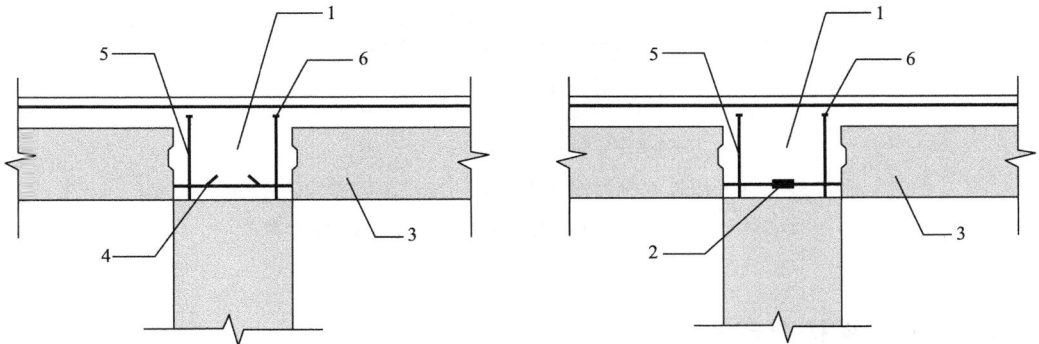

(a) 梁下部纵向受力钢筋锚固      (b) 梁下部纵向受力钢筋机械连接

图 4-13 预制柱及叠合梁框架顶层中节点构造示意图

1-后浇区；2-梁下部纵向钢筋连接；3-预制梁；4-梁下部纵向受力钢筋锚固；5-柱纵向受力钢筋；6-锚固板

对框架顶层端节点（图 4-14），梁下部纵向受力钢筋应锚固在后浇节点区内，柱宜伸出屋面并将柱纵向受力钢筋锚固在伸出段内，柱纵筋宜采用锚固板的锚固方式，此时锚固长度不应小于 $0.6l_{abE}$。伸出段内箍筋直径不应小于 $d/4$（$d$ 为柱纵向受力钢筋的最大直径），伸出段内箍筋间距不应大于 $5d$ 且不应大于 100mm；梁纵向受力钢筋应锚固在后浇节点区内且宜采用锚固板的锚固方式，此时锚固长度不应小于 $0.6l_{abE}$。

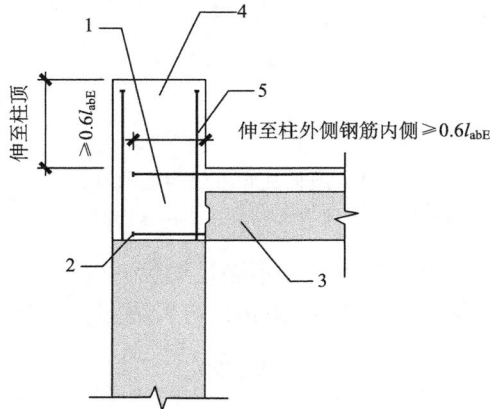

图 4-14 预制柱及叠合梁框架顶层端节点构造示意图

1-后浇区；2-梁下部纵向钢筋锚固；3-预制梁；4-柱延伸段；5-柱纵向受力钢筋；$l_{abE}$-满足抗震要求的钢筋基本锚固长度

### 4. 梁纵向钢筋在节点区外的后浇段内连接

采用预制柱及叠合梁的装配整体式框架节点，梁下部纵向受力钢筋也可伸至节点区外的后浇段内连接（图 4-15），连接接头与节点区的距离不应小于 $1.5h_0$（$h_0$ 为梁截面有效高度）。

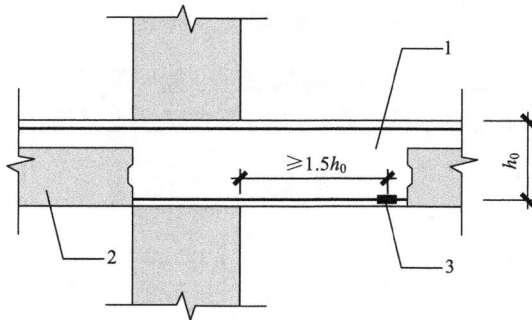

图 4-15 梁纵向钢筋在节点区外的后浇段内连接示意图

1-后浇区；2-预制梁；3-纵向受力钢筋连接；$h_0$-梁截面有效高度

## 4.5.5 其他连接构造示意

这里以深圳市预制装配整体式钢筋混凝土结构节点区连接为例，介绍节点区的连接。

中间层端节点：梁纵向受力钢筋在端节点处采用机械直锚时，锚固长度不应小于 $0.5l_a$（$l_{aE}$）和梁长方向柱边长 $b$ 的 3/4（图 4-16）。

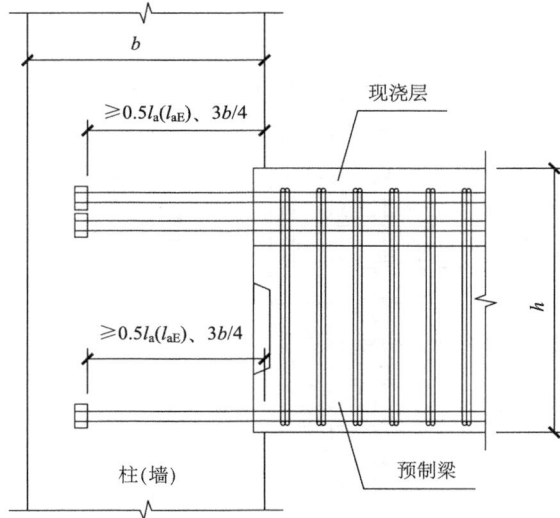

图 4-16　梁纵筋在端部节点区的锚固要求

$l_a$-钢筋锚固长度；$l_{aE}$-满足抗震要求的钢筋锚固长度；$b$-柱的宽度；$h$-梁的高度

中间层中节点：梁纵向受力底筋在中间节点宜贯通，也可采用对接连接。对接连接时，钢筋直径宜相同；直径不同时，较大直径钢筋伸入节点内的长度不应小于 $l_a$（$l_{aE}$），且伸过柱中心线的长度不应小于较大钢筋直径的 5 倍（图 4-17）。

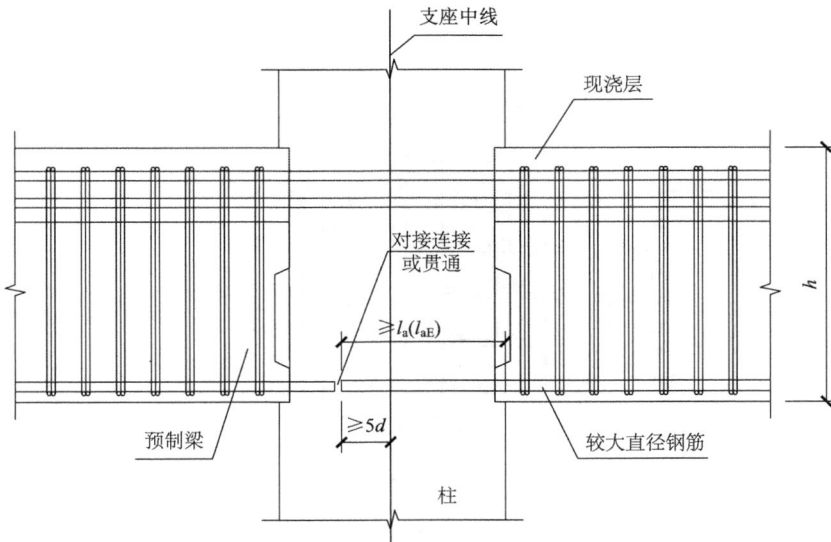

图 4-17　梁在中间节点区的构造要求

$l_a$-钢筋锚固长度；$l_{aE}$-满足抗震要求的钢筋锚固长度；$d$-钢筋直径；$h$-梁的高度

顶层端节点：梁顶纵筋采用机械直锚时，柱顶面高出梁顶面的高度不宜小于梁高的1/2 且不大于 500mm，柱纵筋从梁底伸出长度不应小于钢筋直径 $d$ 的 40 倍（图 4-18）。

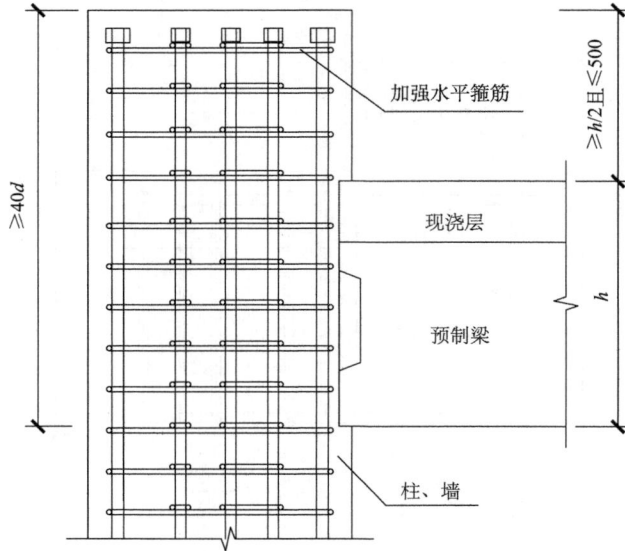

图 4-18　顶层端节点锚固要求

$d$-钢筋直径；$h$-梁的高度

顶层中节点：柱纵筋采用机械直锚时，锚固长度不应小于 $0.4l_a$（$l_{aE}$）、250mm 和梁高的 4/5 的最大值（图 4-19）；且宜沿梁设置伸至梁底的开口箍筋，开口箍筋的间距不大于 150mm，直径和肢数同梁加密区（图 4-20）。

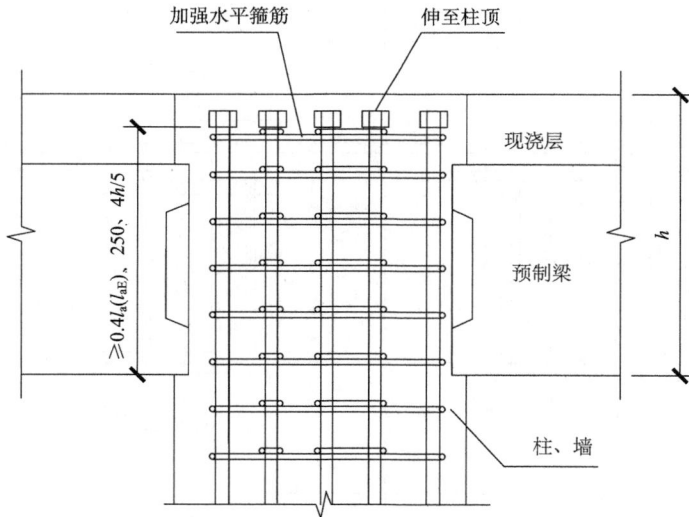

图 4-19　顶层中节点柱纵筋锚固要求

$l_a$-钢筋锚固长度；$l_{aE}$-满足抗震要求的钢筋锚固长度；$h$-梁的高度

现浇层　　最上排梁面筋　　　　U形开口箍筋

预制梁

柱

预制梁

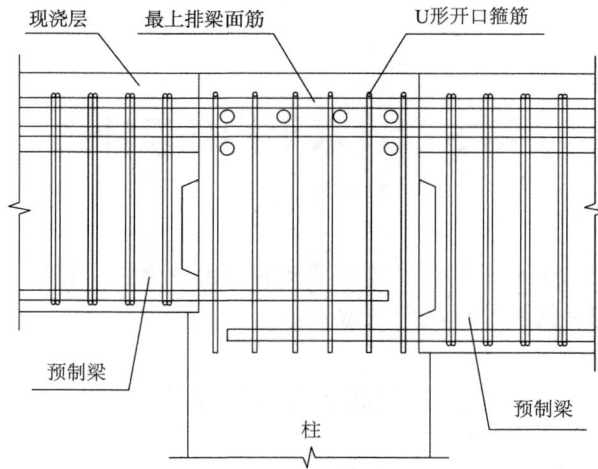

图 4-20　顶层中节点开口箍筋示意图

# 第 5 章　水平构件设计

装配式混凝土结构中水平构件主要有钢筋混凝土叠合板、叠合梁、阳台板和空调板等，以下就各水平构件的设计过程分别做介绍。

## 5.1　普通叠合楼板设计

装配式混凝土结构中的钢筋混凝土叠合板是典型的水平构件，是装配式构件中最重要的组成部分。钢筋混凝土叠合板具有现浇板和预制板的优点，在我国得到了迅速的发展。随着建筑产业化、住宅工业化进程的快速发展，叠合板构件在建筑工业化进程中逐渐体现出自身的优势，符合现在建筑产业化的发展和工业化市场需求。

我国的装配整体式混凝土结构中，楼盖主要采用预制叠合楼盖体系。叠合楼盖包括普通叠合楼板、带肋预应力叠合楼板、空心预应力叠合楼板、双 T 形预应力叠合楼板。其中普通叠合楼板是装配整体式建筑应用最多的楼盖类型，本章节主要对普通叠合楼板的设计方法及构造要求做一介绍，其他形式的叠合楼板的设计方法可参考行业现行相关规程。

普通叠合楼板适用于框架结构、框架-剪力墙结构、剪力墙结构、筒体结构等结构体系的装配式混凝土建筑，也可用于钢结构建筑。普通叠合楼板在欧洲、澳大利亚、日本、东南亚和中国广泛应用。

### 5.1.1　概念及一般规定

普通叠合楼板是指预制混凝土板顶部在现场进行后浇混凝土而形成的整体受弯构件。具体做法：现场安装预制混凝土楼板，以其为模板，辅以配套支撑，设置与竖向构件的连接钢筋、必要的受力钢筋以及构造钢筋，再浇筑混凝土叠合层，与预制板共同受力。

叠合楼板的预制板可分为带桁架钢筋和不带桁架钢筋两种（图 5-1）。当跨度较大时，为了增加预制板脱模吊装时的整体刚度和使用阶段的水平界面抗剪性能，可在预制板内设置桁架钢筋，见图 5-2。钢筋桁架的下弦钢筋可视情况作为楼板下部的受力钢筋使用。施工阶段，验算预制板的承载力及变形时，可考虑桁架钢筋的作用，减少预制板下的临时支撑。

叠合楼板应按现行国家标准《混凝土结构设计规范》（GB 50010—2010）（2015 年版）进行设计，并应符合下列规定。

(a) 带桁架钢筋　　　　　　　　　　　　(b) 不带桁架钢筋

图 5-1　叠合板的预制板

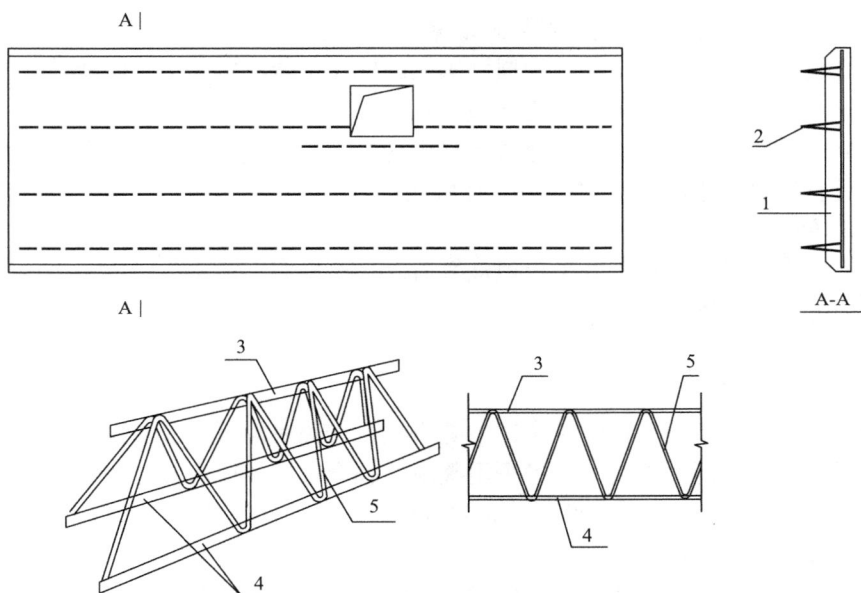

图 5-2　叠合板的预制板设置桁架钢筋构造示意图

1-预制板；2-桁架钢筋；3-上弦钢筋；4-下弦钢筋；5-格构钢筋

（1）叠合板的预制板厚度不宜小于 60mm，后浇混凝土叠合层厚度不应小于 60mm。叠合板后浇层最小厚度的规定考虑了楼板整体性要求以及管线预埋、面筋铺设、施工误差等因素，而预制板最小厚度的规定考虑了脱模、吊装、运输、施工等因素。在采取可靠的构造措施的情况下，如设置桁架钢筋或板肋等，当增加了预制板刚度时，可以考虑将其厚度适当减少。

（2）当叠合板的预制板采用空心板时，板端空腔应封堵；堵头深度不宜小于 60mm，并应采用强度等级不低于 C25 的混凝土灌实。

（3）对于跨度大于 3m 的叠合板，宜采用桁架钢筋混凝土叠合板；预制板内设置桁架钢筋，主要是为了增加预制板的整体刚度和水平界面抗剪性能。钢筋桁架的下弦钢筋可视情况作为楼板下部的受力钢筋使用。施工阶段，验算预制板的承载力及变形时，可考虑桁架钢筋的作用，适当减小预制板下的临时支撑。

（4）跨度大于 6m 的叠合板，宜采用经济性较好的预应力混凝土预制板。

（5）板厚大于 180mm 时，为了减轻楼板自重，节约材料，推荐采用空心楼板；可在预制板上设置各种轻质模具，浇筑混凝土后形成空心。

## 5.1.2　叠合楼盖的拆分设计

### 1. 楼盖现浇与预制范围的确定

装配整体式混凝土结构中，当部分楼层或局部范围设置现浇时，现浇楼板按常规方法设计。《装配式混凝土结构技术规程》（JGJ 1—2014）和《装配式混凝土建筑技术标准》（GB/T 51231—2016）对高层装配整体式混凝土结构楼盖现浇与预制范围做了以下规定。

（1）结构转换层和作为上部结构嵌固部位的地下室楼层宜采用现浇楼盖；

（2）开洞较大的楼层宜采用现浇楼盖；

（3）屋面层和平面受力复杂的楼层宜采用现浇楼盖，当采用叠合楼盖时，楼板的后浇混凝土叠合层厚度不应小于 100mm，且后浇层内应采用双向通长配筋，钢筋直径不宜小于 8mm，间距不宜大于 200mm；

（4）通过管线较多的楼板宜采用现浇楼盖，如电梯间、前室；

（5）局部下沉的不规则楼板宜采用现浇楼盖，如卫生间。

### 2. 楼盖的拆分原则

根据接缝构造、支座构造和长宽比，叠合板可按照单向板或者双向板进行设计。当按照双向板设计时，同一板块内，可采用整块的叠合双向板或者几块预制板通过整体式接缝组合成的叠合双向板；当按照单向板设计时，几块叠合板各自作为单向板进行设计，板侧采用分离式接缝即可。

《装配式混凝土结构技术规程》（JGJ 1—2014）规定：当预制板之间采用分离式接缝[图 5-3（a）]时，宜按单向板设计。对长宽比不大于 3 的四边支承叠合板，当其预制板之间采用整体式接缝[图 5-3（b）]或无接缝[图 5-3（c）]时，可按双向板设计。

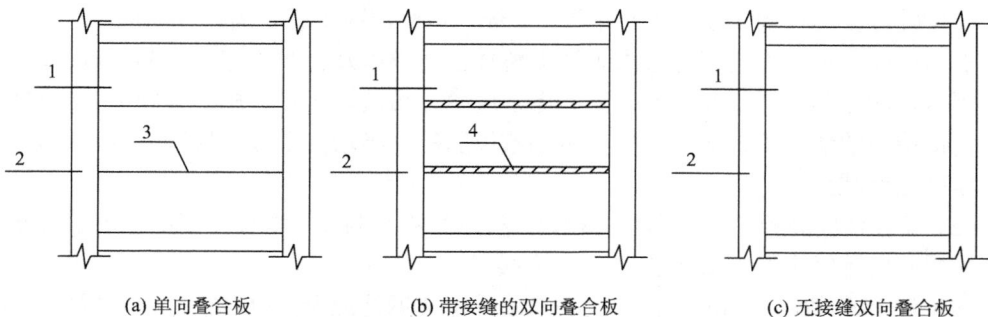

(a) 单向叠合板　　　　　　　　(b) 带接缝的双向叠合板　　　　　　　　(c) 无接缝双向叠合板

图 5-3　叠合板的预制板布置形式示意图

1-预制板；2-梁或墙；3-板侧分离式接缝；4-板侧整体式接缝

　　叠合板作为结构构件，其拆分设计要由结构工程师确定。不同的拆分方法、接缝构造决定了叠合板是按单向板设计还是按双向板设计。从结构合理性考虑，拆分原则如下。

　　（1）当按单向板设计时，应沿板的次要受力方向拆分。将板的短跨方向作为叠合板的支座，沿着长跨方向进行拆分，此时板缝垂直于板的长边[图 5-3（a）]。

　　（2）当按双向板设计时，在板的最小受力部位拆分，如双向叠合板板侧的整体式接缝宜设置在叠合板的次要受力方向上[图 5-3（b）]，且宜避开最大弯矩截面，如双向板尺寸不大，采用无接缝双向叠合板，仅在板四周与梁或墙交接处拆分[图 5-3（c）]。

　　（3）叠合板的拆分应注意与柱相交位置预留切角（图 5-4）。

　　（4）板的宽度不超过运输超宽的限制和工厂生产线模台宽度的限制，一般不超过 3.5m。

　　（5）为降低生产成本，尽可能统一或减少板的规格。预制板宜取相同宽度，可将大板均分，也可按照一个统一的模数，视实际情况而定。例如，双向叠合板，拆分时可适当通过板缝调节，将预制板宽度调成一致。

　　（6）有管线穿过的楼板，拆分时须考虑避免与钢筋或桁架筋的冲突。

　　（7）顶棚无吊顶时，板缝宜避开灯具、接线盒或吊扇位置。

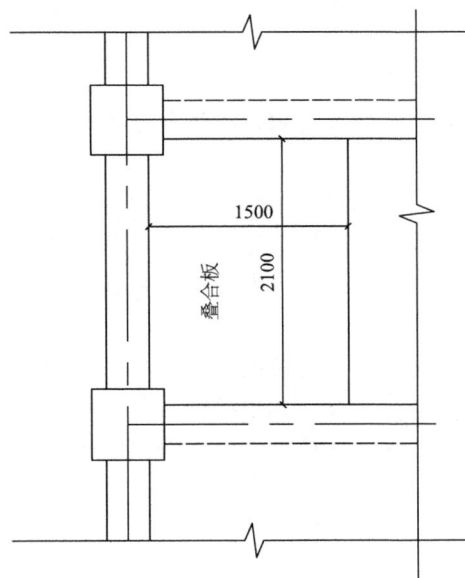

图 5-4　板拆分与柱相交位置预留切角

　　根据中华人民共和国交通运输部《超限运输车辆行驶公路管理规定》，货车总宽度不能超过 2.55m，当预制板尺寸超过运输宽度限制时，应考虑运输是否可行。目前，市场上生产预制楼板的模台包括流转模台和固定模台。常用的流转模台的规格有 4m×9m、3.8m×12m、3.5m×12m，常用的固定模台的规格有 4m×9m、3m×12m、3.5m×12m。预制板拆分越宽，接缝越少，标准化程度则越低。

### 5.1.3 叠合楼板的分析计算

楼板系统作为重要的水平构件，必须承受竖向荷载，并把它们传给竖向体系；同时还必须承受水平荷载，并把它们分配给竖向抗侧力体系。一般来说，近似假定叠合板在其自身平面内无限刚性，减少结构分析的自由度，提高结构分析效率。叠合板设计必须保证整体性及传递水平力的要求，但因结构首层、结构转换层、平面复杂或开洞较大的楼层、作为上部结构嵌固部位的地下室楼层对整体性及传递水平力的要求较高，《装配式混凝土结构技术规程》（JGJ 1—2014）规定这些部位宜采用现浇楼板，当然也可采用叠合板，把现浇层适当加厚。

《装配式混凝土结构技术规程》（JGJ 1—2014）未给出叠合楼板计算的具体要求，其平面内抗剪、抗拉和抗弯设计验算可按常规现浇楼板进行。当桁架钢筋布置方向为主受力方向时，预制底板受力钢筋计算方式等同现浇楼板，桁架下弦钢筋可作为板底受力钢筋，按照计算结果确定钢筋直径、间距。

安装时需要布置支撑并进行支撑布置计算，应当考虑预制底板上面的施工荷载及堆载。设计人员应当根据支撑布置图进行二次验算，设计预制底板受力钢筋、桁架下弦钢筋直径、间距。

第一阶段是后浇的叠合层混凝土达到强度设计值之前的阶段。荷载由预制板承担，预制板根据支撑按简支或多跨连续梁计算，荷载包括预制板自重、叠合层自重以及本阶段的施工活荷载。

第二阶段是叠合层混凝土达到设计规定的强度值之后的阶段。叠合板按整体结构计算，荷载考虑下列两种情况并取较大值。施工阶段：考虑叠合板自重，面层、吊顶等自重以及本阶段的施工活荷载。使用阶段：考虑叠合板自重，面层、吊顶等自重以及使用阶段的可变荷载。

单向板导荷方式按对边传导，双向板按梯形三角形四边传导，如图5-5所示。

应注意，当拆分前整板为双向板，如果拆分成单向板后，叠合板传递到梁、柱的荷载与整板导荷方式存在一定差异，计算时需人为调整板荷传导方式。

1. 叠合板抗弯、抗剪计算

1）正截面受弯承载力计算

预制板和叠合板的正截面受弯承载力应按《混凝土结构设计规范》（GB 50010—2010）（2015年版）第6.2节计算。其中，弯矩设计值应按下列规定取用。

预制板：

$$M_1 = M_{1G} + M_{1Q} \tag{5-1}$$

叠合板的正弯矩区段：

$$M = M_{1G} + M_{2G} + M_{2Q} \tag{5-2}$$

叠合板的负弯矩区段：

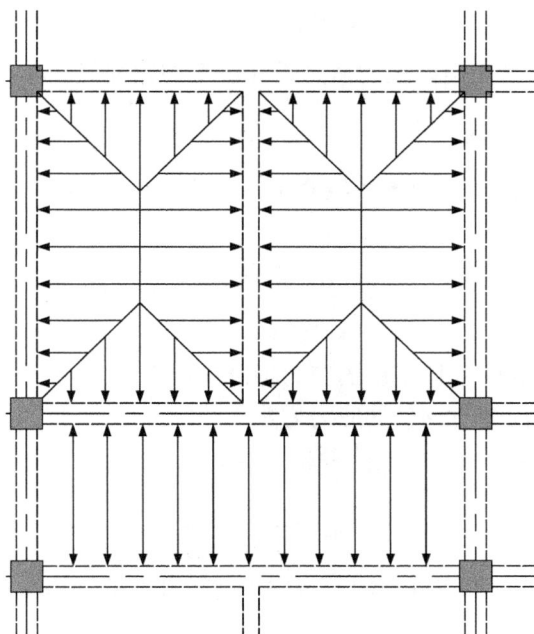

图 5-5　楼板导荷示意图

$$M = M_{2G} + M_{2Q} \tag{5-3}$$

式中，$M_{1G}$——预制板自重和叠合层自重在计算截面产生的弯矩设计值；

$M_{2G}$——第二阶段面层、吊顶等自重在计算截面产生的弯矩设计值；

$M_{1Q}$——第一阶段施工活荷载在计算截面产生的弯矩设计值；

$M_{2Q}$——第二阶段可变荷载在计算截面产生的弯矩设计值，取本阶段施工活荷载和使用阶段可变荷载在计算截面产生的弯矩设计值中的较大值。

在计算中，正弯矩区段的混凝土强度等级，按叠合层取用；负弯矩区段的混凝土强度等级，按计算截面受压区的实际情况取用。

2）斜截面受剪承载力计算

楼板一般不需抗剪计算，当有必要时，预制板和叠合板的斜截面受剪承载力应按《混凝土结构设计规范》（GB 50010—2010）（2015 年版）中第 6.3 节计算。其中，剪力设计值应按下列规定取用。

预制板：

$$V_1 = V_{1G} + V_{1Q} \tag{5-4}$$

叠合板：

$$V = V_{1G} + V_{2G} + V_{2Q} \tag{5-5}$$

式中，$V_{1G}$——预制板自重和叠合层自重在计算截面产生的剪力设计值；

$V_{2G}$——第二阶段面层、吊顶等自重在计算截面产生的剪力设计值；

$V_{1Q}$——第一阶段施工活荷载在计算截面产生的剪力设计值；

$V_{2Q}$——第二阶段可变荷载在计算截面产生的剪力设计值，取本阶段施工活荷载和使用阶段可变荷载在计算截面产生的剪力设计值中的较大值。

2. 正常使用极限状态设计

钢筋混凝土叠合板在荷载准永久组合下，其纵向受拉钢筋的应力 $\sigma_{sq}$ 应符合下列规定：

$$\sigma_{sq} \leqslant 0.9 f_y \tag{5-6}$$

$$\sigma_{sq} = \sigma_{s1k} + \sigma_{s2q} \tag{5-7}$$

式中，$\sigma_{s1k}$——预制板纵向受拉钢筋的应力标准值；

$\sigma_{s2q}$——叠合板纵向受拉钢筋的应力增量。

在弯矩 $M_{1Gk}$ 作用下，预制板纵向受拉钢筋的应力 $\sigma_{s1k}$ 可按下列公式计算：

$$\sigma_{s1k} = \frac{M_{1Gk}}{0.87 A_s h_{01}} \tag{5-8}$$

式中，$M_{1Gk}$——预制板自重和叠合层自重标准值在计算截面产生的弯矩值；

$h_{01}$——预制板截面有效高度。

在荷载准永久组合相应的弯矩 $M_{2q}$ 作用下，叠合板纵向受拉钢筋中的应力增量 $\sigma_{s2q}$ 可按下列公式计算：

$$\sigma_{s2q} = \frac{0.5\left(1 + \dfrac{h_1}{h}\right) M_{2q}}{0.87 A_s h_0} \tag{5-9}$$

当 $M_{1Gk} < 0.35 M_{1u}$ 时，式（5-9）中的 $0.5\left(1 + \dfrac{h_1}{h}\right)$ 值应取 1.0，此处 $M_{1u}$ 为预制构件正截面受弯承载力设计值，应按《混凝土结构设计规范》（GB 50010—2010）（2015 年版）中第 6.2 节计算，但式中应取等号，并以 $M_{1u}$ 代替 $M$。

1）裂缝控制验算

按荷载准永久组合或标准组合并考虑长期作用影响的最大裂缝宽度 $w_{max}$ 可用下列公式计算：

$$w_{max} = 2 \frac{\psi(\sigma_{s1k} + \sigma_{s2q})}{E_s}\left(1.9c + 0.08 \frac{d_{eq}}{\rho_{tel}}\right) \tag{5-10}$$

$$\psi = 1.1 - \frac{0.65 f_{tk1}}{\rho_{tel}\sigma_{s1k} + \rho_{te}\sigma_{s2q}} \tag{5-11}$$

式中，$c$——最外层纵向受拉钢筋外边缘至受拉区底边的距离（mm），当 $c < 20$ 时，取 $c = 20$；当 $c > 65$ 时，取 $c = 65$；

$\psi$——裂缝间纵向受拉钢筋应变不均匀系数，当 $\psi < 0.2$ 时，取 $\psi = 0.2$；当 $\psi > 1.0$ 时，取 $\psi = 1.0$；对直接承受重复荷载的构件，取 $\psi = 1.0$；

$d_{eq}$——受拉区纵向钢筋的等效直径，按《混凝土结构设计规范》（GB 50010—2010）

（20■5 年版）第 7.1.2 节的规定计算；

$\rho_{tel}$、$\rho_{te}$——按预制板、叠合板的有效受拉混凝土截面面积计算的纵向受拉钢筋配筋率，按《混凝土结构设计规范》（GB 50010—2010）（2015 年版）第 7.1.2 节计算；

$f_{tk1}$——预制板的混凝土抗拉强度标准值。

最大裂缝宽度 $w_{max}$ 不应超过《混凝土结构设计规范》（GB 50010—2010）（2015 年版）第 3.4 节规定的最大裂缝宽度限值。

2）挠度验算

叠合板应按《混凝土结构设计规范》（GB 50010—2010）（2015 年版）第 7.2.1 节的规定进行正常使用极限状态下的挠度验算。其中，叠合板按荷载准永久组合或标准组合并考虑长期作用影响的刚度可用下列公式计算。

钢筋混凝土构件：

$$B = \frac{M_q}{\left(\dfrac{B_{s2}}{B_{s1}} - 1\right)M_{1Gk} + \theta M_q} B_{s2} \tag{5-12}$$

$$M_k = M_{1Gk} + M_{2k} \tag{5-13}$$

$$M_q = M_{1Gk} + M_{2Gk} + \psi_q M_{2Qk} \tag{5-14}$$

式中，$\theta$——考虑荷载长期作用对挠度增大的影响系数，按《混凝土结构设计规范》（GB 50■10—2010）（2015 年版）第 7.2.5 节采用；

$M_k$——叠合板按荷载标准组合计算的弯矩值；

$M_q$——叠合板按荷载准永久组合计算的弯矩值；

$B_{s1}$——预制板的短期刚度，按《混凝土结构设计规范》（GB 50010—2010）（2015 年版）第 H.0.10 节取用；

$B_{s2}$——叠合板第二阶段的短期刚度，按《混凝土结构设计规范》（GB 50010—2010）（2■15 年版）第 H.0.10 节取用；

$M_{2k}$——第二阶段荷载标准组合下在计算截面上产生的弯矩值，取 $M_{2k} = M_{2Gk} + M_{2Qk}$；

$\psi_q$——第二阶段可变荷载的准永久值系数。

荷载准永久组合或标准组合下叠合板正弯矩区段内的短期刚度，可按下列规定计算。

（1）预制板的短期刚度 $B_{s1}$ 可按《混凝土结构设计规范》（GB 50010—2010）（2015 年版）公式（7.2.3-1）计算。

（2）叠合板第二阶段的短期刚度可按下列公式计算：

$$B_{s2} = \frac{E_s A_s h_0^2}{0.7 + 0.6\dfrac{h_1}{h} + \dfrac{45\alpha_E \rho}{1 + 3.5\gamma_f'}} \tag{5-15}$$

式中，$\alpha_E$——钢筋弹性模量与叠合层混凝土弹性模量的比值，$\alpha_E = \dfrac{E_s}{E_{c2}}$；

$\gamma'_f$ ——受压翼缘截面面积与腹板有效截面面积的比值。

荷载准永久组合或标准组合下叠合板负弯矩区段内第二阶段的短期刚度 $B_{s2}$ 可按《混凝土结构设计规范》（GB 50010—2010）（2015 年版）公式（7.2.3-1）计算，其中，弹性模量的比值取 $\alpha_E = \dfrac{E_s}{E_{c1}}$。

### 3. 未设置抗剪钢筋的叠合板叠合面抗剪计算

未设置抗剪钢筋的叠合板，水平叠合面的粗糙度符合以下构造要求：预制板与后浇混凝土叠合层之间的结合面应设置粗糙面，其粗糙面的面积不宜小于结合面的 80%，粗糙面的凹凸深度不应小于 4mm。可按下列公式进行水平叠合面的抗剪验算：

$$\frac{V}{bh_0} \leqslant 0.4 \text{N/mm}^2 \tag{5-16}$$

式中，$V$ ——叠合板验算截面处的剪力；

$b$ ——叠合板宽度；

$h_0$ ——叠合板有效高度。

## 5.1.4 构造设计

### 1. 支座节点构造

叠合楼板通过现浇层与叠合梁或者墙连为整体，叠合楼板现浇层钢筋与梁或者墙之间的连接和现浇结构相同，主要区别在于叠合楼板下层钢筋与梁或者墙的连接。在现浇混凝土结构中，楼板下层钢筋两个方向均需伸入梁或者墙内至少 5 倍钢筋直径，且需伸过梁或者墙中线。对于叠合楼板，假如下层钢筋均伸入梁或者墙内，将导致板钢筋与梁或者墙钢筋相互碰撞且调节困难，叠合板难以准确就位。因此《装配式混凝土结构技术规程》（JGJ 1—2014）做了如下规定。

（1）为保证楼板的整体性及传递水平力的要求，预制板内的纵向受力钢筋在板端宜伸入支座，并应符合现浇楼板下部纵向钢筋的构造要求：板端支座处，预制板内的纵向受力钢筋宜从板端伸出并锚入支承梁或墙的后浇混凝土中，锚固长度不应小于 5d（d 为纵向受力钢筋直径），且宜伸过支座中心线[图 5-6（a）]。

（2）单向叠合板的板侧支座处，即单向板长边支座，当预制板内的板底分布钢筋伸入支承梁或墙的后浇混凝土中时，应符合上述（1）的要求。当板底分布钢筋不伸入支座时，宜在紧邻预制板顶面的后浇混凝土叠合层中设置附加钢筋，附加钢筋截面面积不宜小于预制板内的同向分布钢筋面积，间距不宜大于 600mm，在板的后浇混凝土叠合层内锚固长度不应小于 15d，在支座内锚固长度不应小于 15d（d 为附加钢筋直径）且宜伸过支座中心线[图 5-6（b）]，既方便加工及施工，又保证楼面的整体性及连续性。

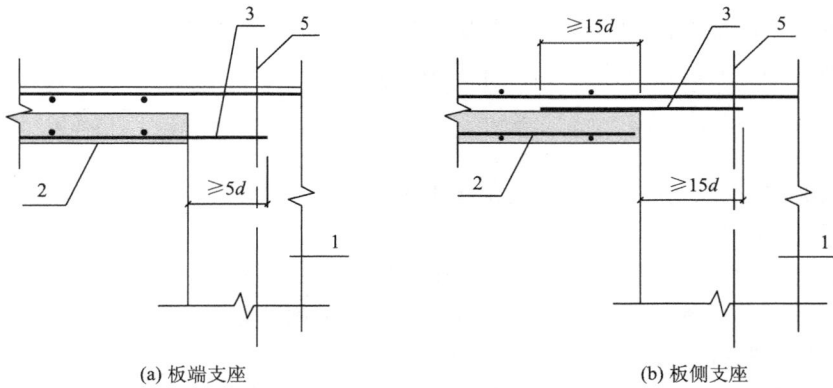

(a) 板端支座　　　　　　　　　(b) 板侧支座

图 5-6　叠合板端及板侧支座构造示意图

1-支承梁或墙；2-预制板；3-纵向受力钢筋；4-附加钢筋；5-支座中心线

《装配式混凝土建筑技术标准》（GB/T 51231—2016）规定，当桁架钢筋混凝土叠合板的后浇混凝土叠合层厚度不小于 100mm 且不小于预制板厚度的 1.5 倍时，支承端预制板内纵向受力钢筋可采用间接搭接方式锚入支承梁或墙的后浇混凝土中（图 5-7），并应符合下列规定。

（1）附加钢筋的面积应通过计算确定，且不应小于受力方向跨中板底钢筋面积的 1/3。

（2）附加钢筋直径不宜小于 8mm，间距不宜大于 250mm。

（3）当附加钢筋为构造钢筋时，伸入楼板的长度不应小于与板底钢筋的受压搭接长度，伸入支座的长度不应小于 15d（d 为附加钢筋直径）且宜伸过支座中心线；当附加钢筋承受拉力时，伸入楼板的长度不应小于与板底钢筋的受拉搭接长度，伸入支座的长度不应小于受拉钢筋锚固长度。

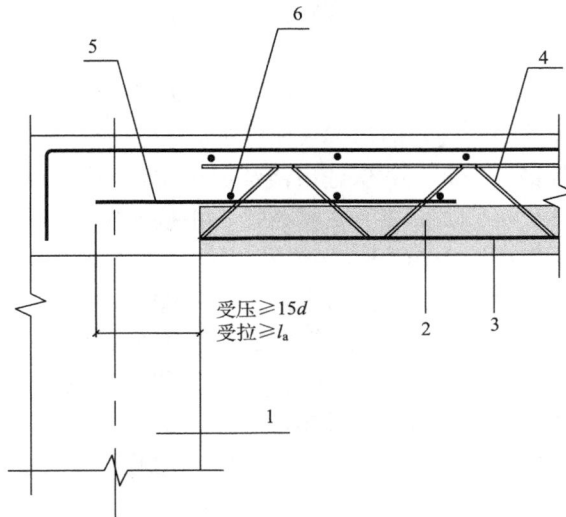

图 5-7　桁架钢筋混凝土叠合板板端构造示意图

1-支承梁或墙；2-预制板；3-板底钢筋；4-桁架钢筋；5-附加钢筋；6-横向分布钢筋

（4）垂直于附加钢筋的方向应布置横向分布钢筋，在搭接范围内不宜少于 3 根，且钢筋直径不宜小于 6mm，间距不宜大于 250mm。

2. 接缝构造设计

叠合板之间连接分为分离式接缝和整体式接缝。

1）分离式接缝

单向叠合板板侧的分离式接缝宜配置附加钢筋（图 5-8），并应符合下列规定。

（1）接缝处紧邻预制板顶面宜设置垂直于板缝的附加钢筋，附加钢筋伸入两侧后浇混凝土叠合层的锚固长度不应小于 15$d$（$d$ 为附加钢筋直径）；

（2）附加钢筋截面面积不宜小于预制板中该方向钢筋面积，钢筋直径不宜小于 6mm、间距不宜大于 250mm。

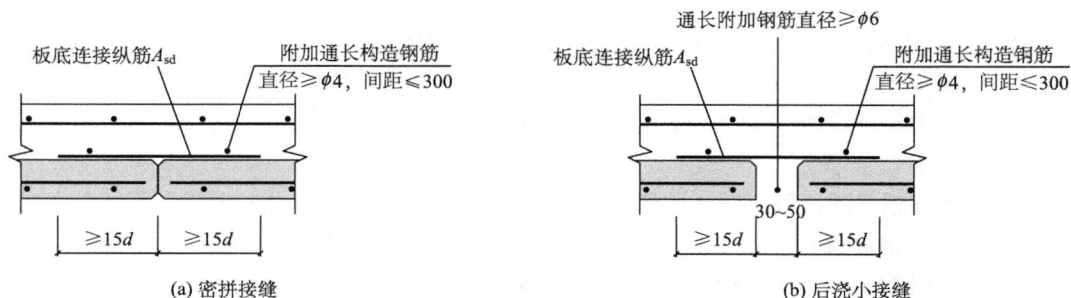

图 5-8 单向叠合板板侧拼缝构造

采用密拼接缝形式的板底往往会有明显的裂纹，当不处理或不吊顶时，会对美观性有一些影响。后浇小接缝形式通过项目实践，效果不错。

2）整体式接缝

双向叠合板板侧的整体式接缝宜设置在叠合板的次要受力方向上且宜避开最大弯矩截面。整体式接缝一般采用后浇带的形式（图 5-9），后浇带应有一定的宽度以保证钢筋在后浇带中的连接或者锚固空间，并保证后浇混凝土与预制板的整体性。后浇带两侧的板底受力钢筋需要可靠连接，如焊接、机械连接、搭接连接等。具体规定如下。

（1）后浇带宽度不宜小于 200mm。

（2）后浇带两侧板底纵向受力钢筋可在后浇带中焊接、搭接连接、弯折锚固。

（3）当后浇带两侧板底纵向受力钢筋在后浇带中搭接连接时，应符合下列规定：①预制板板底外伸钢筋为直线形[图 5-9（a）]时，钢筋搭接长度应符合现行国家标准《混凝土结构设计规范》（GB 50010—2010）（2015 年版）的有关规定；②预制板板底外伸钢筋端部为 90° 或 135° 弯钩[图 5-9（b）和（c）]时，钢筋搭接长度应符合现行国家标准《混凝土结构设计规范》（GB 50010—2010）（2015 年版）有关钢筋锚固长度的规定，90° 和 135° 弯钩钢筋弯后直段长度分别为 12$d$ 和 5$d$（$d$ 为钢筋直径）。

（4）当后浇带两侧板底纵向受力钢筋在后浇带中弯折锚固时[图 5-9（d）]，应符合下列规定：①叠合板厚度不应小于10$d$（$d$为弯折钢筋直径的较大值），且不应小于120mm；②拼缝处预制板侧伸出的纵向受力钢筋应在后浇混凝土叠合层内锚固，且锚固长度不应小于$l_a$；两侧钢筋在接缝处重叠的长度不应小于10$d$，钢筋弯折角度不应大于30°，弯折处沿接缝方向应配置不少于 2 根通长构造钢筋，且直径不应小于该方向预制板内钢筋直径。

图 5-9（d）这种接缝预制、施工都很麻烦，目前已很少有工程使用。

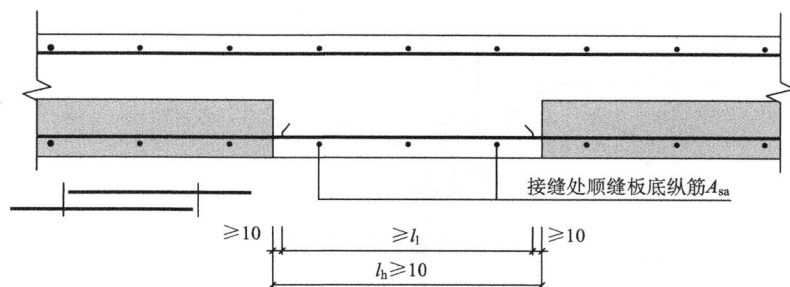

(a) 后浇带形式接缝(一)
板底纵筋直线搭接

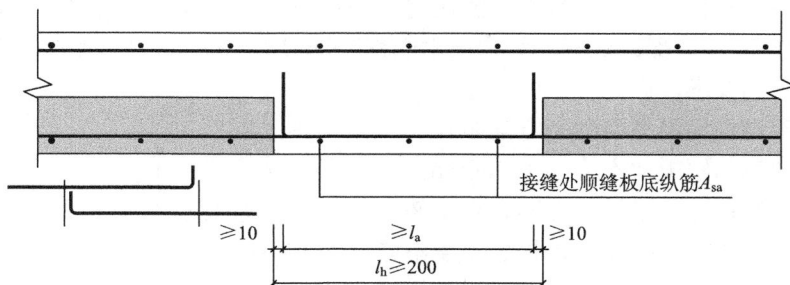

(b) 后浇带形式接缝(二)
板底纵筋末端带90°弯钩搭接

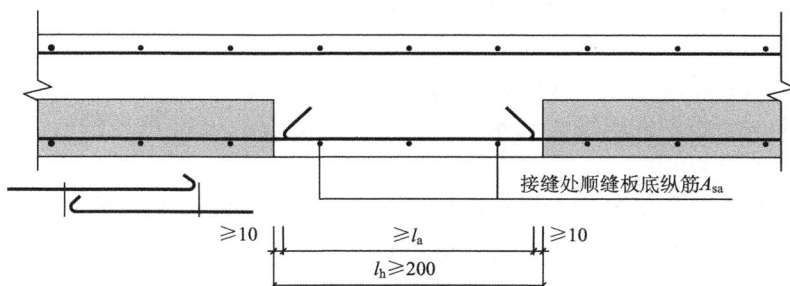

(c) 后浇带形式接缝(三)
板底纵筋末端带135°弯钩连接

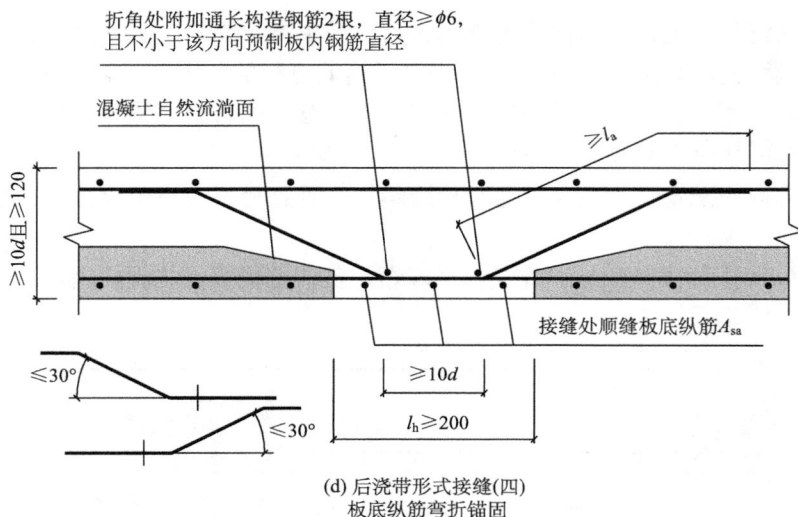

(d) 后浇带形式接缝(四)
板底纵筋弯折锚固

图 5-9　双向叠合板整体式接缝构造大样

### 3. 带桁架钢筋的普通叠合板

桁架钢筋叠合板目前在市场上广泛应用。非预应力叠合板用桁架钢筋主要起增强刚度和抗剪的作用，《装配式混凝土结构技术规程》（JGJ 1—2014）规定桁架钢筋混凝土叠合板应满足下列要求。

（1）桁架钢筋应沿主要受力方向布置；

（2）桁架钢筋距板边不应大于 300mm，间距不宜大于 600mm；

（3）桁架钢筋弦杆钢筋直径不宜小于 8mm，腹杆钢筋直径不应小于 4mm；

（4）桁架钢筋弦杆混凝土保护层厚度不应小于 15mm。

### 4. 无桁架钢筋的普通叠合板

当未设置桁架钢筋时，在下列情况下，叠合板的预制板与后浇混凝土叠合层之间应设置抗剪构造钢筋。

（1）单向叠合板跨度大于 4.0m 时，距支座 1/4 跨范围内；

（2）双向叠合板短向跨度大于 4.0m 时，距四边支座 1/4 短跨范围内；

（3）悬挑叠合板；

（4）悬挑板的上部纵向受力钢筋在相邻叠合板的后浇混凝土锚固范围内。

叠合板的预制板与后浇混凝土叠合层之间设置的抗剪构造钢筋（图 5-10）应符合下列规定。

（1）抗剪构造钢筋宜采用马镫形状，间距不宜大于 400mm，钢筋直径 $d$ 不应小于 6mm；

（2）马镫钢筋宜伸到叠合板上、下部纵向钢筋处，预埋在预制板内的总长度不应小于 15$d$，水平段长度不应小于 50mm。

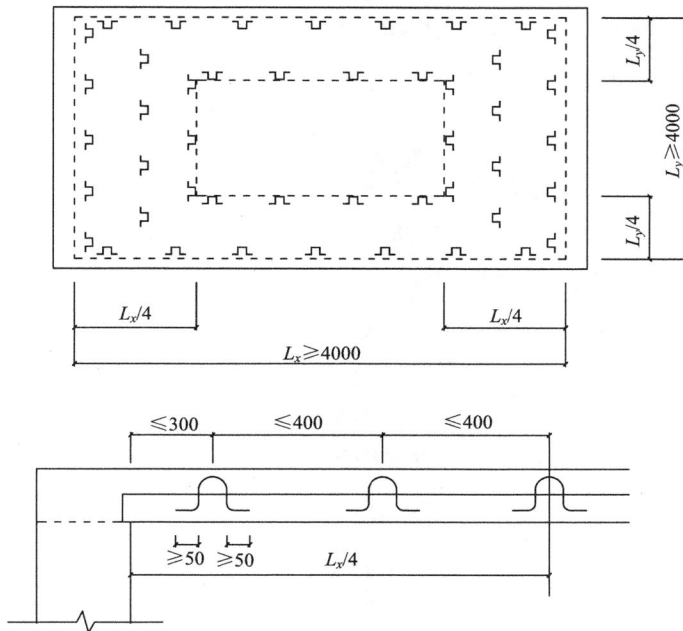

图 5-10　叠合板设置马镫钢筋示意图

### 5. 板边角构造

叠合板边角做成 45°倒角。单向板和双向板的上部都做成倒角，一是为了保证连接节点钢筋保护层厚度；二是为了避免后浇段混凝土转角部位应力集中。单向板下部边角做成倒角是为了便于接缝处理，如图 5-11 所示。

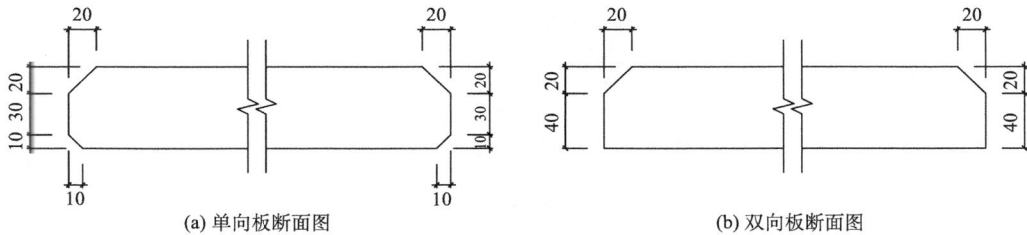

(a) 单向板断面图　　　　　　　　　　　(b) 双向板断面图

图 5-11　叠合板边角构造（郭学明，2017）

## 5.1.5　叠合板施工验算

### 1. 叠合板吊点位置

叠合板脱模吊点应多点布置，当构件长宽方向尺寸均大时，每个方向吊点应均匀布设，每个吊点之间的距离不应大于 1500mm，吊点距板端长度可按吊点间距的 1/2 计算。当构件较轻时，吊点可直接吊桁架上弦筋，当构件重量超过 1t 时，应单独设置吊环，且吊环钢筋应置于面筋之下，如图 5-12（a）所示。起吊具应采用横梁方式起吊，使构件上吊点均匀受力，如图 5-12（b）所示。

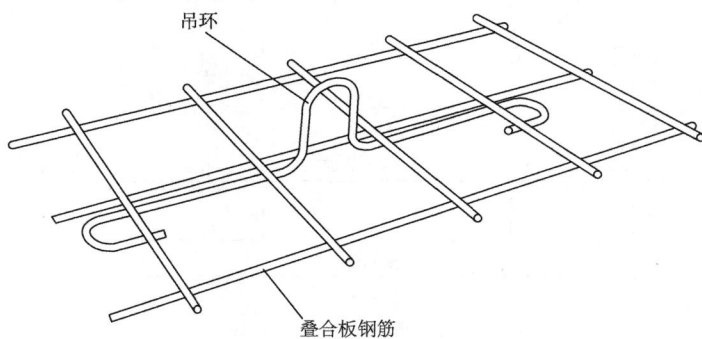

(a) 吊环埋设示意图

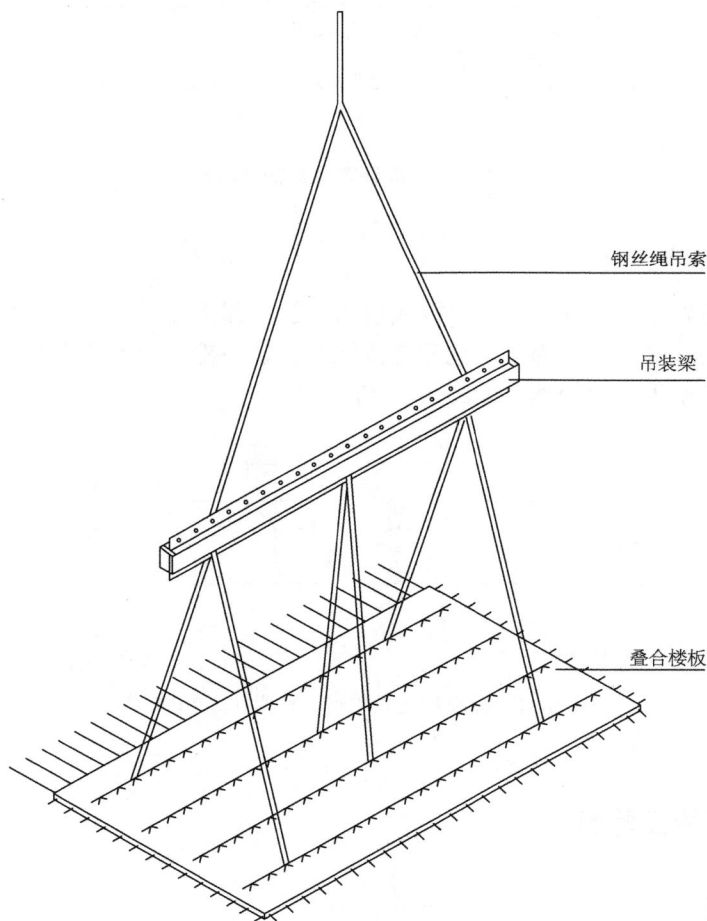

(b) 叠合板脱模起吊示意图

图 5-12　吊环埋设和叠合板脱模起吊示意图

当叠合板较宽时，宜在宽度方向增加钢筋桁架。

2. 叠合板预埋件

在叠合板预埋件的设计中，选择好埋件类型并确定埋件位置后，需对埋件承载力进行验算。叠合板预埋件强度可按下式进行验算。

1）脱模埋件承载力验算

根据《装配式混凝土结构技术规程》（JGJ 1—2014），单个吊点荷载可按下式计算：

$$Q = \frac{\beta_d G_k + q_s A}{n} \tag{5-17}$$

$$nQ \geqslant 1.5 G_k \tag{5-18}$$

式中，$Q$——单个吊点荷载（kN）；

$\beta_d$——动力系数，可参考表 5-1 取值；

$G_k$——构件重力荷载标准值（kN）；

$q_s$——单位面积脱模吸附力（kN/m²），与构件厂生产设备及条件有关，《装配式混凝土结构技术规程》（JGJ 1—2014）规定其不得小于 1.5kN/m²；

$A$——构件接触面积（m²）；

$n$——埋件个数。

表 5-1　动力系数

| 阶段 | 动力系数 |
| --- | --- |
| 脱模阶段 | 1.2 |
| 运输、吊运阶段 | 1.5 |
| 翻转及安装过程中就位、临时固定阶段 | 1.2 |

根据《混凝土结构设计规范》（GB 50010—2010）（2015 年版），单个吊点荷载可按下式计算：

$$Q = \frac{\gamma_1 G_k}{n} \tag{5-19}$$

式中，$\gamma_1$——脱模吸附系数，可参考表 5-2 取值。

表 5-2　PCI 手册的脱模吸附系数取值

| 构件类型 | 模具表面情况 | |
| --- | --- | --- |
| | 外露骨料且涂脱模剂 | 光滑模具（仅涂油） |
| 带活动侧模且无槽口、槽边的平板 | 1.2 | 1.3 |
| 带活动侧模且有槽口、槽边的平板 | 1.3 | 1.4 |
| 有斜槽的板（如 T 形板） | 1.4 | 1.6 |
| 有雕饰面的板及其他情况 | 1.5 | 1.7 |

　　比较上述两种计算方法，第一种方法考虑了国内预制混凝土平板的工程应用经验，并参考了日本标准和我国台湾地区的经验进行修正而来，比第二种方法更为全面。

　　单个埋件设计承载力计算：

$$N_t^b = \frac{\pi d_e^2}{4} \times f_t^b \qquad (5\text{-}20)$$

式中，　$N_t^b$ ——单个埋件设计承载力；

　　　　$d_e$ ——埋件直径；

　　　　$f_t^b$ ——埋件抗拉强度设计值。

　　埋件抗拔计算：

$$P_u = 0.7\beta_h f_t \eta u_m h_0 \qquad (5\text{-}21)$$

$$\eta = 0.4 + \frac{1.2}{\beta_h} \qquad (5\text{-}22)$$

式中，　$P_u$ ——单个埋件抗拔力；

　　　　$\beta_h$ ——截面高度影响系数，按《混凝土结构设计规范》（GB 50010—2010）（2015 年版）第 6.5.1 节取值；

　　　　$f_t$ ——混凝土轴心抗拉强度设计值；

　　　　$\eta$ ——局部荷载或集中反力作用面积形状的影响系数；

　　　　$u_m$ ——临界截面的周长；

　　　　$h_0$ ——埋件埋深。

　　根据《混凝土结构设计规范》（GB 50010—2010）（2015 年版）第 9.7.5 节，预制构件宜采用内埋式螺母、内埋式吊杆或预留吊装孔，并采用配套的专用吊具实现吊装，也可采用吊环吊装。《混凝土结构设计规范》（GB 50010—2010）（2015 年版）第 9.7.6 节规定，吊环应采用 HPB300 钢筋或 Q235B 圆钢，并应符合下列规定。

　　（1）吊环锚入混凝土中的深度不应小于 $30d$ 并应焊接或绑扎在钢筋骨架上，这里 $d$ 为吊环钢筋或圆钢的直径。

　　（2）应验算在荷载标准值作用下的吊环应力，验算时每个吊环可按两个截面计算。对 HPB300 钢筋，吊环应力不应大于 $65\text{N/mm}^2$；对 Q235B 圆钢，吊环应力不应大于 $50\text{N/mm}^2$。

　　（3）当在一个构件上设有 4 个吊环时，应按 3 个吊环进行计算。

　　【例题 5-1】已知预制板重 58.5kN，设置 4 个吊环，吊环采用 HPB300 钢筋。试问：吊环选用的钢筋直径？

　　解：根据《混凝土结构设计规范》（GB 50010—2010）（2015 年版）第 9.7.6 节，4 个吊环按 3 个进行计算：

$$A_s \geqslant \frac{F}{2 \times 65 \times 3} = \frac{58.5 \times 10^3}{2 \times 65 \times 3} = 150\text{mm}^2$$

故选 HPB300 钢筋，其直径为 14mm（ $A_s = 153.9\text{mm}^2$ ）。

2）定位埋件承载力验算

单个埋件板面所承受风的最大荷载计算公式如下：

$$Q = \frac{n \times \omega_k \times S}{N} \qquad (5\text{-}23)$$

$$\omega_k = \beta_z \mu_z \mu_s \omega_0 \qquad (5\text{-}24)$$

式中， $n$ ——荷载分项系数；

$\omega_k$ ——风荷载标准值；

$S$ ——构件面积；

$N$ ——定位埋件数量；

$\beta_z$ ——风振系数；

$\mu_z$ ——风压高度变化系数；

$\mu_s$ ——体型系数；

$\omega_0$ ——基本风压值。

埋件的承载力设计值及抗拔设计值可根据式（5-20）～式（5-22）进行计算，需满足 $C < P_u$、$Q < N_t^b$。

3．码放和成品保护

为防止构件在堆放时损坏，要求对堆放场地进行平整硬化，场内无积水；构件码放高度不宜超过 6 层，垫木应均匀搁置在混凝土表面，其位置基本与吊点位置一致，每层垫木应上下对齐，防止构件产生负弯矩应力集中而导致开裂、弯曲或翘曲等变形，如图 5-13 所示。

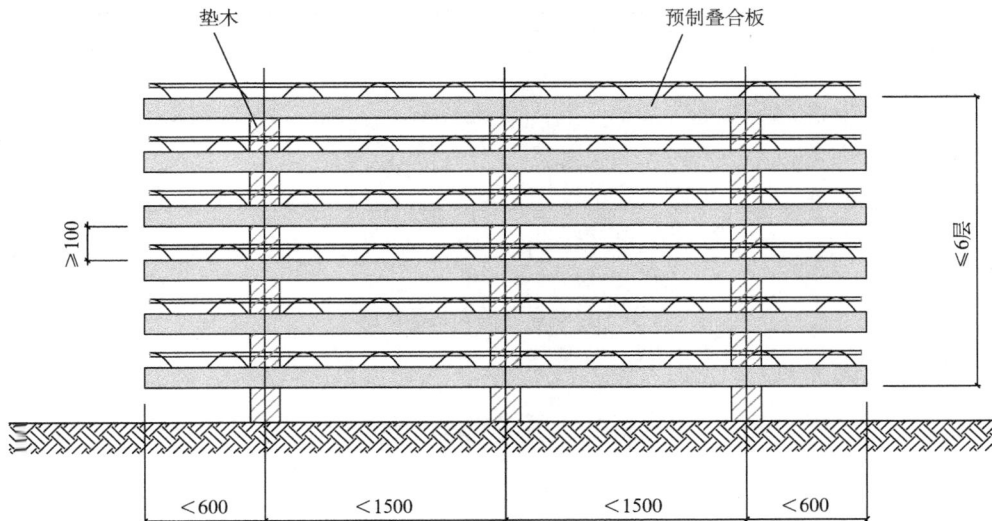

图 5-13 叠合板码放示意图

4. 安装

预制叠合板安装主要采用独立支架及轻型工字横梁作临时支撑，临时支撑的布置方向应与预制叠合板桁架钢筋的方向垂直，应进行施工验算得出临时支撑的间距位置。

一般在 2kN/m² 的施工荷载条件下，临时支撑间距不宜超过 1.5m，叠合板荷载不靠板端支座处搭接在支撑构件或现浇模具上承受，主要由临时支撑承受，板端支座支撑不超过 600mm 布置。

底板混凝土的强度达到设计强度等级的 100%后方可进行施工安装。底板就位前应在跨内及距离支座 500mm 处设置由竖撑和横梁组成的临时支撑。支撑顶面应可靠抄平，以保证底板平整。多层建筑中各层竖撑宜设置在一条竖线上，临时支撑拆除应符合现行国家相关标准的规定，一般应保持持续两层有支撑。叠合板安装示意图如图 5-14 所示。

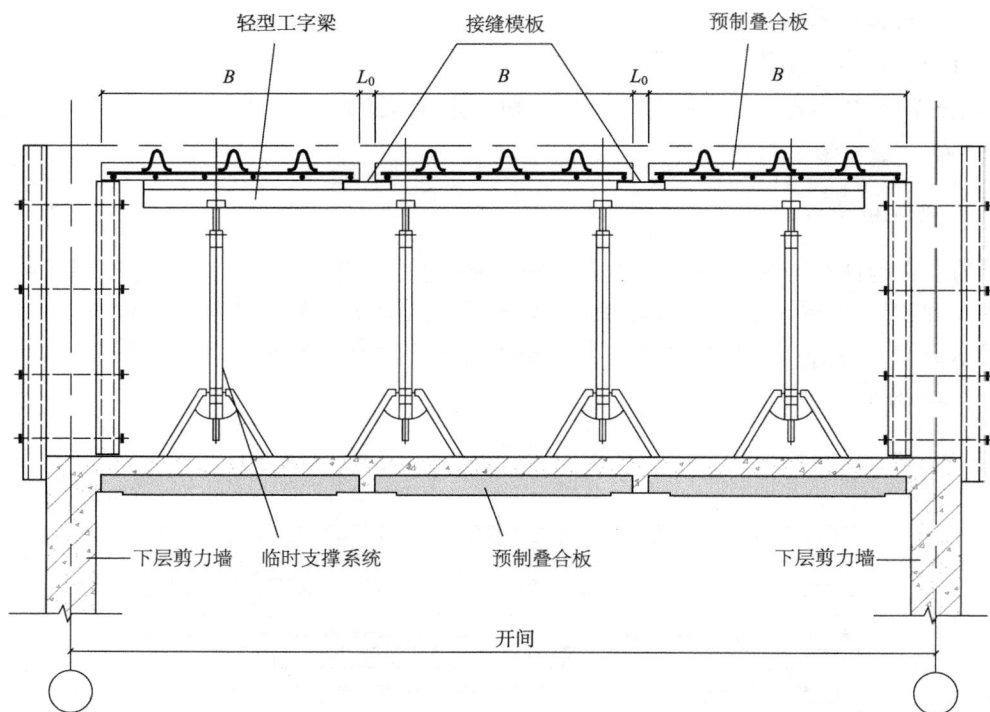

图 5-14 叠合板安装示意图

## 5.2 叠合梁设计

### 5.2.1 概念

预制混凝土梁顶部在现场后浇混凝土而形成的整体受弯构件，简称叠合梁。

　　叠合梁是由预制梁部分和现浇混凝土部分组成，如图 5-15 所示，$h$ 为叠合梁高度，$h_1$ 为预制梁高度，$h_2$ 为叠合层厚度。叠合梁结构采用预制底梁作为永久性模板，在上部现浇混凝土与楼板形成整体，它体现了预制构件和现浇结构的互相结合，同时兼有两者的优点和长处。根据受力机理的差异和施工工艺的不同，叠合梁分为施工阶段有支撑的叠合梁和施工阶段无支撑的叠合梁两种类型。

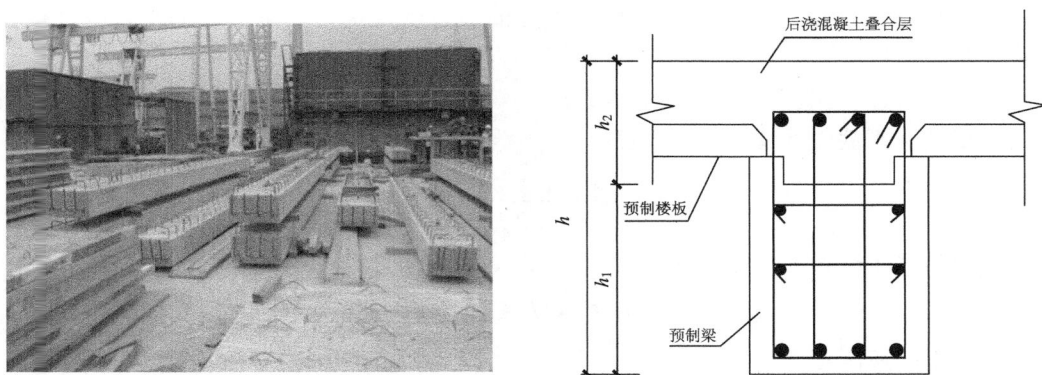

图 5-15　叠合梁

　　《预制预应力混凝土装配整体式框架结构技术规程》（JGJ 224—2010）允许在预制预应力混凝土装配整体式框架结构中，采用先张法预应力混凝土叠合梁，预应力筋宜采用预应力螺旋钢筋、钢绞线，且强度标准值不宜低于1570MPa，如图 5-16 所示。

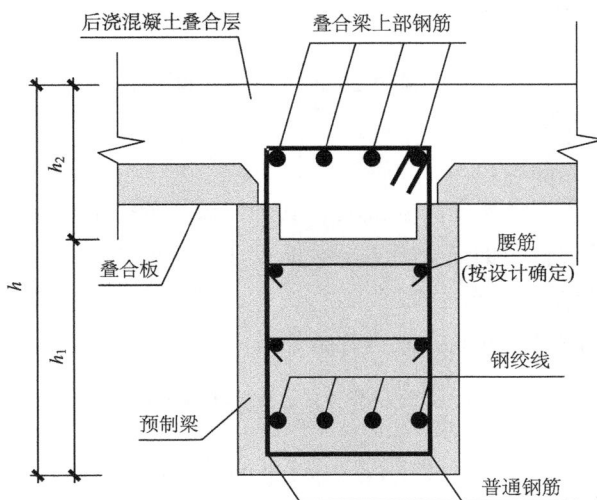

图 5-16　先张法预应力混凝土叠合梁

### 5.2.2　叠合梁设计计算

**1. 施工阶段有可靠支撑的叠合受弯构件**

二阶段成型的水平叠合受弯构件，当预制构件高度不足全截面高度的 40%时，施工阶段应有可靠的支撑。施工阶段有可靠支撑的叠合受弯构件，可按普通受弯构件设计计算。

1）矩形截面正截面受弯承载力计算

矩形截面正截面受弯承载力计算：

$$M \leqslant \alpha_1 f_c bx\left(h_0 - \frac{x}{2}\right) + f_y' A_s'(h_0 - a_s') \qquad (5\text{-}25)$$

混凝土受压区高度计算：

$$\alpha_1 f_c bx = f_y A_s - f_y' A_s' \qquad (5\text{-}26)$$

混凝土受压区高度限值：

$$x \leqslant \xi_b h_0 \qquad (5\text{-}27)$$

$$x \geqslant 2a_s' \qquad (5\text{-}28)$$

式中，$M$——弯矩设计值；

$\alpha_1$——系数；

$f_c$——混凝土轴心抗压强度设计值；

$f_y$——普通钢筋抗拉强度设计值；

$f_y'$——普通钢筋抗压强度设计值；

$A_s$、$A_s'$——受拉区、受压区纵向普通钢筋的截面面积；

$b$——矩形截面的宽度；

$h_0$——截面的有效高度；

$\xi_b$——相对界限受压区高度，取 $x_b/h_0$，其中，$x_b$ 为界限受压区高度；

$a_s'$——受压区纵向普通钢筋合力点至截面受压边缘的距离。

2）矩形截面斜截面承载力计算

矩形截面受弯构件的受剪截面应符合条件：

$$\begin{cases} \dfrac{h_w}{b} \leqslant 4, & V \leqslant 0.25\beta_c f_c bh_0 \\[2mm] \dfrac{h_w}{b} \geqslant 6, & V \leqslant 0.2\beta_c f_c bh_0 \end{cases} \qquad (5\text{-}29)$$

式中，$V$——构件斜截面上的最大剪力设计值；

$\beta_c$——混凝土强度影响系数，当混凝土强度等级不超过 C50 时，$\beta_c$ 取 1.0；当混凝土强度等级为 C80 时，$\beta_c$ 取 0.8；其间按线性内插法确定；

$h_w$——截面的腹板高度。

当 $4 \leqslant \dfrac{h_w}{b} \leqslant 6$ 时，按线性内插法确定。

不配置箍筋和弯起钢筋的一般板类受弯构件，其斜截面受剪承载力：

$$V \leqslant 0.7\beta_h f_t b h_0 \tag{5-30}$$

$$\beta_h = \left(\frac{800}{h_0}\right)^{1/4} \tag{5-31}$$

式中，$\beta_h$——截面的高度影响系数，当 $h_0$ 小于 800mm 时，$\beta_h$ 取 800mm；当 $h_0$ 大于 2000mm 时，$\beta_h$ 取 2000mm；

$f_t$——混凝土轴心抗拉强度设计值。

当仅配置箍筋时，矩形截面受弯构件的斜截面受剪承载力：

$$V \leqslant \alpha_{cv} f_t b h_0 + f_{yv} \frac{A_{sv}}{s} h_0 \tag{5-32}$$

式中，$\alpha_{cv}$——斜截面混凝土受剪承载力系数，对于一般受弯构件取 0.7；对集中荷载作用下（包括作用有多种荷载，其中集中荷载对支座截面或节点边缘所产生的剪力值占总剪力的 75%以上的情况）的独立梁，取 $\alpha_{cv}$ 为 $\dfrac{1.75}{\lambda+1}$，$\lambda$ 为计算截面的剪跨比，可取 $\lambda$ 等于 $\dfrac{c}{h}$，当 $\lambda$ 小于 1.5 时取 1.5，当 $\lambda$ 大于 3 时取 3，$a$ 为集中荷载作用点至支座截面或节点边缘的距离；

$f_{yv}$——箍筋的抗拉强度设计值；

$s$——沿构件长度方向的箍筋间距；

$A_{sv}$——配置在同一截面内箍筋各肢的全部截面面积，即 $nA_{sv1}$，此处，$n$ 为在同一个截面内箍筋的肢数，$A_{sv1}$ 为单肢箍筋的截面面积。

2. 施工阶段不加支撑的叠合构件

施工阶段无支撑的叠合受弯构件，应对底部预制构件及浇筑混凝土后的叠合构件进行两阶段受力计算。

第一阶段：后浇的叠合层混凝土达到强度设计值之前的阶段。荷载由预制构件承担，预制构件按简支构件计算；荷载包括预制构件自重、预制楼板自重、叠合层自重以及本阶段的施工活荷载。

第二阶段：叠合层混凝土达到设计规定的强度值之后的阶段。叠合构件按整体结构计算；荷载考虑下列两种情况并取较大值。

施工阶段：考虑叠合构件自重、预制楼板自重、面层、吊顶等自重以及本阶段施工活荷载；

使用阶段：考虑叠合构件自重、预制楼板自重、面层、吊顶等自重以及使用阶段的可变荷载。

1）弯矩设计值

预制梁和叠合梁的正截面受弯承载力等同于现浇结构，其中，弯矩设计值应按下列规定取用。

预制梁：

$$M_1 = M_{1G} + M_{1Q} \tag{5-33}$$

叠合梁的正弯矩区段：

$$M = M_{1G} + M_{2G} + M_{2Q} \tag{5-34}$$

叠合梁的负弯矩区段：

$$M = M_{2G} + M_{2Q} \tag{5-35}$$

式中，$M_{1G}$——预制构件自重、预制楼板自重和叠合层自重在计算截面产生的弯矩设计值；

$M_{2G}$——第二阶段面层、吊顶等自重在计算截面产生的弯矩设计值；

$M_{1Q}$——第一阶段施工活荷载在计算截面产生的弯矩设计值；

$M_{2Q}$——第二阶段可变荷载在计算截面产生的弯矩设计值，取本阶段施工活荷载和使用阶段可变荷载在计算截面产生的弯矩设计值中的较大值。

在计算中，正弯矩区段的混凝土强度等级，按叠合层取用；负弯矩区段的混凝土强度等级，按计算截面受压区的实际情况取用。

2）剪力设计值

预制梁和叠合梁的斜截面受剪承载力，等同于现浇结构。其中，剪力设计值应按下列规定取用。

预制梁：

$$V_1 = V_{1G} + V_{1Q} \tag{5-36}$$

叠合梁：

$$V = V_{1G} + V_{2G} + V_{2Q} \tag{5-37}$$

式中，$V_{1G}$——预制构件自重、预制楼板自重和叠合层自重在计算截面产生的剪力设计值；

$V_{2G}$——第二阶段面层、吊顶等自重在计算截面产生的剪力设计值；

$V_{1Q}$——第一阶段施工活荷载在计算截面产生的剪力设计值；

$V_{2Q}$——第二阶段可变荷载产生的剪力设计值，取本阶段施工活荷载和使用阶段可变荷载在计算截面产生的剪力设计值中的较大值。

3）水平叠合面受剪承载力

$$V \leqslant 1.2 f_t b h_0 + 0.85 f_{yv} \frac{A_{sv}}{s} h_0 \tag{5-38}$$

式（5-38）即现行规范叠合梁叠合面受剪承载力计算公式。此处，混凝土轴心抗拉强度设计值 $f_t$ 取叠合层和预制构件中的较低值。

对无箍叠合面的受剪承载力，考虑到施工质量不易控制，国外对其抗剪强度的取值都采取了比较慎重的态度。无箍叠合面受剪承载力计算公式：

$$\frac{V}{bh_0} \leqslant 0.4 \tag{5-39}$$

4）叠合梁端竖向接缝受剪承载力

叠合梁端结合面主要包括框架梁与节点区的结合面、梁自身连接的结合面以及次梁与主梁的结合面等几种类型。

叠合梁端结合面的受剪承载力的组成主要包括：后浇混凝土叠合层的抗剪能力、键槽的抗剪能力、梁纵向钢筋的销栓抗剪作用、新旧混凝土结合面的黏结力。

地震往复作用下，对后浇层混凝土部分的受剪承载力进行折减，参照混凝土斜截面受剪承载力设计方法，折减系数取为 0.6。

研究表明，混凝土抗剪键槽的受剪承载力一般为 $0.15 f_c A_k \sim 0.2 f_c A_k$，但由于混凝土抗剪键槽的受剪承载力和钢筋的销栓抗剪作用一般不会同时达到最大值，因此计算时对混凝土抗剪键槽的受剪承载力进行折减（取 $0.1 f_c A_k$）。

梁端抗剪键槽的受剪承载力取各抗剪键槽根部受剪承载力之和；因梁端抗剪键槽数量一般较少，沿高度方向一般不会超过 3 个，故不考虑群键作用。抗剪键槽破坏时，可能出现浇键槽或预制键槽的根部破坏，因此计算抗剪键槽受剪承载力时应按现浇键槽和预制键槽根部剪切面分别计算，并取二者的较小值。设计中，应尽量使现浇键槽和预制键槽根部剪切面面积相等。

根据现行行业标准《装配式混凝土结构技术规程》（JGJ 1—2014），叠合梁端竖向接缝的受剪承载力设计值应按下列公式计算。

持久设计状况：

$$V_u = 0.07 f_c A_{c1} + 0.10 f_c A_k + 1.65 A_{sd} \sqrt{f_c f_y} \tag{5-40}$$

地震设计状况：

$$V_{uE} = 0.04 f_c A_{c1} + 0.06 f_c A_k + 1.65 A_{sd} \sqrt{f_c f_y} \tag{5-41}$$

式中，$A_{c1}$ ——叠合梁端截面后浇混凝土叠合层截面面积；

$f_c$ ——预制构件混凝土轴心抗压强度设计值；

$f_y$ ——垂直穿过结合面钢筋抗拉强度设计值；

$A_k$ ——各键槽的根部截面面积（图 5-17）之和，按后浇键槽根部截面和预制键槽根部截面分别计算，并取二者的较小值；

$A_{sd}$ ——垂直穿过结合面所有钢筋的面积，包括叠合层内的纵向钢筋。

5）叠合梁纵向受拉钢筋应力

钢筋混凝土叠合受弯构件在荷载准永久组合下，其纵向受拉钢筋的应力 $\sigma_{sq}$ 为

$$\sigma_{sq} = \sigma_{s1k} + \sigma_{s2q} \leqslant 0.9 f_y \tag{5-42}$$

在弯矩 $M_{1Gk}$ 作用下，预制构件纵向受拉钢筋的应力 $\sigma_{s1k}$ 可按下列公式计算：

$$\sigma_{s1k} = \frac{M_{1Gk}}{0.87 A_s h_{01}} \tag{5-43}$$

式中，$h_{01}$ ——预制构件截面有效高度。

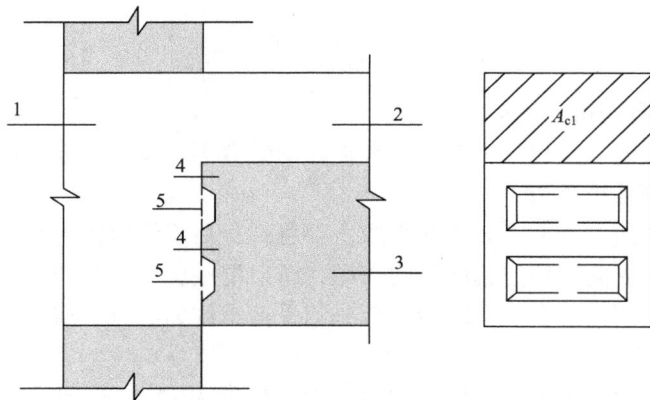

图 5-17　叠合梁端受剪承载力计算参数示意图

1-后浇节点区；2-后浇混凝土叠合层；3-预制梁；4-预制键槽根部截面；5-后浇键槽根部截面

在荷载准永久组合相应的弯矩 $M_{2q}$ 作用下，叠合构件纵向受拉钢筋中的应力增量 $\sigma_{s2q}$ 可按下列公式计算：

$$\sigma_{s2q} = \frac{0.5\left(1 + \dfrac{h_1}{h}\right)M_{2q}}{0.87 A_s h_0} \tag{5-44}$$

当 $M_{1Gk} < 0.35 M_{1u}$ 时，式（5-44）中的 $0.5\left(1 + \dfrac{h_1}{h}\right)$ 值应取 1.0，此处 $M_{1u}$ 为预制构件正截面受弯承载力设计值。

【例题 5-2】已知某施工阶段有可靠支撑的叠合式钢筋混凝土矩形截面简支梁，$b = 200\text{mm}$，预制梁高度 $h_1 = 250\text{mm}$，混凝土强度等级为 C35（$f_t = 1.57\text{N/mm}^2$），叠合梁的总高度 $h = 650\text{mm}$，叠合层的混凝土强度等级为 C30（$f_t = 1.43\text{N/mm}^2$，$f_c = 14.3\text{N/mm}^2$），纵向受拉钢筋为 HRB400 级（$f_y = 360\text{N/mm}^2$），箍筋采用 HPB300 级（$f_{yv} = 270\text{N/mm}^2$），承受跨中弯矩设计值为 $M = 197\text{kN} \cdot \text{m}$，支座剪力设计值 $V = 136\text{kN}$。

求：对该梁进行正截面受弯承载力、斜截面受剪承载力及叠合面受剪承载力计算。

解：（1）正截面受弯承载力计算。

计算时取叠合层和预制梁中较低的混凝土强度等级 C30 进行。

$$a_s = 35\text{mm}，h_0 = h - a_s = 650 - 35 = 615\text{mm}$$

$$x = h_0 - \sqrt{h_0^2 - \frac{2M}{\alpha_1 f_c b}} = 615 - \sqrt{615^2 - \frac{2 \times 197 \times 10^6}{1.0 \times 14.3 \times 200}} = 124.63\text{mm}$$

$$x = 124.63\text{mm} < \xi_b h_0 = 0.518 \times 615 = 318.57\text{mm}$$

$$A_s = \frac{\alpha_1 f_c b x}{f_y} = \frac{1.0 \times 14.3 \times 200 \times 124.63}{360} = 990.12\text{mm}^2$$

选用 4$\underline{\Phi}$20（$A_s = 1256\text{mm}^2$），验算配筋率 $\rho = \dfrac{A_s}{bh} = \dfrac{1256}{200 \times 650} = 0.966\% > \rho_{min} = 0.2\%$，

满足要求。

（2）斜截面受剪承载力计算。

混凝土强度等级取 C30。

验算叠合梁的截面尺寸：

$$0.25\beta_c f_c bh_0 = 0.25 \times 1.0 \times 14.3 \times 200 \times 615 = 439.725\text{kN} > V = 136\text{kN}$$

所以截面尺寸满足要求。

确定是否需要按计算配置箍筋：

$$0.7 f_t bh_0 = 0.7 \times 1.43 \times 200 \times 615 = 123.123\text{kN} < V = 136\text{kN}$$

需要按计算配置箍筋。

计算箍筋数量：

$$\frac{A_s}{s} = \frac{V - 0.7 f_t bh_0}{f_{yv} h_0} = \frac{136 \times 10^3 - 123123}{270 \times 615} = 0.0775\text{mm}$$

选取双肢箍筋 $\phi$ 6 （ $A_{sv1} = 28.3\text{mm}^2$ ），得箍筋间距：

$$s = \frac{2 \times 28.3}{0.0775} = 730.3\text{mm}$$

取 $s = 200\text{mm}$ ，故选用 $\phi$ 6@200。

$$\rho_{sv} = \frac{nA_{sv1}}{bs} = \frac{2 \times 28.3}{200 \times 200} = 0.1415\% > \rho_{sv,\min} = 0.24\frac{f_t}{f_{yv}} = 0.24 \times \frac{1.43}{270} = 0.127\%$$

满足最小配箍率要求。

（3）验算叠合面受剪承载力。

混凝土强度等级取 C30。

由式（5-38）得

$$1.2 f_t bh_0 + 0.85 f_{yv} \frac{A_{sv}}{s} h_0 = 1.2 \times 1.43 \times 200 \times 615 + 0.85 \times 270 \times \frac{2 \times 28.3}{200} \times 615$$
$$= 251\text{kN} > V = 136\text{kN}$$

满足要求。

【例题 5-3】已知钢筋混凝土叠合梁如图 5-18 所示。

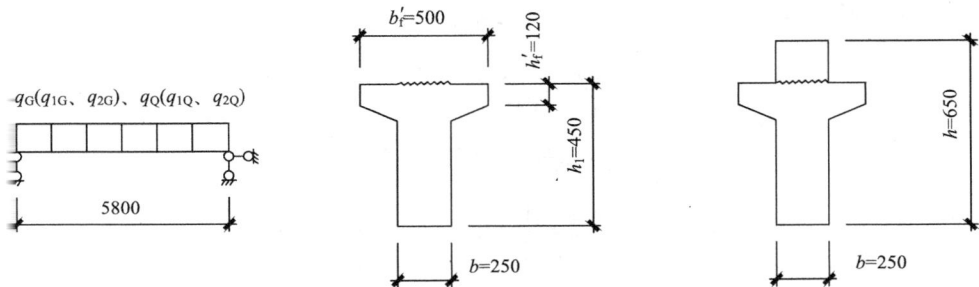

图 5-18　叠合梁计算简图

梁宽 $b = 250\text{mm}$，预制梁高 $h_1 = 450\text{mm}$，$b'_f = 500\text{mm}$，$h'_f = 120\text{mm}$，计算跨度 $l_0 = 5800\text{mm}$，混凝土采用 C30（$f_t = 1.43\text{N/mm}^2$，$f_c = 14.3\text{N/mm}^2$），叠合梁高 $h = 650\text{mm}$，叠合层混凝土采用 C30。受拉纵向钢筋采用 HRB400 级（$f_y = 360\text{N/mm}^2$），箍筋采用 HPB300 级（$f_y = f_{yv} = 270\text{N/mm}^2$）。施工阶段不加支撑。

第一阶段预制梁承受恒荷载（预制梁、板及叠合层自重）标准值 $q_{1Gk} = 12\text{kN/m}$，活荷载（施工阶段）标准值 $q_{1Qk} = 14\text{kN/m}$；第二阶段恒荷载（面层、吊顶自重等新增加恒荷载）标准值 $q_{2Gk} = 10\text{kN/m}$，活荷载（使用阶段）标准值 $q_{2Qk} = 22\text{kN/m}$，环境类别二 a。

求：计算梁的配筋。

解：1）内力计算

（1）第一阶段跨中弯矩和支座剪力内力标准值：

$$M_{1Gk} = \frac{1}{8}q_{1Gk}l_0^2 = \frac{1}{8} \times 12 \times 5.8^2 = 50.5\text{kN} \cdot \text{m}$$

$$V_{1Gk} = \frac{1}{2}q_{1Gk}l_0 = \frac{1}{2} \times 12 \times 5.8 = 34.8\text{kN}$$

$$M_{1Qk} = \frac{1}{8}q_{1Qk}l_0^2 = \frac{1}{8} \times 14 \times 5.8^2 = 58.9\text{kN} \cdot \text{m}$$

$$V_{1Qk} = \frac{1}{2}q_{1Qk}l_0 = \frac{1}{2} \times 14 \times 5.8 = 40.6\text{kN}$$

内力设计值按第 2 章中的极限状态设计方法。

可变荷载控制时：

$$M_1 = 1.2M_{1Gk} + 1.4M_{1Qk} = 1.2 \times 50.5 + 1.4 \times 58.9 = 143.1\text{kN} \cdot \text{m}$$

$$V_1 = 1.2V_{1Gk} + 1.4V_{1Qk} = 1.2 \times 34.8 + 1.4 \times 40.6 = 98.6\text{kN}$$

永久荷载控制时：

$$M_1 = 1.35M_{1Gk} + 1.4 \times 0.7M_{1Qk} = 1.35 \times 50.5 + 1.4 \times 0.7 \times 58.9 = 125.9\text{kN} \cdot \text{m}$$

$$V_1 = 1.35V_{1Gk} + 1.4 \times 0.7V_{1Qk} = 1.35 \times 34.8 + 1.4 \times 0.7 \times 40.6 = 86.8\text{kN}$$

可变荷载起控制作用，取 $M_1 = 143.1\text{kN} \cdot \text{m}$，$V_1 = 98.6\text{kN}$。

（2）第二阶段跨中弯矩和支座剪力内力标准值：

$$M_{2Gk} = \frac{1}{8}q_{2Gk}l_0^2 = \frac{1}{8} \times 10 \times 5.8^2 = 42.1\text{kN} \cdot \text{m}$$

$$V_{2Gk} = \frac{1}{2}q_{2Gk}l_0 = \frac{1}{2} \times 10 \times 5.8 = 29\text{kN}$$

$$M_{2Qk} = \frac{1}{8}q_{2Qk}l_0^2 = \frac{1}{8} \times 22 \times 5.8^2 = 92.5\text{kN} \cdot \text{m}$$

$$V_{2Qk} = \frac{1}{2}q_{2Qk}l_0 = \frac{1}{2} \times 22 \times 5.8 = 63.8\text{kN}$$

内力设计值按第 2 章中的极限状态设计方法。

可变荷载控制时：

$$M = 1.2M_{1Gk} + 1.2M_{2Gk} + 1.4M_{2Qk} = 1.2 \times 50.5 + 1.2 \times 42.1 + 1.4 \times 92.5 = 240.6 \text{kN} \cdot \text{m}$$

$$V = 1.2V_{1Gk} + 1.2V_{2Gk} + 1.4V_{2Qk} = 1.2 \times 34.8 + 1.2 \times 29 + 1.4 \times 63.8 = 165.9 \text{kN}$$

永久荷载控制时：

$$M = 1.35M_{1Gk} + 1.35M_{2Gk} + 1.4 \times 0.7M_{2Qk}$$
$$= 1.35 \times 50.5 + 1.35 \times 42.1 + 1.4 \times 0.7 \times 92.5 = 215.7 \text{kN} \cdot \text{m}$$
$$V = 1.35V_{1Gk} + 1.35V_{2Gk} + 1.4 \times 0.7V_{2Qk}$$
$$= 1.35 \times 34.8 + 1.35 \times 29 + 1.4 \times 0.7 \times 63.8 = 148.7 \text{kN}$$

可变荷载起控制作用，取 $M = 240.6 \text{kN} \cdot \text{m}$，$V = 165.9 \text{kN}$。

2）正截面受弯承载力计算

混凝土保护层厚度 $c = 25 \text{mm}$。设 $a_s = 40 \text{mm}$，纵向受力钢筋的最小配筋率 $\rho_{\min} = 0.45 \dfrac{f_t}{f_y} = 0.45 \times \dfrac{1.43}{360} = 0.179\% < 0.2\%$，取 $\rho_{\min} = 0.2\%$，取界限受压区高度 $\xi_b = 0.518$。

（1）第二阶段叠合梁正截面受弯承载力计算。

由正弯矩区段的混凝土强度等级，按叠合层取用，该处叠合梁混凝土强度等级取 C30。

$$M = 240.6 \text{kN} \cdot \text{m}$$
$$h_0 = 650 - 40 = 610 \text{mm}$$

$$x = h_0 - \sqrt{h_0^2 - \frac{2M}{\alpha_1 f_c b}} = 610 - \sqrt{610^2 - \frac{2 \times 240.6 \times 10^6}{1.0 \times 14.3 \times 250}} = 122.7 \text{mm}$$

$$x = 122.4 \text{mm} < \xi_b h_0 = 0.518 \times 610 = 315.98 \text{mm}$$

$$A_s = \frac{\alpha_1 f_c b x}{f_y} = \frac{1.0 \times 14.3 \times 250 \times 122.7}{360} = 1218.5 \text{mm}^2$$

选用 4 $\Phi$ 22，$A_s = 1520 \text{mm}^2 > A_{s,\min} = \rho_{\min} b h = 0.002 \times 250 \times 650 = 325 \text{mm}^2$

（2）第一阶段预制梁正截面受弯承载力验算。

$M_1 = 143.1 \text{kN} \cdot \text{m}$，混凝土强度等级取 C30，T 形截面，$h_{01} = 450 - 40 = 410 \text{mm}$。

因 $\dfrac{\alpha_1 f_c b'_f h'_f}{f_y} = \dfrac{1.0 \times 14.3 \times 500 \times 120}{360} = 2383 \text{mm}^2 > A_s$，属于第一类 T 形截面，受弯承载力按宽度 $b'_f = 500 \text{mm}$ 的矩形梁计算。

$$x = \frac{f_y A_s}{\alpha_1 f_c b'_f} = \frac{300 \times 1520}{1.0 \times 14.3 \times 500} = 63.77 \text{mm} < h'_f = 120 \text{mm}$$

$$M_{1u} = \alpha_1 f_c b'_f x (h_{01} - 0.5x)$$

$$M_{1u} = 1.0 \times 14.3 \times 500 \times 63.77 \times (410 - 0.5 \times 63.77) = 172.4 \times 10^6 \text{N} \cdot \text{mm} > M_1$$

按叠合梁配筋即可。

3）斜截面受剪承载力计算

（1）第二阶段叠合梁斜截面受剪承载力计算。

$V = 165.9\text{kN}$，取较低的叠合层混凝土强度等级 C20 进行计算。

验算截面尺寸：$\dfrac{h_{\text{w}}}{b} = \dfrac{610}{250} = 2.44 < 4$，属于一般梁。

由受弯构件的受剪截面要求 $V \leqslant 0.25\beta_{\text{c}}f_{\text{c}}bh_0$，得

$$0.25\beta_{\text{c}}f_{\text{c}}bh_0 = 0.25 \times 1.0 \times 14.3 \times 250 \times 610 = 545.2\text{kN} > V$$

满足要求。

应用式（5-30）进行验算：

$$V = 165.9\text{kN} > 0.7\beta_{\text{h}}f_{\text{t}}bh_0 = 0.7 \times 1 \times 1.43 \times 250 \times 610 = 152.7\text{kN}$$

按计算来配置箍筋。

求箍筋用量：

$$\frac{A_{\text{s}}}{s} = \frac{V - 0.7f_{\text{t}}bh_0}{f_{\text{yv}}h_0} = \frac{165.9 \times 10^3 - 0.7 \times 1.43 \times 250 \times 610}{270 \times 610} = 0.08\text{mm}^2/\text{mm}$$

选用双肢箍 $\phi$ 8@200mm。

$$\frac{A_{\text{s}}}{s} = \frac{2 \times 50.3}{200} = 0.503\text{mm} > 0.08\text{mm}$$

由最小配箍率得

$$\rho_{\text{sv,min}} = 0.24\frac{f_{\text{t}}}{f_{\text{yv}}} = 0.24 \times \frac{1.43}{270} = 0.127\%$$

$$\rho_{\text{sv}} = \frac{A_{\text{sv}}}{bs} = \frac{0.503}{250} = 0.2\% > \rho_{\text{sv,min}}$$

满足要求。

（2）第一阶段预制梁斜截面受剪承载力验算。

验算截面尺寸：预制梁混凝土强度等级 C20，$h_{01} = 450 - 40 = 410\text{mm}$。

验算截面尺寸：$\dfrac{h_{\text{w}}}{b} = \dfrac{410 - 120}{250} = 1.16 < 4$，属于一般梁。

由受弯构件的受剪截面要求 $V \leqslant 0.25\beta_{\text{c}}f_{\text{c}}bh_0$，得

$$0.25\beta_{\text{c}}f_{\text{c}}bh_0 = 0.25 \times 1.0 \times 14.3 \times 250 \times 410 = 366.4\text{kN} > V = 98.6\text{kN}$$

满足要求。

验算受剪承载力（根据叠合梁计算出的 $\dfrac{A_{\text{sv}}}{s}$）得

$$0.7f_{\text{t}}bh_0 + f_{\text{yv}}\frac{A_{\text{sv}}}{s}h_{01}$$
$$= 0.7 \times 1.43 \times 250 \times 410 + 270 \times 0.503 \times 410 = 158.3\text{kN} > 98.6\text{kN}$$

满足要求。

（3）叠合面受剪承载力计算。

$V = 165.9\text{kN}$，由混凝土轴心抗拉强度设计值 $f_{\text{t}}$ 取叠合层的预制构件中的较低值，

故该处取叠合层混凝土 C30。

得 $V = 165.9\text{kN} \leqslant 1.2 f_t b h_0 + 0.85 f_{yv} \dfrac{A_{sv}}{s} h_{01}$

$$= 1.2 \times 1.43 \times 250 \times 610 + 0.85 \times 270 \times 0.503 \times 610 = 332.1\text{kN}$$

满足要求。

（4）钢筋应力验算。

第一阶段 $M_{1Gk} = 50.5\text{kN} \cdot \text{m}$。

$$\sigma_{s1k} = \frac{M_{1Gk}}{0.87 A_s h_{01}} = \frac{50.5 \times 10^6}{0.87 \times 1520 \times 410} = 93.1\text{N/mm}^2$$

第二阶段荷载标准组合下在计算截面上产生的弯矩值

$$M_{2k} = M_{2Gk} + M_{2Qk} = 42.1 + 92.5 = 134.6\text{kN} \cdot \text{m}$$

因 $M_{1Gk} = 50.5\text{kN} \cdot \text{m} < 0.35 M_{1u} = 0.35 \times 172.6 \times 10^6 = 60.4\text{kN} \cdot \text{m}$，保守设计，取荷载准永久组合相应的弯矩 $M_{2q}$=134.6kN·m，则

$$\sigma_{s2q} = \frac{M_{2q}}{0.87 A_s h_0} = \frac{134.6 \times 10^6}{0.87 \times 1520 \times 610} = 166.9\text{N/mm}^2$$

得

$$\sigma_{sq} = \sigma_{s1k} + \sigma_{s2q} = 93.1 + 166.9 = 260\text{N/mm}^2 < 0.9 f_y = 270\text{N/mm}^2$$

满足要求。

【例题 5-4】某叠合梁在地震作用下梁端截面最大剪力为 98 kN，梁宽 200mm，高 650mm，梁叠合层截面面积为 29250mm²，键槽尺寸为 60mm×100mm，箍筋 $\phi$8@100（2），梁底纵筋 3$\phi$16/3$\phi$18，顶筋 3$\phi$18/3$\phi$16，箍筋 $\phi$8@100（2），梁顶附加纵向受力钢筋 1 根 $\phi$ 20，混凝土等级 C30，三级钢，$f_{yv} = 360\text{N/mm}^2$，$\gamma_{RE}$ 取 0.85，抗震等级四级，$\eta_j$ 取 1.1。

求：叠合梁端箍筋加密区部位接缝受剪承载力验算。

解：接缝的受剪承载力应符合如下公式要求：

$$\gamma_0 V_{jd} \leqslant V_u$$

$$V_{jdE} \leqslant V_{uE} / \gamma_{RE}$$

$$\eta_j V_{mua} \leqslant V_{uE}$$

$$V_{mua} = \frac{1}{\gamma_{RE}} \left( 0.6 \times \alpha_{cv} f_t b h_0 + f_{yv} \frac{A_{sv}}{s} h_0 \right)$$

$$V_{uE} = 0.04 f_c A_{c1} + 0.06 f_c A_k + 1.65 A_{sd} \sqrt{f_c f_y}$$

依据上述公式代入设计数值：

$$V_{mua} = \frac{1}{0.85} \left( 0.6 \times 0.7 \times 1.43 \times 200 \times 590 + 360 \times \frac{100.53}{100} \times 590 \right) = 334.6\text{kN}$$

$$V_{uE} = 0.04 \times 14.3 \times 29250 + 0.06 \times 14.3 \times 60 \times 100$$

$$+ 1.65 \times 3046 \times \sqrt{14.3 \times 360} = 382.5\text{kN}$$

$$V_{jdE} \leqslant V_{uE} / \gamma_{RE}, \quad V_{jdE} = 98\text{kN} \leqslant 382.5 / 0.85$$

$$\eta_j V_{\text{mua}} \leqslant V_{\text{uE}}, \quad 1.1 \times 334.6 = 368.1 \text{kN} < 382.5 \text{kN}$$

经验算，设计满足要求。

### 5.2.3 构造设计

**1. 叠合梁的后浇混凝土叠合层**

装配整体式框架结构中的梁，可采用叠合梁或凹口截面预制梁。

当采用叠合梁时，框架梁的后浇混凝土叠合层厚度宜≥150mm；次梁的后浇混凝土叠合层厚度宜≥120mm。截面形式如图 5-19（a）所示。

当采用凹口截面预制梁时，凹口深度宜≥50mm；凹口边厚度宜≥60mm。截面形式如图 5-19（b）所示。

预制梁的顶面应做成凹凸差不小于 6mm 的粗糙面。

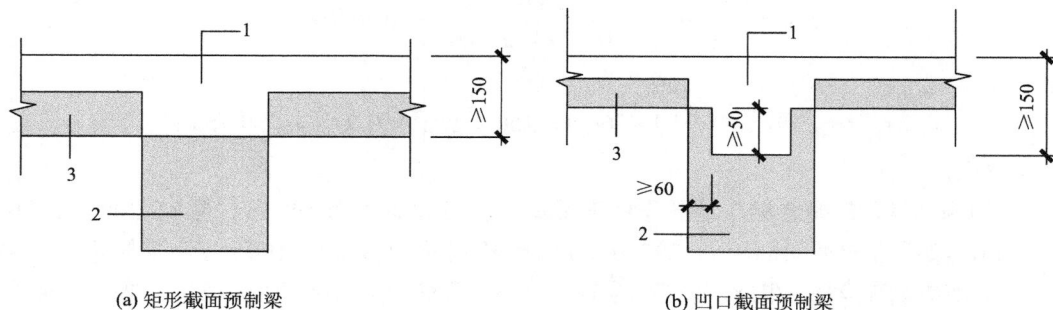

(a) 矩形截面预制梁　　　　　　　　　　　(b) 凹口截面预制梁

图 5-19　叠合框架梁截面示意图

1-后浇混凝土叠合层；2-预制梁；3-预制板

**2. 叠合梁箍筋配置**

在施工条件允许的情况下，箍筋宜采用闭口箍筋。常见的叠合梁闭口箍筋有整体封闭箍筋、组合封闭箍筋。当采用闭口箍筋不便安装上部纵筋时，可采用组合封闭箍筋。

1）整体封闭箍筋

抗震等级为一、二级的叠合框架梁的梁端箍筋加密区宜采用整体封闭箍筋；当叠合梁受扭时宜采用整体封闭箍筋，且整体封闭箍筋的搭接部分宜设置在预制部分，如图 5-20 所示。

2）组合封闭箍筋

采用组合封闭箍筋的形式时，开口箍筋上方应做成 135°弯钩，如图 5-21 所示。非抗震设计时，弯钩端头平直段长度应≥5d（d 为箍筋直径）；抗震设计时，弯钩端头平直段长度应≥10d。

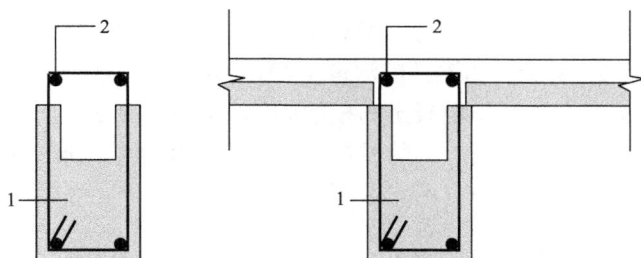

图 5-20　整体封闭箍筋叠合梁

1-预制梁；2-上部纵向钢筋

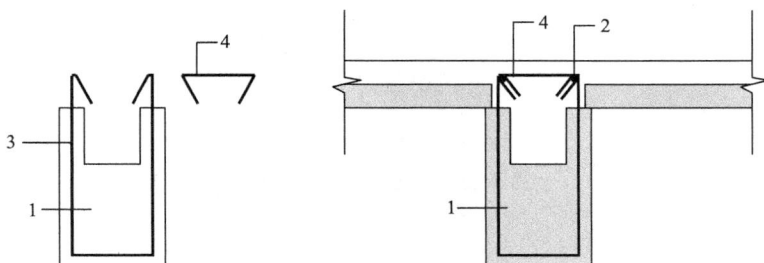

图 5-21　组合封闭箍筋叠合梁

1-预制梁；2-上部纵向钢筋；3-开口箍筋；4-箍筋帽

## 5.2.4　叠合梁施工验算

对于水平构件，大多采用平躺方式制作，其最不利的荷载工况可能是脱模起吊；而对于叠合构件，当没有设置竖向临时支撑时，其最不利的荷载工况还可能出现在浇筑混凝土时。脱模验算的吸附力取值和验算标准详见第 2 章。

1. 脱模计算模型

脱模起吊验算的计算模型应符合其实际受力状况。我国规范《混凝土结构工程施工规范》（GB 50666—2011）和《装配式混凝土结构技术规程》（JGJ 1—2014）只给出了吊装验算时的等效荷载取值，并未给出具体的计算模型，而 PCI 手册则给出了典型的脱模起吊计算模型。预制构件在吊装阶段的受力大多可采用"点支承"模型计算，对于梁、柱、桩等构件，可以采用等代梁模型。PCI 手册规定：当垂直验算方向吊点数为 2 个时，等代梁宽可取垂直验算方向支点到板边缘的距离与支点一侧半跨之和；当垂直验算方向吊点数为 2 个以上时，等代梁宽可取垂直验算方向支点到板边缘的距离与支点一侧半跨之和或支点两侧半跨之和。

2. 脱模施工

影响脱模吸附力的因素主要有脱模方式、构件形状、模具形式、脱模剂和起吊速度等。可采取以下措施减小脱模吸附力：①对于带槽、带肋等有侧模的构件，其侧模宜在脱模前拆除，如图 5-22 所示；②模具应清理干净，不应有锈或混凝土垢等杂物；③选择质量佳的脱模剂，保证有效减小混凝土与模板间的吸附力，并应有一定的成模强度，脱模剂应均匀地涂刷或喷涂在模具上，待脱模剂干燥后方可浇筑混凝土；④当采用直接起吊脱模时，起吊速度应保持均匀且不宜过大。

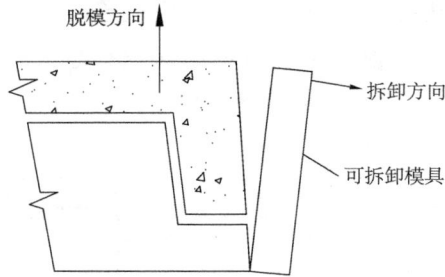

图 5-22　叠合梁脱模示意图

### 3. 吊点设置

脱模吸附力确定后，脱模设计的重要内容就是合理设置吊点。脱模时，吊点的吊装装置应与设计相符，如采用具有一定刚度的分配梁多吊点，则等代梁即为简支梁或连续梁；如采用钢丝绳滑轮组多吊点，则每个吊点的受力相同。吊点设计与脱模吸附力验算可能是互动的，需要根据验算结果调整吊点数量和吊装装置，最终达到脱模验算的设计目标。

预制梁、叠合梁的吊点可采用内埋螺母、钢索吊环、钢筋吊环。

梁不用翻转，安装吊点、脱模吊点与吊运吊点为共用吊点。梁吊点数量和间距应根据梁断面尺寸和长度，通过计算确定。

边缘吊点距梁端距离应根据梁的高度和负弯筋配置情况经过验算确定，且不宜大于梁长的 1/4。

梁只有 2 个（或 2 组）吊点时，按照带悬臂的简支梁计算[图 5-23（a）和（b）]；多个吊点时，按带悬臂的多跨连续梁计算[图 5-23（c）]。梁的平面形状或断面形状为非规则形状（图 5-24）时，吊点位置应通过重心平衡计算确定。

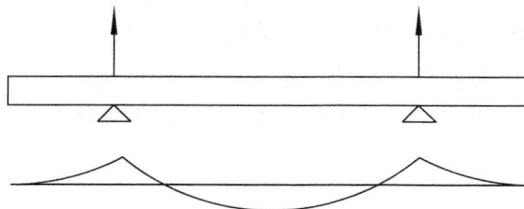

(a) 2 个吊点

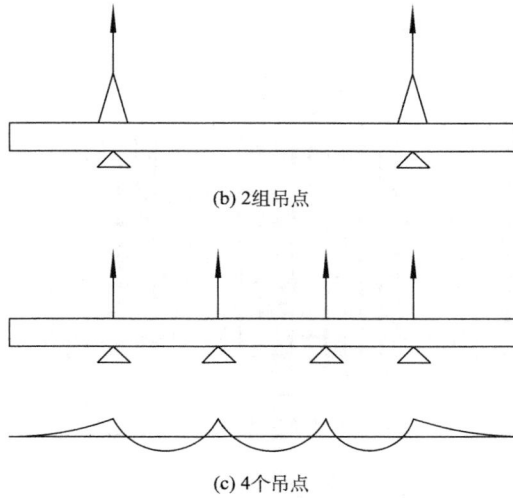

(b) 2组吊点

(c) 4个吊点

图 5-23　预制梁脱模和吊运吊点位置及计算简图

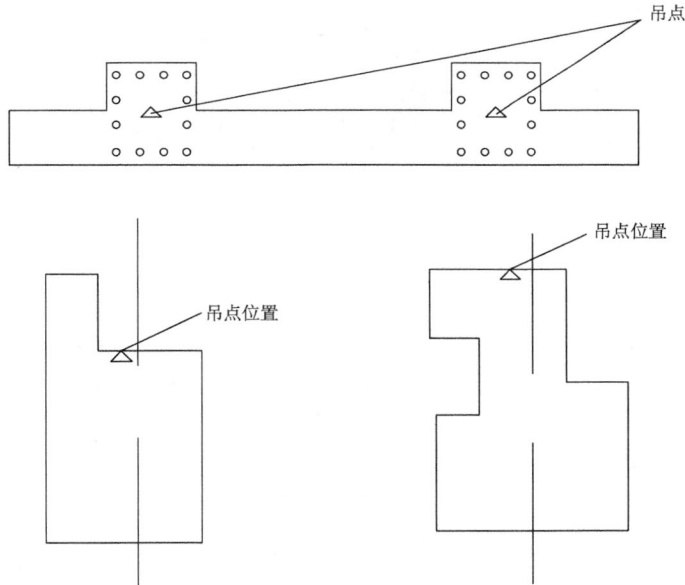

图 5-24　异形预制梁吊点布置

## 5.3　阳台板设计

### 5.3.1　阳台板类型

#### 1. 阳台分类与受力原理

阳台板为悬挑构件，有叠合板式和全预制式两种类型，全预制式又分为全预制板式和全预制梁式，如图 5-25（b）、（c）所示。两者的区别和受力原理如下。

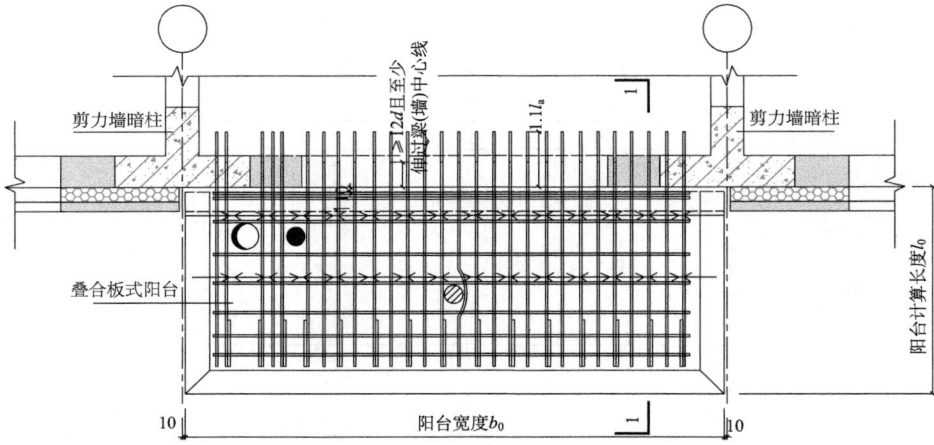

(a) 叠合板式阳台

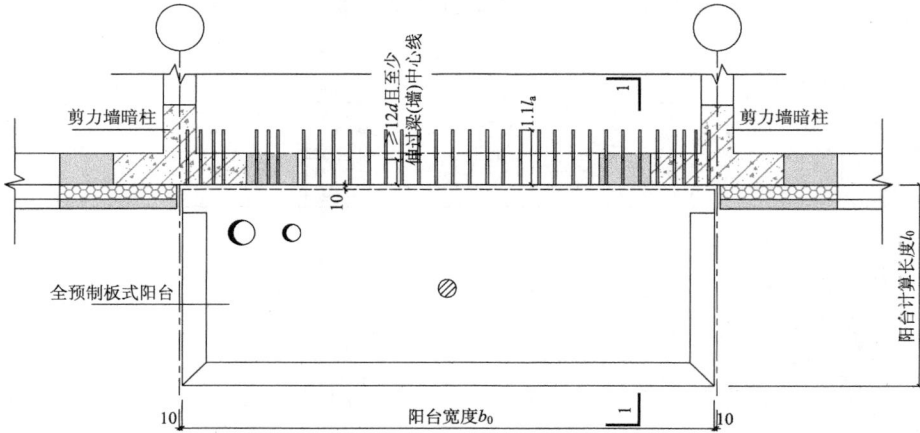

(b) 全预制板式阳台

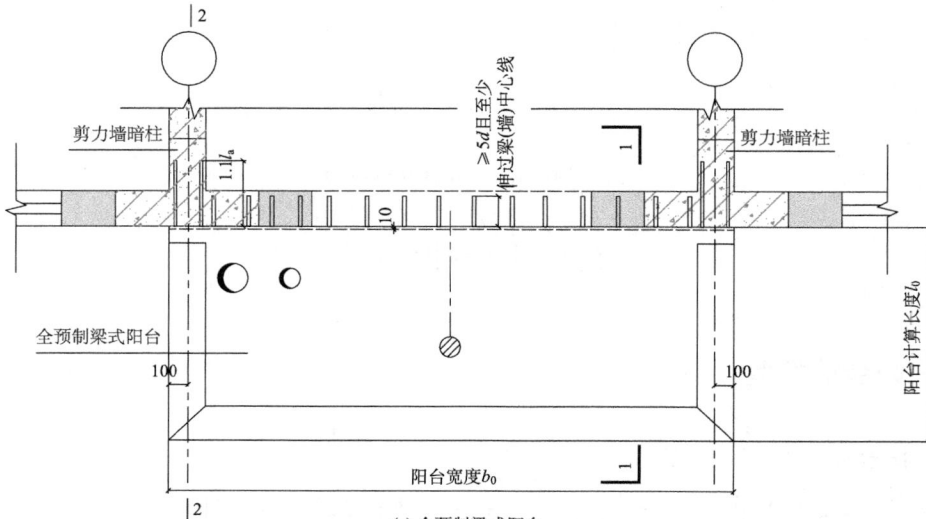

(c) 全预制梁式阳台

图 5-25　阳台板类型

（1）板式阳台。一般在现浇楼面或现浇框架结构中采用。阳台板采用现浇悬挑板，其根部与主体结构的梁板整浇在一起，板上荷载通过悬挑板传递到主体结构的梁板上。板式阳台由于受结构形式的约束，悬挑小于 1.2m 一般用板式。

（2）梁式阳台。阳台板及其上的荷载，通过挑梁传递到主体结构的梁、墙、柱上，阳台板可与挑梁整体现浇在一起，这种形式的阳台称为梁式阳台。另外，为了承受阳台栏杆及其上的荷载，另设了一根边梁，支撑于挑梁的前端部，边梁一般都与阳台一起现浇。悬挑大于 1.2m 一般用梁式。

根据住宅建筑常用的开间尺寸，可将预制混凝土阳台板的尺寸标准化，以利于工厂制作。预制阳台板沿悬挑长度方向常用模数，叠合板式和全预制板式取 1000mm、1200mm、1400mm；全预制梁式取 1200mm、1400mm、1600mm、1800mm；沿房间方向常用模数取 2400mm、2700mm、3000mm、3300mm、3600mm、3900mm、4200mm、4500mm。

2. 设计规定

国家建筑标准设计图集《预制钢筋混凝土阳台板、空调板及女儿墙》（15G368-1）中对设计有相关规定。预制阳台结构安全等级取二级，结构重要性系数 $\gamma_0 = 1.0$，设计使用年限 50 年。钢筋保护层厚度：板取 20mm，梁取 25mm。正常使用阶段裂缝控制等级为三级，最大裂缝宽度允许值为 0.2mm。挠度限制取构件计算跨度的 1/200，计算跨度取悬挑长度 $l_0$ 的 2 倍。施工时应预起拱 $6l_0/1000$（安装阳台时，将板端标高预先调高）。预制阳台板养护的强度达到设计强度等级值的 75%时方可脱模，脱模吸附力取 1.5kN/m$^2$。脱模时的动力系数取 1.5，运输、吊装动力系数取 1.5，安装动力系数取 1.2。预制阳台板内埋设管线时，所铺设管线应放在板上层和下层钢筋之间，且避免交叉，管线的混凝土保护层厚度应不小于 30mm。叠合板式阳台内埋设管线时，所铺设管线应放在现浇层内、板上层钢筋之下，在桁架筋空档间穿过。

阳台板宜采用叠合构件或预制构件。预制构件应与主体结构可靠连接；叠合构件的负弯矩钢筋应在相邻叠合板的后浇混凝土中可靠锚固，叠合构件中预制板底钢筋的锚固应符合下列规定。

（1）当板底为构造配筋时，其钢筋应符合以下规定：叠合板支座处，预制板内的纵向受力钢筋宜从板端伸出并锚入支承梁或墙的后浇混凝土中，锚固长度不应小于 5d（d 为纵向受力钢筋直径），且宜过支座中心线。

（2）当板底为计算要求配筋时，钢筋应满足受拉钢筋的锚固要求。

受拉钢筋基本锚固长度也称为非抗震锚固长度，一般来说，在非抗震构件（如基础筏板、基础梁等）或四级抗震条件中用到它，表示为 $l_a$ 或 $l_{ab}$。

通常说的锚固长度是指抗震锚固长度 $l_{aE}$，该数值以基本锚固长度乘以相应的系数 $\zeta_{aE}$ 得到。$\zeta_{aE}$ 在一、二级抗震时取 1.15，三级抗震时取 1.05，四级抗震时取 1.00。

### 5.3.2 预制阳台板连接节点

叠合板式阳台连接节点如图 5-26 所示。

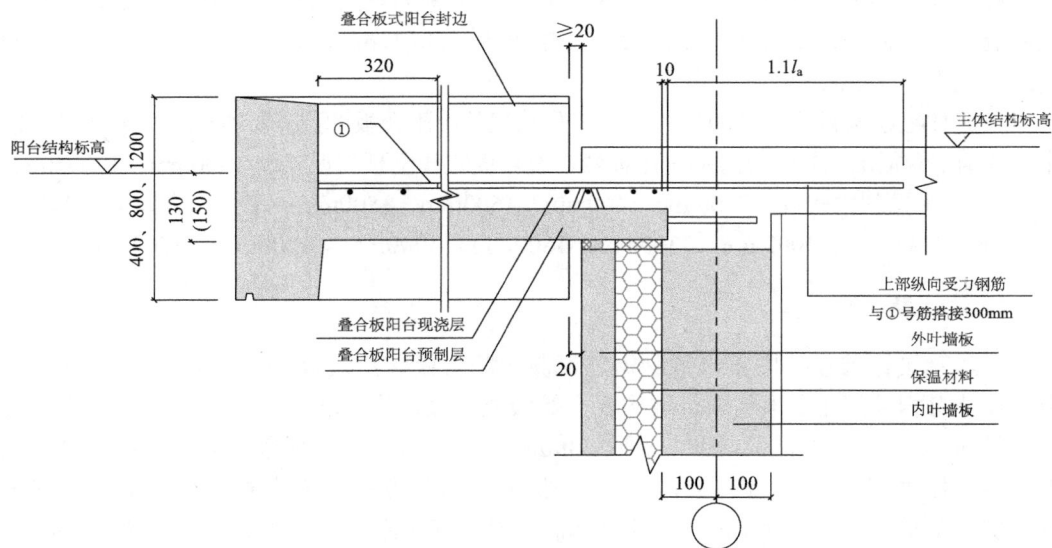

图 5-26　叠合板式阳台连接节点

全预制板式阳台连接节点如图 5-27 所示。

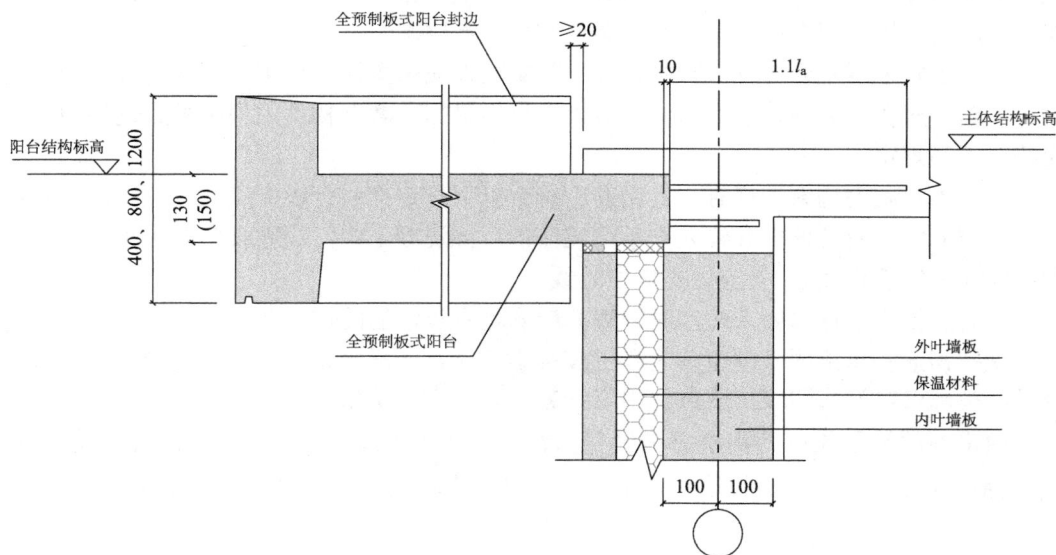

图 5-27　全预制板式阳台连接节点

全预制梁式阳台连接节点如图 5-28 所示。

全预制梁式阳台封边

20

10

主体结构标高

150

阳台结构标高

400

主体结构剪力墙或梁

全预制梁式阳台

1-1

全预制梁式阳台与主体结构连接节点详图

全预制梁式阳台

20

主体结构现浇剪力墙

10

$1.1l_a$

主体结构标高

$\geqslant 15d$

10

预制悬挑梁

2-2

全预制梁式阳台与主体结构连接节点详图

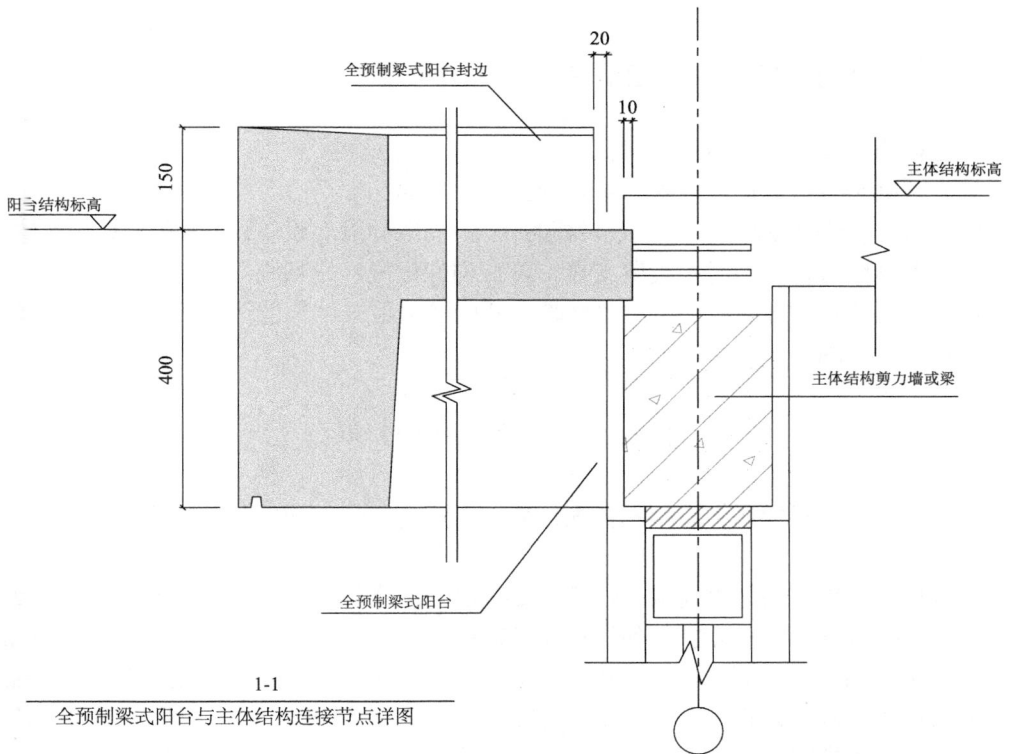

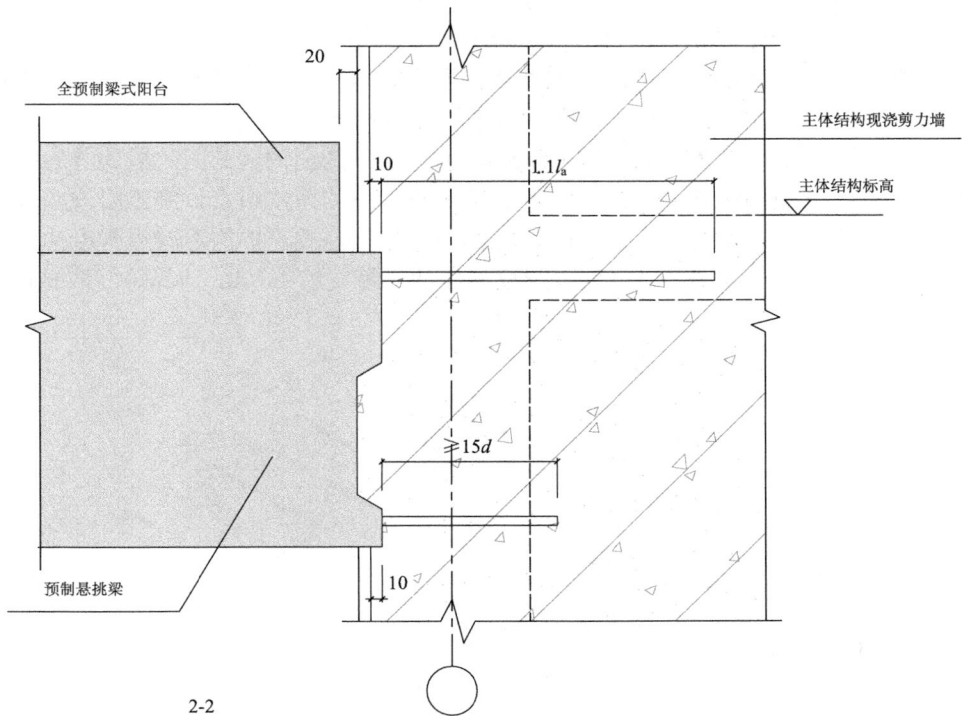

图 5-28　全预制梁式阳台连接节点

### 5.3.3 阳台板施工措施和构造要求

阳台板施工措施和构造要求:

(1) 预制阳台板与后浇混凝土结合处应做粗糙面;

(2) 阳台设计时应预留安装阳台栏杆的孔洞(如排水孔、设备管道孔等)和预埋件等;

(3) 预制阳台板安装时需设置支撑,防止构件倾覆,待预制阳台与连接部位的主体结构混凝土强度达到要求强度的 100%时,并应在装配式结构能达到后续施工承载要求后,方可拆除支撑。

## 5.4 空调板设计

空调板与阳台板同属于悬挑式板式构件,空调板的计算简图和节点构造与板式阳台一样。

一般住宅家用空调外机荷载小,没必要现浇,现浇的成本是预制的好几倍,故大多是预制。根据市场上大部分空调外机尺寸及荷载,预制空调板构件长度通常为 630mm、730mm、740mm 和 840mm,宽度通常为 1100mm、1200mm 和 1300mm,厚度取 80mm。

国家建筑标准设计图集《预制钢筋混凝土阳台板、空调板及女儿墙》(15G368-1)中对设计有相关规定。预制空调板结构安全等级为二级,结构重要性系数 $\gamma_0 = 1.0$,设计使用年限 50 年,钢筋保护层厚度取 20mm。正常使用阶段裂缝控制等级为三级,最大裂缝宽度允许值为 0.2mm。预制空调板的永久荷载考虑自重、空调挂机和表面建筑做法,按 $4.0\mathrm{kN/m^2}$ 设计;铁艺栏杆或百叶的荷载按 $1.0\mathrm{kN/m^2}$ 设计;预制空调板可变荷载按 $2.5\mathrm{kN/m^2}$ 设计;施工和检修荷载按 $1.0\mathrm{kN/m^2}$ 设计。预制空调板施工阶段验算应综合考虑构件的脱模、存放、运输和吊装等最不利工况条件下的荷载组合,施工阶段验算时,动力系数取值为 1.5。脱模吸附力取 $1.5\mathrm{kN/m^2}$。预制阳台板养护的混凝土强度达到设计强度等级值的 75%时方可脱模。挠度限制取构件计算跨度的 1/200,计算跨度取悬挑长度 $l_0$ 的 2 倍。

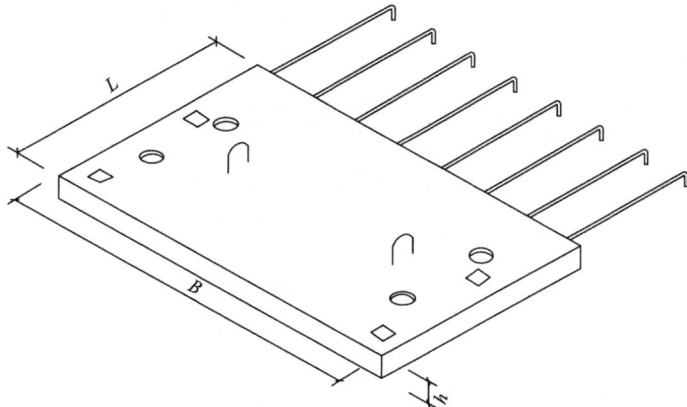

图 5-29 预制钢筋混凝土空调板示意图

　　预制空调板预留负弯矩筋伸入主体结构后浇层，并与主体结构（梁或板）钢筋可靠绑扎，浇筑成整体，负弯矩筋伸入主体结构水平段长度应不小于 $1.1 l_a$。预制钢筋混凝土空调板示意图及连接节点构造如图 5-29、图 5-30 所示，预制空调板的堆放如图 5-31 所示。

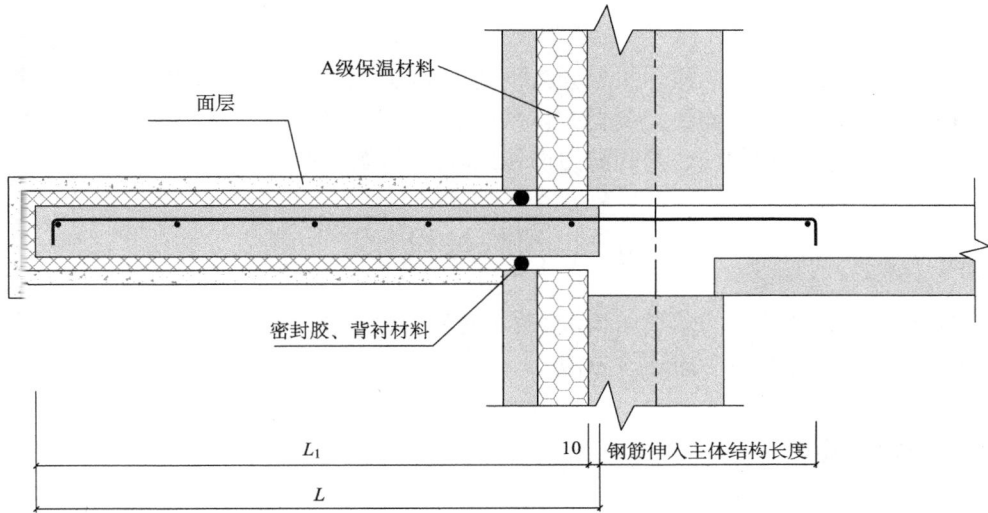

图 5-30　预制钢筋混凝土空调板连接节点

$L$-预制空调板长度；$L_1$-预制空调板悬挑长度

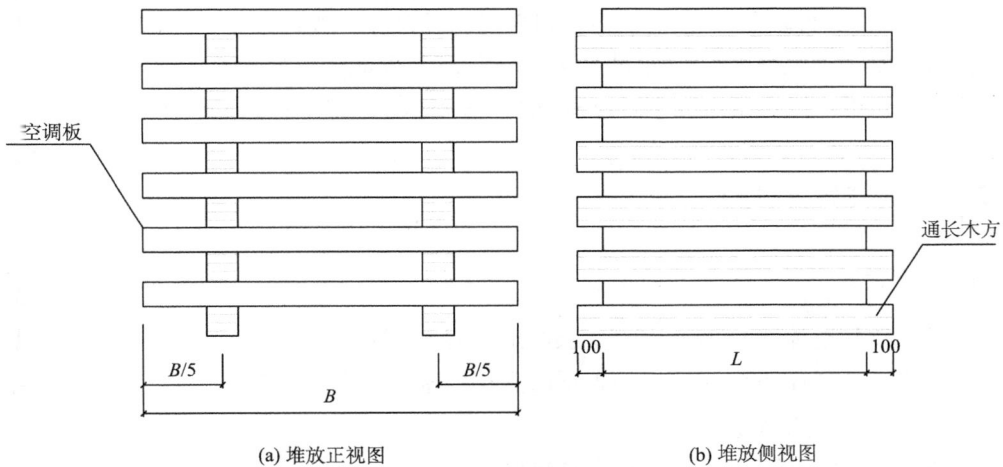

(a) 堆放正视图　　　　　　　　(b) 堆放侧视图

图 5-31　预制空调板堆放示意图

$L$-预制空调板长度；$B$-预制空调板宽度

# 第6章　竖向构件设计

装配式建筑中预制竖向构件主要分为预制承重构件和预制非承重构件。其中预制柱、预制剪力墙等为预制承重构件，属受力体系；而预制外挂墙板等为预制非承重构件，属非受力体系。本章就预制柱、预制剪力墙和预制外挂墙板的设计做一介绍。

## 6.1　预制柱设计

预制柱是装配式建筑的承重结构，属受力体系，对其设计和安装连接技术要求较高，因此在预制柱的设计中应考虑连接方法。

### 6.1.1　一般规定

（1）装配整体式框架结构可采用和现浇混凝土框架相同的方法进行结构分析和构件设计，除本章另有规定外，预制柱和现浇柱的设计方法相同。

（2）装配整体式框架结构中，预制柱的纵向钢筋连接应符合下列规定：①当房屋高度不大于 12m 或层数不超过 3 层时，可采用套筒灌浆、浆锚搭接、焊接等连接方式；②当房屋高度大于 12m 或层数超过 3 层时，宜采用套筒灌浆连接。

（3）装配整体式框架结构中，预制柱水平接缝处不宜出现拉力。

### 6.1.2　预制柱设计计算

1. 柱身设计

对多层装配整体式框架结构，底层柱的计算长度 $l_0 = 1.25H$，其余各层柱的计算长度 $l_0 = 1.5H$。式中 $H$ 为底层柱从基础顶面到一层楼盖顶面的高度，对其余各层柱为上下两层楼盖顶面之间的高度。

预制柱配筋值取轴心受压构件正截面承载力和偏心受压构件正截面承载力计算。计算方法同普通受压构件。预制柱的斜截面承载力计算同普通受压构件。详见《混凝土结构设计规范》（GB 50010—2010）（2015 年版）。

2. 柱底水平接缝设计

装配整体式框架结构中，预制柱水平接缝处不宜出现拉力。试验研究表明，预削柱的水平接缝处，受剪承载力受柱的轴力影响较大。当柱受拉时，水平接缝的抗剪能力较差，易发生接缝的滑移错动。因此，应通过合理的结构布置，避免柱的水平接缝处出现拉力。

预制柱底结合面的受剪承载力的组成主要包括：轴压产生的摩擦力、柱纵向钢筋的销栓抗剪作用或摩擦抗剪作用。由于在地震的往复作用下，混凝土自然黏结及粗糙面的受剪承载力丧失较快，故计算中不考虑其作用。

在非抗震设计时，柱底剪力通常较小，不需要验算。

关于考虑地震作用情况下柱底水平接缝受剪承载力的问题。当柱受压时，柱底接缝灌浆层上下表面接触的混凝土均有粗糙面及键槽构造，应考虑由轴压产生的摩擦力；当柱受拉时，没有轴压产生的摩擦力，但由于钢筋受拉，应考虑钢筋中的拉应力的影响。

按现行行业标准《装配式混凝土结构技术规程》（JGJ 1—2014）执行。

预制柱受压时：

$$V_{uE} = 0.8N + 1.65 A_{sd} \sqrt{f_c f_y} \tag{6-1}$$

预制柱受拉时：

$$V_{uE} = 1.65 A_{sd} \sqrt{f_c f_y \left[ 1 - \left( \frac{N}{A_{sd} f_y} \right)^2 \right]} \tag{6-2}$$

式中，$N$ ——与剪力设计值 $V$ 相应的垂直于结合面的轴向力设计值，取绝对值进行计算；

$A_{sd}$ ——垂直穿过结合面所有钢筋的面积；

$V_{uE}$ ——地震设计状况下接缝受剪承载力设计值。

## 6.1.3　构造设计

1. 一般规定

（1）矩形柱截面边长不宜小于 400mm，圆形柱截面直径不宜小于 450mm，且不宜小于同方向梁宽的 1.5 倍。

（2）装配式框架结构抗震设计时，为了保证柱的延性要求，钢筋混凝土柱轴压比限制为抗震等级一级 0.65，抗震等级二级 0.75，抗震等级三级 0.85。

轴压比指柱考虑地震作用组合的轴压力设计值与柱全截面面积和混凝土轴心抗压强度设计值乘积的比值；对于不进行地震作用计算的结构，可取无地震作用组合的轴力设计值计算。

（3）柱全部纵向受力钢筋的配筋率应符合抗震要求。

柱全部纵向受力钢筋的配筋率不应小于表 6-1 的规定值，且柱截面每一侧纵向钢筋配筋率不应小于 0.2%；抗震设计时，对于Ⅳ类场地上较高的高层建筑（如高于 40m 的框架结构或高于 60m 的其他结构体系的混凝土房屋建筑），表中数值应增加 0.1%。

表 6-1　柱全部纵向受力钢筋最小配筋率（百分率）

| 柱类型 | 抗震等级 | | | | 非抗震 |
|---|---|---|---|---|---|
| | 一 | 二 | 三 | 四 | |
| 中柱、边柱 | 0.9（1.0） | 0.7（0.8） | 0.6（0.7） | 0.5（0.6） | 0.5 |
| 角柱 | 1.1 | 0.9 | 0.8 | 0.7 | 0.7 |

注：表中括号内数值用于框架结构的柱。钢筋强度标准值小于 400 MPa 时，表中数值应增加 0.1；钢筋强度标准值为 400 MPa 时，表中数值应增加 0.05。混凝土强度等级高于 C60 时，上述数值应相应增加 0.1。

柱总配筋率不应大于 5%；剪跨比不大于 2 的一级框架的柱，每侧纵向钢筋配筋率不宜大于 1.2%。边柱、角柱及抗震墙端柱在小偏心受拉时，柱内纵筋总面积应比计算值增加 25%。

（4）预制柱的纵向受力钢筋直径不宜小于 20mm，纵向受力钢筋的间距不宜大于 200mm 且不应大于 400mm。

通常预制柱有两种布筋方式：沿截面四周均匀布置[图 6-1（a）]和集中于四个角布置[图 6-1（b）]。当柱纵向钢筋集中布置时，应考虑截面有效高度减小，并复核纵筋面积是否满足计算要求，其中截面有效高度 $h_0$ 为纵向受拉钢筋合力点至截面受压边缘的距离，按式（6-3）计算：

$$h_0 = \frac{\sum_{i=1}^{n} n_i h_i A_{si}}{\sum_{i=1}^{n} n_i A_{si}} \qquad (6\text{-}3)$$

式中，　$A_{si}$——受拉钢筋 $i$ 的截面面积；

$h_i$——受拉钢筋 $i$ 至截面受拉边缘的距离；

$n_i$——受拉钢筋 $i$ 的根数。

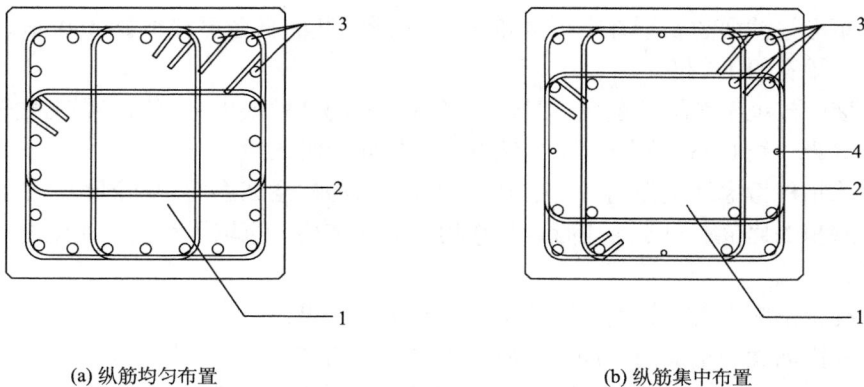

(a) 纵筋均匀布置　　　　　　　　(b) 纵筋集中布置

图 6-1　预制柱的纵筋分布示意图

1-预制柱；2-箍筋；3-纵向受力钢筋；4-纵向辅助钢筋

（5）柱中可设置纵向辅助钢筋且其直径不宜小于 12mm 和箍筋直径；当正截面承载力计算不计入纵向辅助钢筋时，纵向辅助钢筋可不伸入框架节点，如图 6-2 所示。

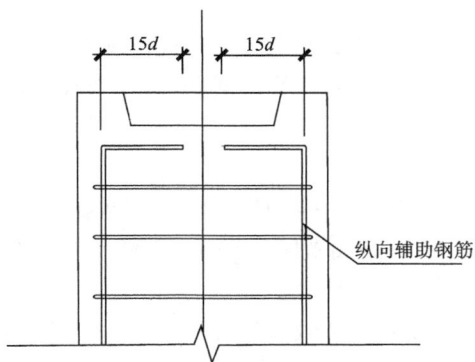

图 6-2　预制柱增设纵向辅助钢筋的锚固

（6）柱纵向受力钢筋在柱底采用套筒灌浆连接时，柱箍筋加密区长度不应小于纵向受力钢筋连接区域长度 $L$ 与 500mm 之和；套筒上端第一道箍筋距离套筒顶部不应大于 50mm，如图 6-3 所示。箍筋加密区和体积配箍率同普通柱，详见《混凝土结构设计规范》（GE 50010—2010）（2015 年版）。

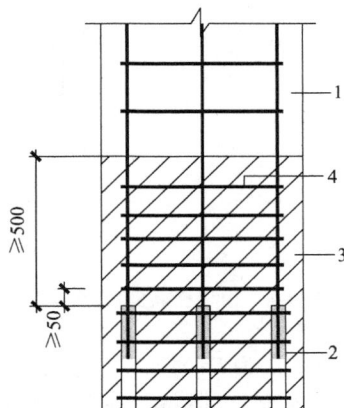

图 6-3　钢筋采用套筒灌浆连接时柱底箍筋加密区域构造示意图
1-预制柱；2-套筒灌浆连接接头；3-箍筋加密区（阴影区域）；4-加密区箍筋

2. 纵向钢筋连接

当房屋高度不大于 12m 或层数不超过 3 层时，可采用套筒灌浆、浆锚搭接、焊接等连接方式。当结构层数较多时，柱的纵向钢筋采用套筒灌浆连接可保证结构的安全。

### 6.1.4　设计实例

这里以变电站工程为例，考虑变电站结构抗震等级较高（二级）、层高较高、梁跨度较大、梁柱截面配筋较大，为实现梁柱节点钢筋交错排布，减少构件类型，柱截面统一取 $700\text{mm} \times 700\text{mm}$。

预制柱采用集中配筋：

截面配筋 1 为 12$\Phi$25+4$\Phi$14，其中 4$\Phi$14 为柱构造钢筋，不伸入节点区；

截面配筋 2 为 20$\Phi$25；柱箍筋加密区为 $\Phi$10@100，非加密区为 $\Phi$10@200。

预制柱截面配筋形式如图 6-4 所示。

截面配筋 2 用于角柱和设备荷载较大的部位，其余均为截面配筋 1，角柱及楼梯间柱子的箍筋全高加密。

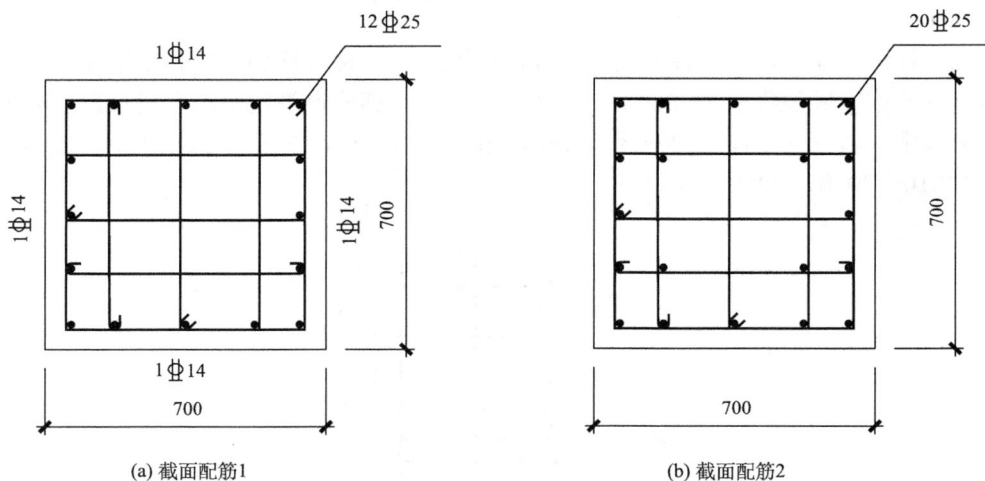

| (a) 截面配筋1 | (b) 截面配筋2 |

图 6-4　预制柱截面配筋形式

以图 6-4（a）柱截面为例，说明预制柱截面配筋计算过程。预制柱截面 $700\text{mm} \times 700\text{mm}$，柱高 $L_{cx}$ 和 $L_{cy}$ 均为 5250mm，$x$ 向计算长度系数 $C_x$ 及 $y$ 向计算长度系数 $C_y$ 均为 1.25，混凝土等级 C30，$x$ 向配筋控制内力组合是轴向压力设计值 $N$ 为 $-1579\text{kN}$，弯矩 $M_x$ 为 $1021\text{kN} \cdot \text{m}$，$M_y$ 为 $125\text{kN} \cdot \text{m}$。PKPM 软件给出了配筋沿 $x$ 边均匀布置，混凝土保护层厚度取 25mm 时的计算结果 $A_s = 2300\text{mm}^2$。当柱纵向钢筋沿四角集中布置[图 6-4（a）]，对称配筋时，应按式（6-3）计算截面有效高度 $h_0$：

$$h_0 = \frac{\sum\limits_{i=1}^{n} n_i h_i A_{si}}{\sum\limits_{i=1}^{n} n_i A_{si}} = \frac{2 \times 540 \times A_{s1} + 4 \times 640 \times A_{s1}}{6 \times A_{s1}} = 607\text{mm}$$

根据集中配筋的截面有效高度，重新计算得纵筋截面 $A_s = 2600\text{mm}^2$，单根钢筋的截

面需满足 $A_{s1} = 433\text{mm}^2$，设计取⊈25（$A_{s1} = 491\text{mm}^2 > 433\text{mm}^2$）。

## 6.1.5　施工验算

预制柱中，通过模台制作的柱子，可采用内埋螺母作为吊点，其中脱模吊点可用于吊运吊点，翻转吊点可用于安装吊点。立模制作的柱子无翻转，脱模、吊运、安装可采用同一个吊点。梁柱一体化的构件脱模需吊点，翻转、吊运、安装可采用同一个吊点。

### 1. 安装吊点和翻转吊点

柱子安装吊点和翻转吊点共用，设在柱子顶部。断面大的柱子一般设置 4 个吊点，也可设置 3 个吊点。断面小的柱子可设置 2 个或多个吊点。

柱子安装过程中，计算简图为受弯构件；柱子从平放到立起来的翻转过程中，计算简图相当于两端支承的简支梁（图 6-5）。

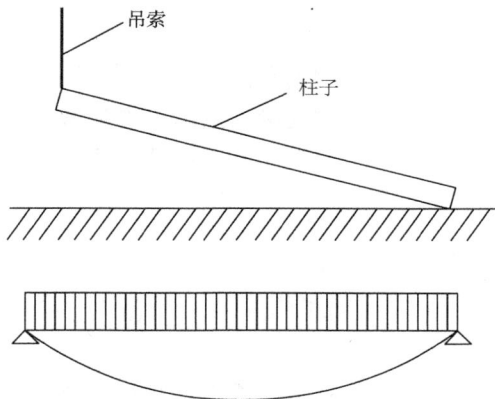

图 6-5　预制柱安装、翻转计算简图

### 2. 脱模吊点和吊运吊点

除了要求四面光洁的清水混凝土柱子是立模制作外，绝大多数柱子都是在模台上"躺着"制作，堆放、运输也是平放，柱子脱模和吊运共用吊点，设置在柱子侧面，采用内埋式螺母，便于封堵，痕迹小。

柱子脱模吊点的数量和间距根据柱子断面尺寸和长度通过计算确定。由于脱模时混凝土强度较低，吊点可以适当多设置，不仅对防止混凝土裂缝有利，也会减弱吊点处的应力集中。

2 个或 2 组吊点时[图 5-23（a）和（b）]，柱子脱模和吊运按带悬臂的简支梁计算；多个吊点时[图 5-23（c）]，可按带悬臂的多跨连续梁计算。

# 6.2 预制剪力墙（一字形墙）设计

预制剪力墙构件是装配整体式剪力墙结构最基本的受力构件，墙肢的截面设计与现浇混凝土构件基本一致，本书不再赘述。

目前，国内的装配整体式剪力墙结构体系中，关键技术在剪力墙构件之间的接缝连接形式。预制墙体竖向接缝基本采用后浇混凝土区段连接，墙板水平钢筋在后浇段内锚固或者搭接。预制剪力墙水平接缝处与竖向钢筋的连接划分为以下几种。

（1）竖向钢筋采用套筒灌浆连接，拼缝采用灌浆料填实。

（2）竖向钢筋采用螺旋箍筋约束浆锚搭接连接，拼缝采用灌浆料填实。

（3）竖向钢筋采用金属波纹管约束浆锚搭接连接，拼缝采用灌浆料填实。

（4）竖向钢筋采用套筒灌浆连接结合预留后浇区搭接连接。

（5）其他方式，包括竖向钢筋在水平后浇带内采用环套钢筋搭接连接；竖向钢筋采用挤压套筒、锥套锁紧等机械连接方式并预留混凝土后浇段；竖向钢筋采用型钢辅助连接或者埋件螺栓连接等。

上述 5 种竖向钢筋连接方式中，钢筋套筒灌浆连接接头技术是《装配式混凝土结构技术规程》（JGJ 1—2014）所推荐的主要接头技术，也是形成各种装配整体式混凝土结构的重要基础，本节预制剪力墙的竖向钢筋连接均基于套筒灌浆连接技术。

## 6.2.1 预制剪力墙构造要求

### 1. 尺寸

预制剪力墙构件的形状和大小，除了需要根据建筑功能和结构平立面布置的要求，还需根据构件的生产、运输和安装条件进行设计。

### 2. 开洞

（1）带有门窗洞口的预制剪力墙洞口宜居中布置，洞口两侧的墙肢宽度不应小于 200mm，洞口上方连梁高度不宜小于 250mm。

（2）预制剪力墙的连梁不宜开洞；当需开洞时，开洞应在工厂完成。洞口宜预埋套管，洞口上、下截面的有效高度不宜小于梁高的 1/3，且不宜小于 200mm；被洞口削弱的连梁截面应进行承载力验算，洞口处应配置补强纵向钢筋和箍筋，补强纵向钢筋的直径不应小于 12mm。

（3）预制剪力墙开有边长小于 800mm 的洞口且在结构整体计算中不考虑其影响时，应沿洞口周边配置补强钢筋；补强钢筋的直径不应小于 12mm，截面面积不应小于同方向被洞口截断的钢筋面积；该钢筋自孔洞边角算起伸入墙内的长度，非抗震设计时不应小于 $l_a$，抗震设计时不应小于 $l_{aE}$（图 6-6）。

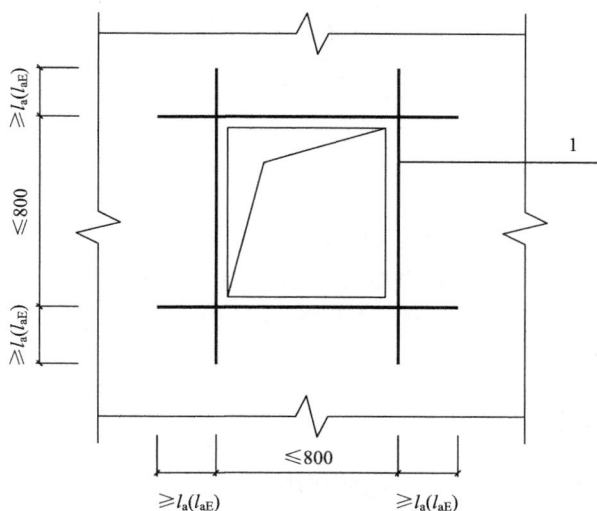

图 6-6　预制剪力墙洞口补强钢筋配置示意图

1-洞口补强钢筋

### 3. 分布钢筋

（1）装配整体式剪力墙结构体系的预制构件和叠合式构件，均应合理地设计配筋；应避免剪切破坏先于弯曲破坏、混凝土压溃先于钢筋屈服、钢筋的锚固黏结破坏先于构件破坏。

（2）预制剪力墙墙体底部竖向钢筋连接区裂缝较多且较集中，因此，对该区域的水平分布筋应加强，以提高板的抗剪能力和变形能力，并使该区域的塑性铰可以充分发展，以提高墙板的抗震性能。采用套筒灌浆连接时，加强区范围为自套筒底部至套筒顶部并向上延伸 300mm 范围内（图 6-7），加密区水平分布筋的最大间距及最小直径应符合表 6-2 的规定，套筒上端第一道水平分布钢筋距离套筒顶部不应大于 50mm。

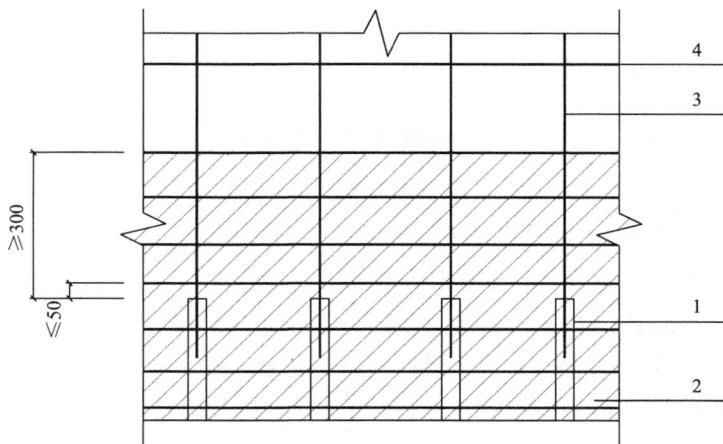

图 6-7　钢筋套筒灌浆连接部位水平分布钢筋的加密构造示意图

1-灌浆套筒；2-水平分布钢筋加密区域（阴影区域）；3-竖向钢筋；4-水平分布钢筋

表 6-2　加密区水平分布钢筋的要求　　　　　（单位：mm）

| 抗震等级 | 最大间距 | 最小直径 |
|---|---|---|
| 一、二级 | 100 | 8 |
| 三、四级 | 150 | 8 |

（3）对预制墙板边缘配筋应适当加强，形成边框，保证墙板在形成整体结构之前的刚度、延性及承载力。端部无边缘构件的预制剪力墙，宜在端部配置2根直径不小于12mm的竖向构造钢筋；沿该钢筋竖向应配置拉筋，拉筋直径不宜小于 6mm、间距不宜大于250mm。

### 4. 预制夹心外墙板

预制夹心外墙板在国内外均有广泛的应用，具有结构、保温、装饰一体化的特点。预制夹心外墙板根据其在结构中的作用，可以分为承重墙板和非承重墙板两类。当其作为承重墙板时，与其他结构构件共同承担垂直力和水平力；当其作为非承重墙板时，仅作为外围护墙体使用。

预制夹心外墙板根据其内、外叶墙板间的连接构造，又可以分为组合墙板和非组合墙板。组合墙板的内、外叶墙板可通过拉结件的连接共同工作；非组合墙板的内、外叶墙板不共同受力，外叶墙板仅作为荷载，通过拉结件作用在内叶墙板上。

鉴于我国对于预制夹心外墙板的科研成果和工程实践经验都还较少，目前在实际工程中，通常采用非组合式的墙板。当其作为承重墙时，内叶墙板的要求与普通剪力墙板的要求完全相同。

当预制外墙采用夹心墙板时，应满足下列要求。

（1）外叶墙板厚度不应小于 50mm，且外叶墙板应与内叶墙板可靠连接；

（2）夹心外墙板的夹层厚度不宜大于 120mm；

（3）当其作为承重墙时，内叶墙板应按剪力墙进行设计。

## 6.2.2　剪力墙水平接缝抗剪验算

在地震设计状况下，剪力墙水平接缝的受剪承载力设计值应按下式计算：

$$V_{uE} = 0.6f_y A_{sd} + 0.8N \tag{6-4}$$

式中，$V_{uE}$ ——地震设计状况下剪力墙接缝受剪承载力设计值；

$f_y$ ——垂直穿过结合面的钢筋抗拉强度设计值；

$N$ ——与剪力设计值 $V$ 相应的垂直于结合面的轴向力设计值，压力时取正，拉力时取负；当大于 $0.6f_c bh_0$ 时，取为 $0.6f_c bh_0$，此处 $f_c$ 为混凝土轴心抗压强度设计值，$b$ 为剪力墙厚度，$h_0$ 为剪力墙截面有效高度；

$A_{sd}$ ——垂直穿过结合面的抗剪钢筋面积。

【例题 6-1】根据结构整体分析，某装配整体式剪力墙结构房屋第五层的某一剪力墙在地震设计状况下的内力设计值为轴力 $N$=4188.6kN、 剪力 $V_{max}$= 124.0kN，垂直穿过结合面的抗剪钢筋面积 678.58mm$^2$，抗剪钢筋等级为 HRB400 级。试对该剪力墙水平接缝进行抗剪承载力验算。

解：根据《装配式混凝土结构技术规程》（JGJ 1—2014）第 8.3.7 节，剪力墙水平接缝的受剪承载力验算：

$$V_{uE} = 0.6 f_y A_{sd} + 0.8N$$
$$= 0.6 \times 360 \times 678.58/1000 + 0.8 \times 4188.6 = 3497.5kN > 124.0kN$$

即大于该工况下的剪力设计值，满足要求。

### 6.2.3　制作、运输和堆放、安装等短暂设计状况下剪力墙验算

（1）剪力墙脱模计算。计算参数及基本假定：动力系数考虑 1.5；吸附力按照 1.5 kN/m$^2$ 考虑；拉结筋中 $\Phi$ 6@600（剪力墙竖向钢筋之间的拉结筋）按照受拉进行计算；剪力墙板按照点支（脱模吊点）的板进行计算，主要验算吊点处的裂缝宽度。

（2）剪力墙脱模后未翻身在空中吊装时的计算。计算参数及基本假定：动力系数考虑 1.5；按照 4 点（吊点数量）简支的板进行计算；验算裂缝和变形，一般都满足要求，只有极特殊情况才需要增加配筋。

（3）剪力墙翻身后，吊装计算，一般墙体配筋均满足要求，需要进行预留件的受力计算，标准预埋件需要根据厂家提供的数据进行计算，如果吊点为 4 个，当采用专用吊具时，可按 4 点受力计算，一般只考虑 2 个吊点起作用。

（4）预制剪力墙当采用立式存放时，底部设置 2 根 150mm×150mm 垫木支撑，一般距离端部 500～800mm，也可以统一规定为 600mm。

（5）预制剪力墙就位一般底部采用 2 个标高定位点，较长剪力墙可考虑 3～4 点。垫片尺寸是 40mm×40mm 钢板，一般可不进行局部抗压验算。如果是采用可调节螺栓进行标高定位，一般螺栓直径不小于 24mm，可统一采用 $\phi$30 预埋螺栓。

（6）如果是夹心保温外墙板，外叶墙板厚度建议不小于 60mm，外叶墙板需要进行风荷载、地震作用、温度、环境影响的计算：①外叶墙板在竖向荷载作用下最不利的状态是在墙板吊装过程中，需要进行连接件的抗弯和抗剪计算；②夹心墙板在脱模状态下，对连接件的抗拉和锚固最不利，需要考虑吸附力进行计算；③夹心墙板在使用状态下，需要按重力荷载、风荷载和地震作用组合计算连接件和外墙板的承载能力极限状态；④夹心墙板在温度和环境作用下，计算外墙板的承载力极限状态和正常使用极限状态时，和连接件的布置有关系；⑤外墙板对结构整体刚度的影响，可利用刚度折减系数统一进行考虑；⑥需要专业厂家配合计算。

### 6.2.4　设计实例

下面分别给出剪力墙内墙板（图 6-8）和外墙板（图 6-9）的设计实例图样。

200　　　　　　　2700　　　　　　　200

100　　　　　100　200

450　　MJ1　　　　　　　MJ1　　450

俯视图

$H_{i+1}$结构板顶标高　　140

MJ1　　　　　　　MJ1

X

700

MJ2　　　　　　MJ2　350

350

X

2800　2640　　2640

2640　　　　1390

X

MJ2　　　　　　　MJ2 X

350　　　　　　　　　　350

550

套筒出浆孔　　套筒灌浆孔

20

$H_i$结构板顶标高

200

300　300　300　300　300　300　300　300　300

2700

右视图

NQ-2728主视图

200　　　　　　　2700　　　　　　　200

TT1　　TT2

200

仰视图

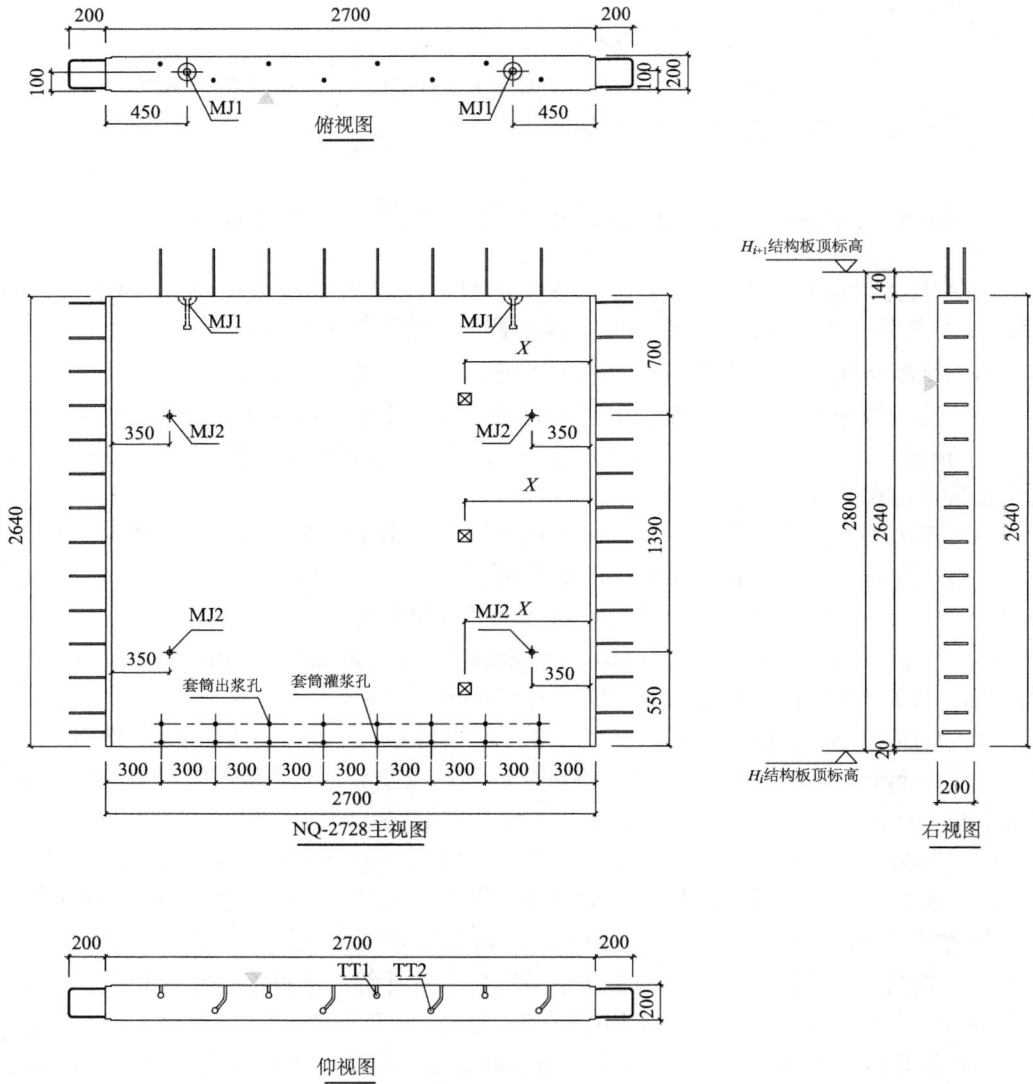

图 6-8　预制剪力墙内墙板模板图

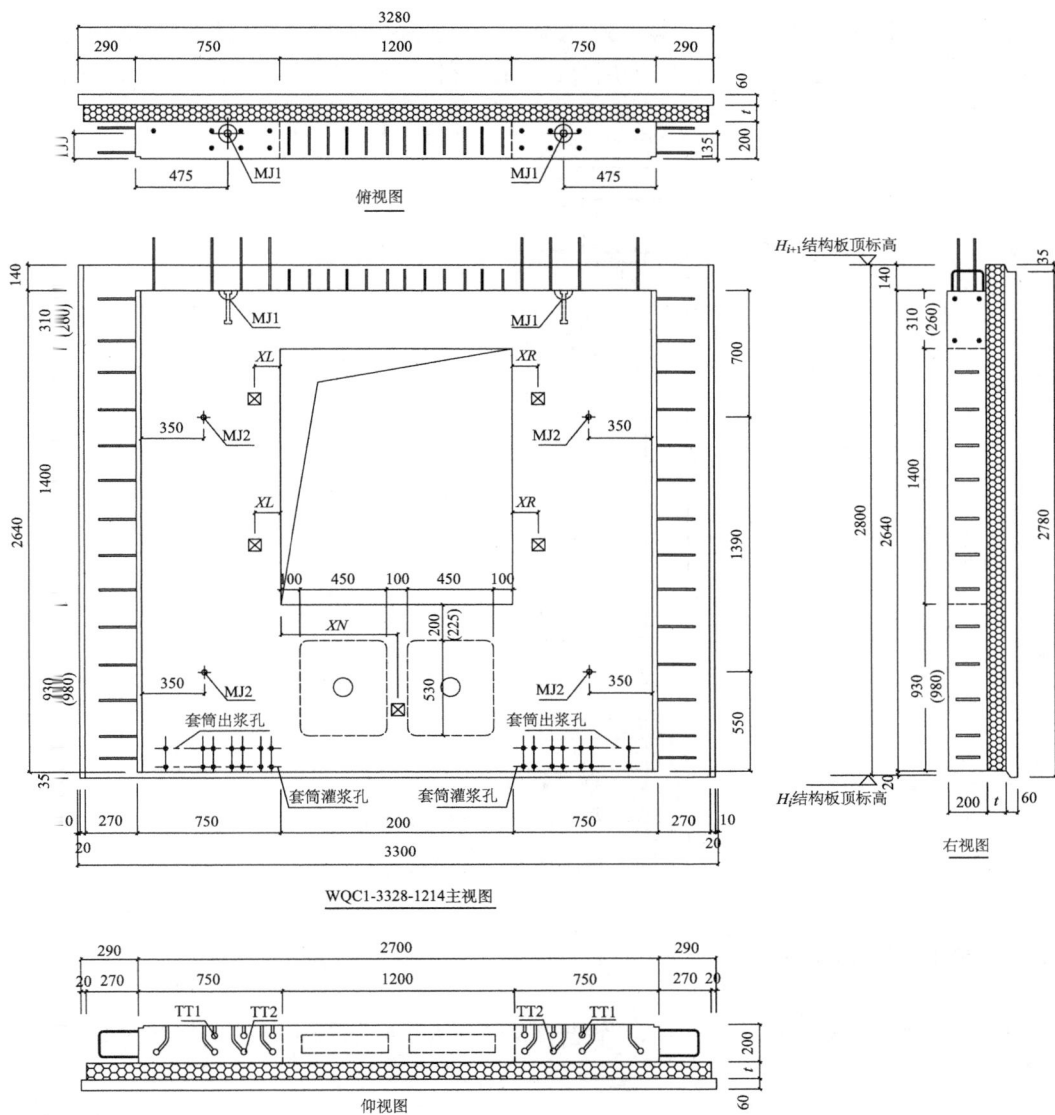

图 6-9 预制剪力墙外墙板模板图

## 6.3 预制外挂墙板设计

外挂墙板是由混凝土板和门窗等围护构件组成的完整结构体系，主要承受自重以及直接作用于其上的风荷载、地震作用、温度作用等。同时，外挂墙板也是建筑物的外围护结构，其本身不分担主体结构承受的荷载和地震作用。作为建筑物的外围护结构，绝大多数外挂墙板均附着于主体结构，必须具备适应主体结构变形的能力。外挂墙板适应主体结构变形的能力，可以通过多种可靠的构造措施来保证，如足够的胶缝宽度、构件之间的活动连接等。

本书中外挂墙板仅限预制混凝土外挂墙板，一般采用外挂整块墙板的形式。它的大小是一整个开间的尺寸，高度通常为层高，门窗、外饰面可在工厂完成，减少高空作业，见图 6-10。

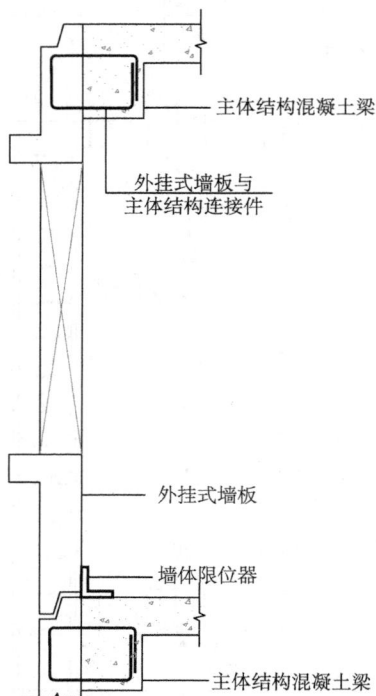

主体结构混凝土梁

外挂式墙板与
主体结构连接件

外挂式墙板

墙体限位器

主体结构混凝土梁

图 6-10　预制混凝土外挂墙板

### 6.3.1　外挂墙板类型

根据外墙体的材料及结构构造，外挂墙板可分为单叶混凝土外挂墙板和预制混凝土夹心外挂墙板。

#### 1. 单叶混凝土外挂墙板

单叶墙板是指墙体没有保温材料，只是用作承受外部荷载作用的结构层。例如，南北朝向无须保温隔热的外挂墙板和预制凸窗外挂墙板，由于构造复杂，一般采用单叶外挂墙板。预制凸窗外挂墙板与现浇混凝土的连接（图 6-11）是预制凸窗设计的一个重要组成部分，其作用是将预制凸窗外挂墙板与主体结构连接成整体。

设计预制凸窗外挂墙板，首先要考虑将窗荷载有效地传递到主体结构上，主体结构计算模型仅将凸窗按荷载考虑，这就要求内浇外挂式预制凸窗不能对结构抗侧力刚度产生影响，所以采用预制凸窗仅上边与梁、柱或剪力墙相连，由于连接处受力较为集中，故钢筋特别加强，锚固长度也加大（图 6-12）。梁钢筋笼绑扎好以后，梁腰筋从图 6-12 中所示的③号和⑤号钢筋开口绕进后固定。

图 6-11　预制凸窗外挂墙板与现浇混凝土的连接

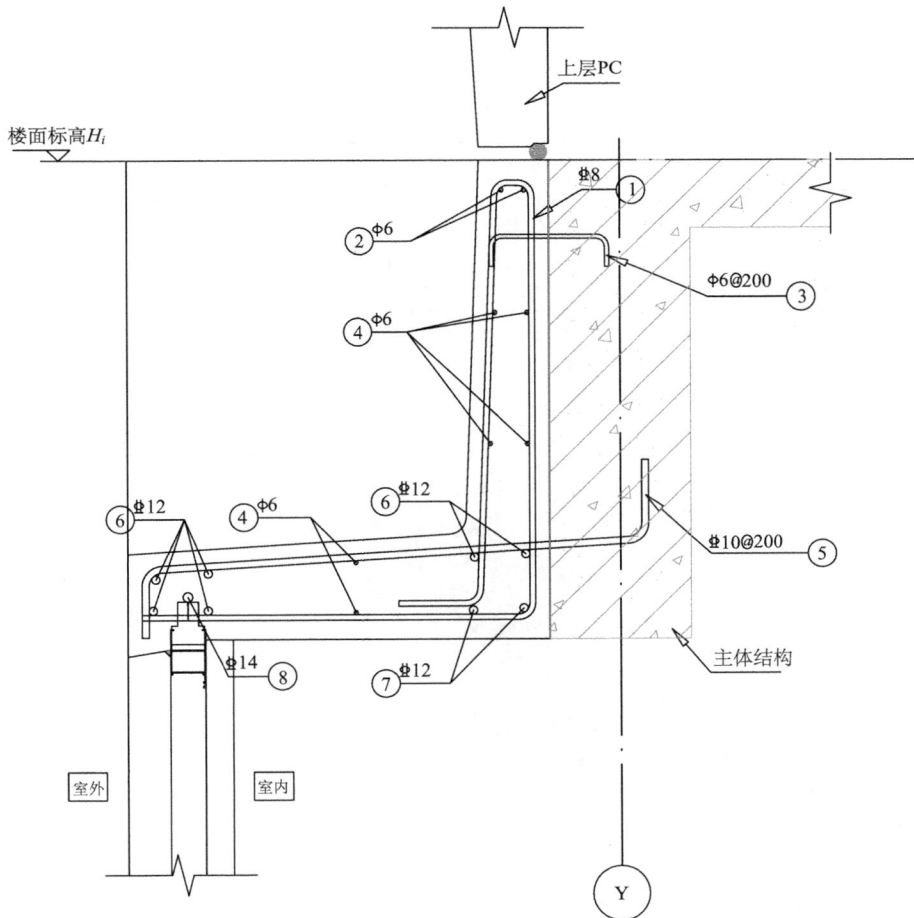

图 6-12　预制凸窗外挂墙板与梁连接大样

### 2. 预制混凝土夹心外挂墙板

混凝土夹心外墙板是一种新型墙体结构类型，近年来发展很快。其特点是墙体结构材料和保温材料合二为一，可以充分发挥各层材料的特长，采用高效保温隔热材料，达到质量轻、强度高、保温、隔声、防火等目的。

预制混凝土夹心保温墙板是由内、外叶墙和保温层组成，通过连接件将三层连接起来。为了使墙板具有足够的承载能力以保证施工和使用阶段的安全，尚需在墙板中设置连接器以增强三层结构的整体连接性能，如图 6-13 所示。由于混凝土具有热惰性，内层的混凝土作为一个恒温的蓄热体，中间的保温层作为一个热的绝缘体，有效地延缓了热量在外墙内外层之间的传递。与传统的内贴保温或外贴保温层墙板构造相比，预制混凝土夹心保温墙板具有"热桥"作用、耐久性好等优点，无须进行二次保温层施工，具有良好的经济、社会和环境效益，已成为墙体结构的发展方向，但唯一的缺点就是造价较高。预制混凝土夹心保温墙板的内叶墙作为墙板自身的承重构件，连接在主体结构上，保温层和外叶墙通过连接件连接在内叶墙上。预制混凝土夹心保温墙板与主体结构的连接如图 6-14 所示。

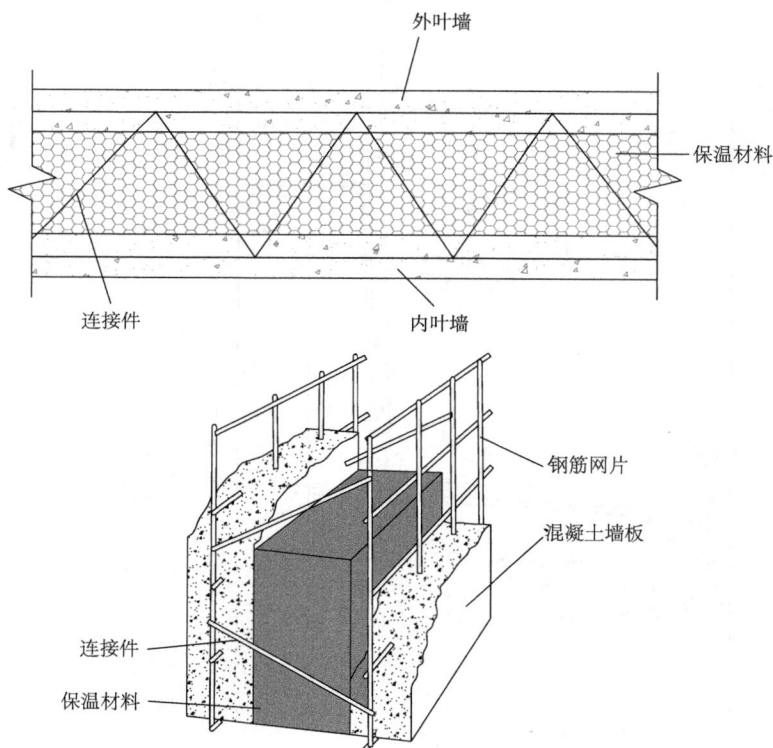

图 6-13　预制混凝土夹心保温墙板

夹心保温外墙挂板

(钢筋混凝土梁)

$b$

$\delta$

30~50

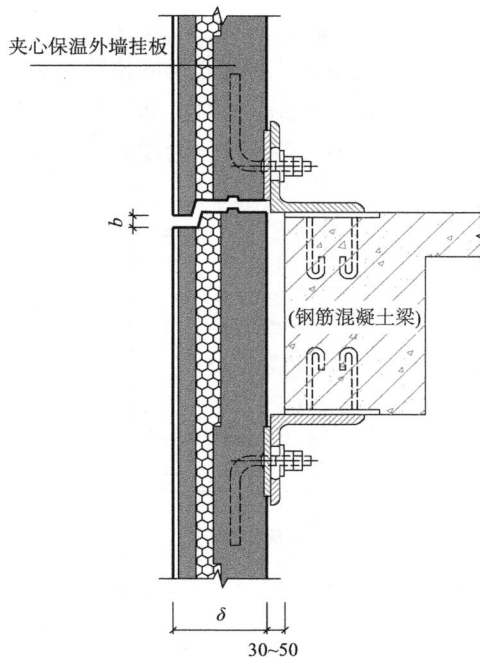

图 6-14　预制混凝土夹心保温外墙挂板方案

## 6.3.2　预制外挂墙板与主体结构的连接

目前，外挂墙板与主体结构之间的连接主要有两种连接方式：点支承式连接、线支承式连接。这两种连接方式各具优缺点，点支承式连接对结构刚度无影响，会产生较大的位移，连接件需进行防火、防锈处理，存在耐久性设计问题；线支承式连接墙板对主体结构刚度有一定影响。

### 1. 点支承式连接

点支承式连接是采用预埋在墙板上的钢牛腿、锚栓通过角钢等连接在主体结构的预埋件上，其特点是墙板与骨架以及墙板之间在一定范围内可相对移位，能较好地适应各种变形，属于柔性节点。

对于柔性节点，其随着主体结构变形而产生相应变位的能力应根据震级的不同有所区别：中震时墙板可以随着主体结构的变形而变位，墙体完好并且不需要修复可继续使用；大震时墙体可随着主体结构的变形而变位，墙体可能发生损坏但不脱落。

根据外挂墙板适应主体结构层间变位原理，可将预制混凝土外挂墙板连接构造节点分为三类：平移式、旋转式和固定式（图 6-15）。

平移式节点是在墙板的上部或下部设置水平滑移孔，当主体结构产生相对位移时，墙体发生相应的变位而未对主体结构产生刚性约束。

旋转式节点是在墙体的四个角设置竖向滑移孔，当主体结构发生相对位移时，墙体发生旋转而未对主体结构产生刚性约束。

固定式节点是当墙体作为窗间墙时，不需要层间位移的随从功能，在墙体的左侧或右侧设置水平滑移孔，墙体发生温度变形而未对主体结构产生刚性约束。

外挂墙板与主体结构的连接节点，又可以分为承重节点和非承重节点两类。

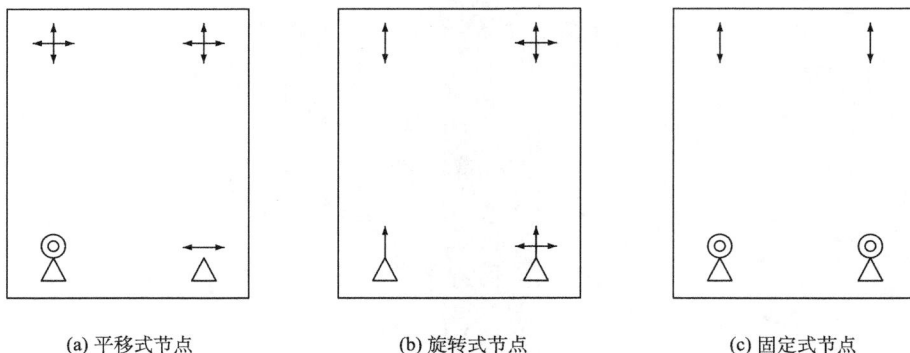

(a) 平移式节点　　　　　　　(b) 旋转式节点　　　　　　　(c) 固定式节点

图 6-15　点支承式连接方式

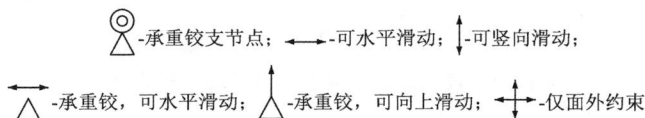

Ⓞ-承重铰支节点；⟷-可水平滑动；⇕-可竖向滑动；

△-承重铰，可水平滑动；△-承重铰，可向上滑动；✛-仅面外约束

目前，工程中常用的点支承式连接为四点支承连接，包括上承式和下承式：当下部两点为承重节点时，上部两点宜为非承重节点；相反，当上部两点为承重节点时，下部两点宜为非承重节点。应注意，平移式外挂墙板和旋转式外挂墙板的承重节点和非承重节点的受力状态和构造要求是不同的，因此设计要求也是不同的。

根据日本和我国台湾地区的工程实践经验，点支承式连接节点一般采用在连接件和预埋件之间设置带有长圆孔的滑动垫片，形成平面内可滑移的支座。当外挂墙板相对于主体结构可能产生转动时，长圆孔宜按垂直方向设置；当外挂墙板相对于主体结构可能产生平动时，长圆孔宜按水平方向设置。

2. 线支承式连接

线支承式连接是指外挂墙板顶部与支承梁通过钢筋及剪力键连接，顶部固定线支承底部两处限位件。当外挂墙板与主体结构采用线支承连接时，连接节点的抗震性能应满足：①多遇地震和设防地震作用下连接节点保持弹性；②罕遇地震作用下外挂墙板顶部剪力键不破坏，连接钢筋不屈服。连接节点构造如图 6-16 所示。

连接节点的构造应满足以下条件。

（1）外挂墙板顶部与梁连接，且固定连接区段应避开梁端 1.5 倍梁高长度范围。

（2）外挂墙板与梁的结合面应采用粗糙面并设置键槽；接缝处应设置连接钢筋，连接钢筋数量应经过计算确定且钢筋直径不宜小于 10mm，间距不宜大于 200mm；连接钢筋在外挂墙板和楼面梁后浇混凝土中的锚固应符合现行国家标准《混凝土结构设计规范》

（GB 50010—2010）（2015 年版）的有关规定。

　　（3）外挂墙板的底端应设置不少于 2 个仅对墙板有平面外约束的连接节点。

　　（4）当外挂墙板的两侧与主体结构竖向构件之间采用刚性连接时，主体结构在墙板面内方向的变形会受到外挂墙板的约束作用，从而使得外挂墙板参与主体结构抗侧力。外挂墙板提供的抗侧力刚度在地震作用的不同阶段很难通过定量分析确定，且可能产生对主体结构的不利影响。因此，外挂墙板的两侧与主体结构之间应不连接，或仅采用柔性连接。当采用柔性连接时，连接节点应在外挂墙板平面内具有足够的变形能力，即不小于主体结构在设防地震作用下弹性层间位移角 3 倍的变形能力。

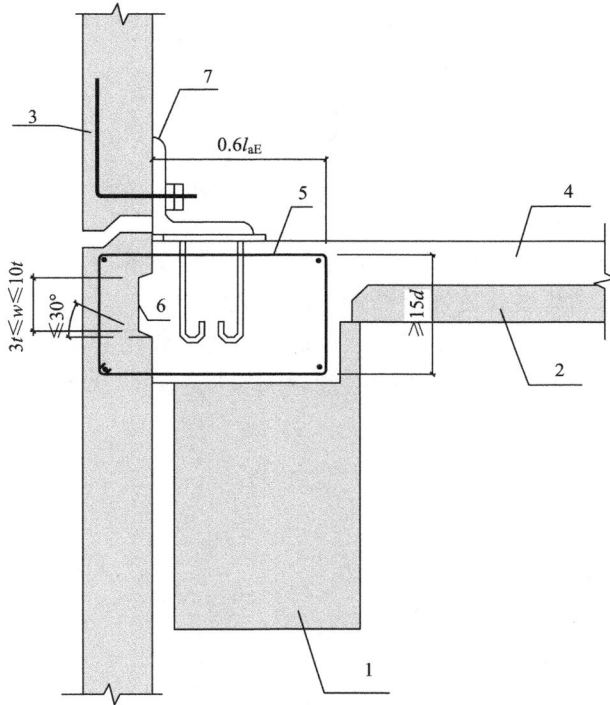

图 6-16　预制外挂墙板与主体结构线支承式连接构造示意图

1-叠合梁；2-预制板；3-外挂墙板；4-后浇混凝土；5-连接钢筋；6-剪力键槽；7-面外限位节点连接件

　　在我国香港，由于不考虑抗震，在外墙板两侧预留钢筋与柱或者剪力墙连接（图 6-17），在仅受风荷载和重力荷载作用时较牢固，但对于抗震设防区，由于其对结构刚度的影响较难估算，在我国内地工程中仅有少量使用。

## 6.3.3　作用及作用组合

　　外挂墙板由于常年受到日晒雨淋、热胀冷缩的作用，再加之混凝土自身的徐变和收缩，其体积会有所改变，其支承系统也可能发生扭转和挠曲。这些可能会对外挂墙板内力产生影响的因素应尽量避免，当实在不能避免时，应进行定量的计算。外挂墙板不应支承在可能产生较大扭转和挠曲的结构构件上，如刚度较小、跨度较大的悬臂构件，可能会对外挂墙板引起不良影响。

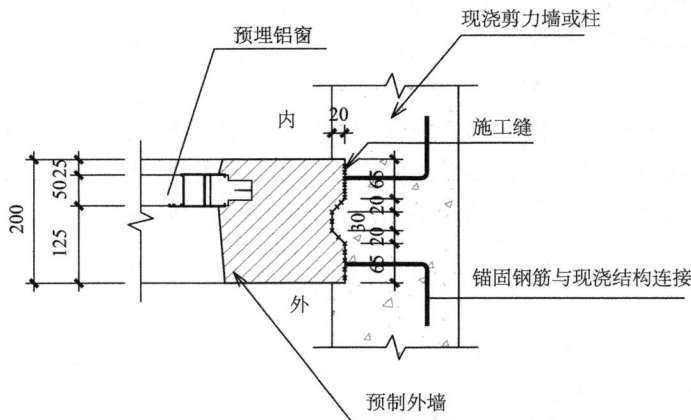

图 6-17 预制凸窗外挂墙板与墙、柱连接

外挂墙板按照围护结构进行设计。在进行结构设计计算时，不考虑分担主体结构所承受的荷载作用，只考虑直接施加于外墙上的荷载作用。

竖向外挂墙板承受的作用包括自重、风荷载、地震作用和温度作用。

建筑表面是非线性曲面时，可能会有倾斜的墙板，其荷载应当参照屋面板考虑，还有雪荷载、施工维修时的集中荷载。

1. 荷载组合效应

1）持久设计状况
当风荷载效应起控制作用时：

$$S = \gamma_G S_{Gk} + \gamma_w S_{wk} \tag{6-5}$$

当永久荷载效应起控制作用时：

$$S = \gamma_G S_{Gk} + \psi_w \gamma_w S_{wk} \tag{6-6}$$

2）地震设计状况
在水平地震作用下：

$$S_{Eh} = \gamma_G S_{Gk} + \gamma_{Eh} S_{Ehk} + \psi_w \gamma_w S_{wk} \tag{6-7}$$

在竖向地震作用下：

$$S_{Ev} = \gamma_G S_{Gk} + \gamma_{Ev} S_{Evk} \tag{6-8}$$

式中，$S$——基本组合的效应设计值；

$S_{Eh}$——水平地震作用组合的效应设计值；

$S_{Ev}$——竖向地震作用组合的效应设计值；

$S_{Gk}$——永久荷载的效应标准值；

$S_{wk}$——风荷载的效应标准值；

$S_{Ehk}$——水平地震作用的效应标准值；

$S_{Evk}$ ——竖向地震作用的效应标准值；

$\gamma_G$ ——永久荷载分项系数，按《装配式混凝土结构技术规程》（JGJ 1—2014）第 10.2.2 节规定取值；

$\gamma_w$ ——风荷载分项系数，取 1.4；

$\gamma_{Ev}$ ——竖向地震作用分项系数，取 1.3；

$\gamma_{Eh}$ ——水平地震作用分项系数，取 1.3；

$\psi_w$ ——风荷载组合系数，在持久设计状况下取 0.6，在地震设计状况下取 0.2。

3）持久设计状况和地震设计状况

在持久设计状况、地震设计状况下，进行外挂墙板和连接节点的承载力设计时，永久荷载分项系数 $\gamma_G$ 应按下列规定取值。

（1）进行外挂墙板平面外承载力设计时，$\gamma_G$ 应取 0；进行外挂墙板平面内承载力设计时，$\gamma_G$ 应取 1.2。

（2）进行连接节点承载力设计时，在持久设计状况下，当风荷载效应起控制作用时，$\gamma_G$ 应取 1.2；当永久荷载效应起控制作用时，$\gamma_G$ 应取 1.35；在地震设计状况下，$\gamma_G$ 应取 1.2。在永久荷载效应对连接节点承载力有利时，$\gamma_G$ 应取 1.0。

对外挂墙板进行持久设计状况下的承载力验算时，应计算外挂墙板在平面外的风荷载效应；当进行地震设计状况下的承载力验算时，除应计算外挂墙板平面外水平地震作用效应外，尚应分别计算平面内水平和竖向地震作用效应，特别是对开有洞口的外挂墙板，更不能忽略后者。

承重节点应能承受重力荷载、外挂墙板平面外风荷载和地震作用、平面内的水平和竖向地震作用；非承重节点仅承受上述各种荷载与作用中除重力荷载外的各项荷载与作用。

在一定的条件下，旋转式外挂墙板可能产生重力荷载仅由一个承重节点承担的工况，应特别注意分析。

计算重力荷载效应值时，除应计入外挂墙板自重外，尚应计入依附于外挂墙板的其他部件和材料的自重。

计算风荷载效应标准值时，应分别计算风吸力和风压力在外挂墙板及其连接节点中引起的效应。

对重力荷载、风荷载和地震作用，均不应忽略各种荷载和作用对连接节点的偏心在外挂墙板中产生的效应。

外挂墙板及其连接节点的截面和配筋设计应根据各种荷载作用组合效应设计值中的最不利组合进行。

2. 地震作用

计算水平地震作用标准值时，可采用等效侧力法，并应按下式计算：

$$F_{Ehk} = \beta_E \alpha_{max} G_k \tag{6-9}$$

式中，$F_{Ehk}$ ——施加于外挂墙板重心处的水平地震作用标准值；

$\beta_E$ ——动力放大系数，可取 5.0；

$\alpha_{max}$ ——水平地震影响系数最大值，按表 6-3 采用；

$G_k$ ——外挂墙板的重力荷载标准值。

表 6-3　水平地震影响系数最大值 $\alpha_{max}$

| 抗震设防烈度 | 6 度 | 7 度 | 7 度（0.15g） | 8 度 | 8 度（0.2g） |
|---|---|---|---|---|---|
| $\alpha_{max}$ | 0.04 | 0.08 | 0.12 | 0.16 | 0.24 |

计算竖向地震作用标准值，可取水平地震作用标准值的 0.65 倍。

采用外挂墙板的地震作用计算方法需注意以下几点。

（1）外挂墙板的地震作用应施加于其重心，水平地震作用应沿任一水平方向；

（2）一般情况下，外挂墙板自身重力产生的地震作用可采用等效侧力法计算；除自身重力产生的地震作用外，尚应同时计入地震时支承点之间相对位移产生的作用效应。

### 6.3.4　墙板结构设计

外挂墙板必须满足构件在制作、堆放、运输、施工各个阶段和整个使用寿命期的承载能力的要求，保证强度和稳定性，还要控制裂缝和挠度。

#### 1. 点支承式外挂墙板

根据外挂墙板悬挂方式的不同，外挂墙板节点一般可分为上承式节点及下承式节点两种类型，如图 6-18 所示。一般情况下，外挂墙板与主体结构的连接可设置四个支承点；当下部两点为承重节点时，上部两点宜为非承重节点；相反，当上部两点为承重节点时，下部两点宜为非承重节点。当承重节点多于两个时，按两个考虑。

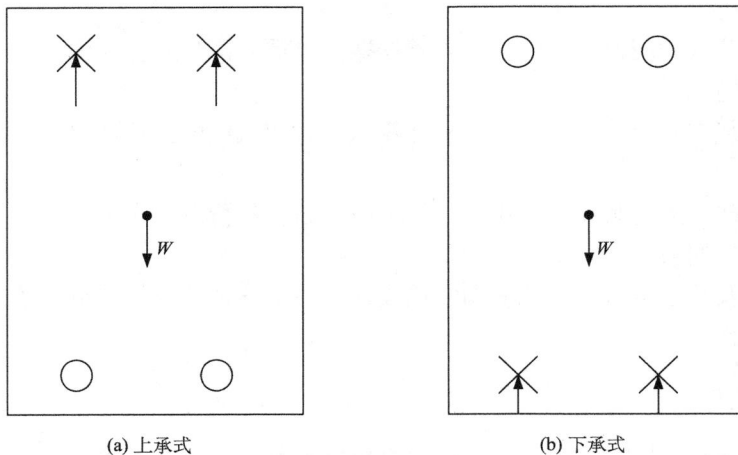

(a) 上承式　　　　　　　　　　　(b) 下承式

图 6-18　点支承式

✕ -承重节点；◯ -非承重节点

通常预制混凝土外挂墙板不参与主体结构受力，而只承受包括自重、风荷载以及地震作用在内的仅作用于墙板本身的荷载。因此，其节点应具有足够的承载力来抵抗由外挂墙板传来的所有荷载。

1）自重作用荷载分析

为了保证外挂墙板可以自由运动，作用于墙板上的竖向荷载均仅由两个节点承受，设计重力荷载时应考虑相应支承合力点与板面形心不重合（产生偏心）时所造成的附加荷载。同时，还需考虑在外挂墙板面层铺装及预埋铁件对混凝土所产生的附加重量。节点在自重作用下的受力简图如图 6-19 所示。图 6-19 中各参数含义见表 6-4。

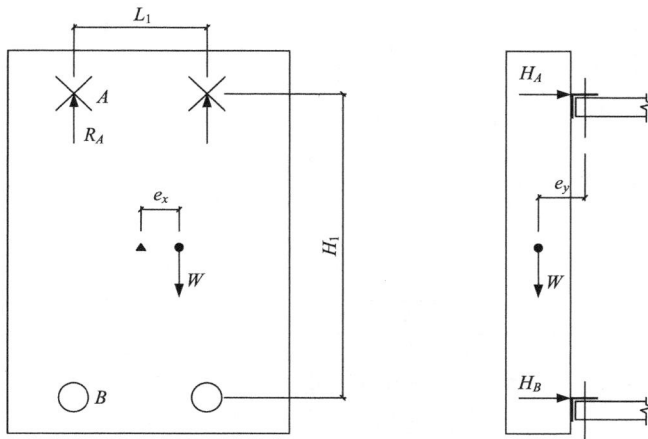

图 6-19　自重作用下节点受力简图

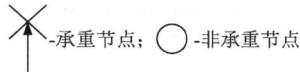

✕-承重节点；◯-非承重节点

表 6-4　重力荷载作用下节点受荷计算公式

| 荷载 | 承重节点 A | 限位节点 B |
|---|---|---|
| 竖向荷载 | $R_A = \dfrac{W}{2} + \dfrac{W \cdot e_x}{L_1}$ | — |
| 面外水平荷载 | $H_A = \dfrac{R_A \cdot e_y}{H_1}$ | $H_B = \dfrac{R_B \cdot e_y}{H_1}$ |

注：$W$ 为墙板自重；$e_x$ 与 $e_y$ 分别为板面形心与合力作用点间的平行于外挂墙板（面内）水平方向及垂直于外挂墙板（面外）水平方向的偏心值；$L_1$ 与 $H_1$ 分别为外接墙板支承节点的水平和铅垂距离。

2）节点所受风荷载标准值

风荷载标准值 $P$ 为

$$P = \beta_{gz} \mu_{s1} \mu_z \omega_0 A_0 \tag{6-10}$$

式中，$\beta_{gz}$——高度 $z$ 处的风振系数；

$\mu_{s1}$——风荷载局部体型系数；

$\mu_z$——风压高度变化系数；

$\omega_0$——基本风压（$kN/m^2$）；

$A_0$——墙板迎风向面积（$mm^2$）。

预制外挂墙板的面外风荷载将由全部节点共同承担，在节点计算中，需考虑由外挂墙板所承受风荷载合力作用点与支承合力点不重合所产生的偏心效应。根据风荷载作用下节点受力简图（图 6-20），节点在风荷载 $P$ 作用下所承受的荷载计算公式见表 6-5。

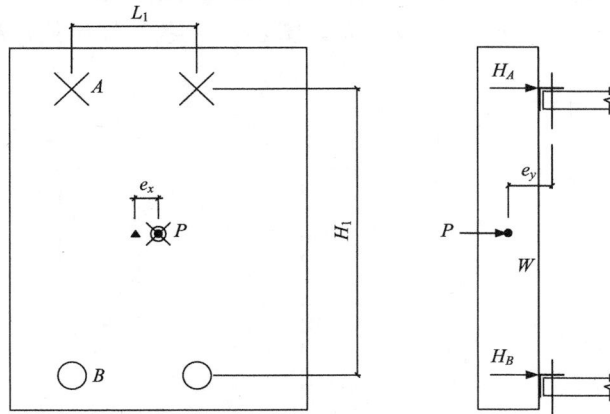

图 6-20　风荷载作用下节点受力简图

✕-承重节点；◯-非承重节点

表 6-5　风荷载作用下节点受荷计算公式

| 荷载 | 承重节点 $A$ | 限位节点 $B$ |
|---|---|---|
| 面外水平荷载 | $H_A = \dfrac{P}{4} \pm \dfrac{P \cdot e_x}{2L_1}$ | $H_B = \dfrac{P}{4} \pm \dfrac{P \cdot e_x}{2L_1}$ |

3）节点所受地震作用标准值

地震作用应分别考虑预制外挂墙板面外水平地震作用、面内水平地震作用以及面内竖向地震作用三种情况，并应考虑其相应偏心作用。在面内地震作用下，外挂墙板可能发生回转，导致短时间内不能由其四点同时承受面内水平地震作用。因此，对于承重节点而言，将其所承受的荷载作用放大两倍，以保证节点的安全。

根据地震作用下节点受力简图（图 6-21～图 6-23），水平（面外、面内）、竖向地震作用标准值为 $F_P$、$F_H$、$F_V$，节点在地震作用下所承受的荷载计算公式见表 6-6。

4）墙板内力分析

墙板在平面外的风荷载和地震荷载作用下的内力分析，可简化为四点支承的简支板力学模型分析。在平面内的力学分析较复杂，建议使用有限元分析，但平面内的工况一般不起控制作用。

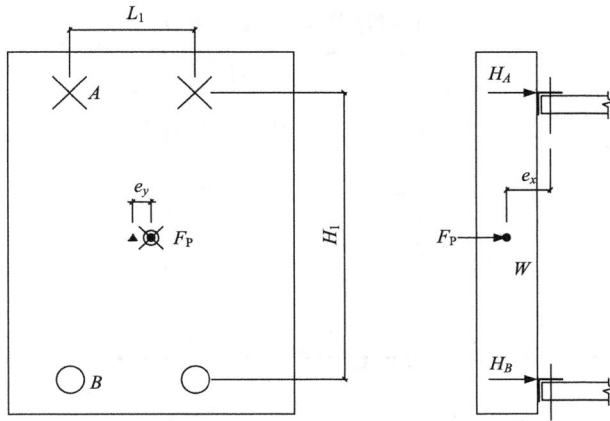

图 6-21　面外水平地震作用下节点受力简图

✕-承重节点；◯-非承重节点

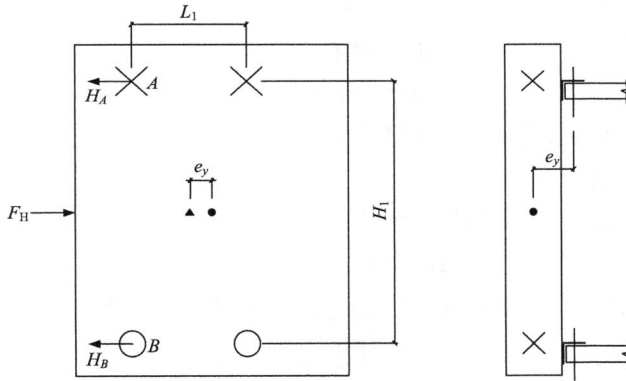

图 6-22　面内水平地震作用下节点受力简图

✕-承重节点；◯-非承重节点

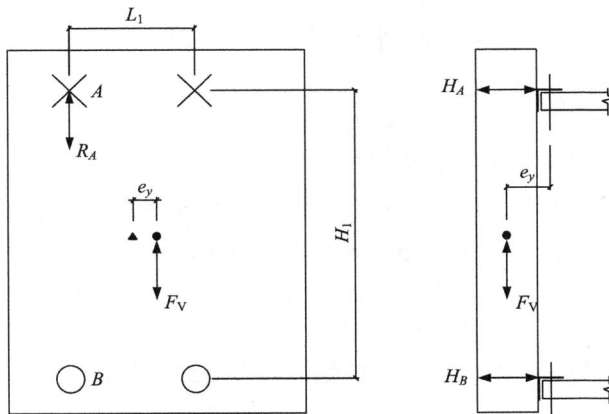

图 6-23　面内垂直地震作用下节点受力简图

✕-承重节点；◯-非承重节点

**表 6-6　地震作用下节点受荷计算公式**

| 地震作用 | 荷载 | 承重节点 $A$ | 限位节点 $B$ |
|---|---|---|---|
| 面外水平地震作用 | 面外水平荷载 | $H_A = \dfrac{F_P}{4} + \dfrac{F_P \cdot e_x}{2L_1}$ | $H_B = \dfrac{F_P}{4} + \dfrac{F_P \cdot e_x}{2L_1}$ |
| 面内水平地震作用 | 面内水平荷载 | $H_A = \dfrac{F_H}{4}$ | $H_B = \dfrac{F_H}{4}$ |
| 面内垂直地震作用 | 竖向荷载 | $R_A = \dfrac{F_V}{2} + \dfrac{F_V \cdot e_x}{L_1}$ | — |
| | 面外水平荷载 | $H_A = \dfrac{F_V \cdot e_y}{H_1}$ | $H_B = \dfrac{F_V \cdot e_y}{H_1}$ |

#### 2. 线支承式外挂墙板

线支承式外挂墙板不仅要对外挂墙板及节点进行承载力验算，还要对连接部位进行罕遇地震作用下的验算。

在罕遇地震作用下，连接部位的验算公式为

$$S_{Gk} + S_{Ehk} + S_{Evk} \leqslant R_k \qquad (6\text{-}11)$$

式中，$R_k$ ——构件或连接的承载力标准值；

$S_{Gk}$ ——永久荷载标准值的效应；

$S_{Ehk}$ ——水平地震作用标准值的效应；

$S_{Evk}$ ——竖向地震作用标准值的效应。

当考虑线支承式外挂墙板与梁连接为固端支承时，连接钢筋面积应满足下式要求：

$$M \leqslant f_y A_s d \qquad (6\text{-}12)$$

式中，$M$ ——按顶端固端支承、底端实际支承、侧边自由的边界条件为计算模型计算的单位长度的弯矩设计值；

$f_y$ ——钢筋抗拉强度设计值；

$A_s$ ——单位长度内连接钢筋的单肢面积；

$d$ ——上下连接钢筋的间距。

线支承式外挂墙板可采用悬挂式的连接构造形式，其底部应设置限位件（图 6-24）。线支承式预制混凝土外挂墙板的风荷载和地震荷载作用下的荷载分析与点支承式一样，但对于墙板的配筋设计和连接节点设计，其计算模型有差异。设计包括两部分：墙板的配筋设计和连接节点设计，由于受力复杂，较难简化，建议采用有限元分析，上端线支承可简化为固端支座，下端限位点在平面外受力可简化为点支承，必要时考虑支座的弹性刚度，平面内受力不作为支座考虑。

对于连接点的验算，上端线支承连接钢筋在多遇地震和设防地震作用下保持弹性，在罕遇地震作用下不屈服。

对于线支承连接钢筋，其所承受的水平和竖向剪力 $V$ 应满足下式要求：

$$V < V_{uE} \qquad (6\text{-}13)$$

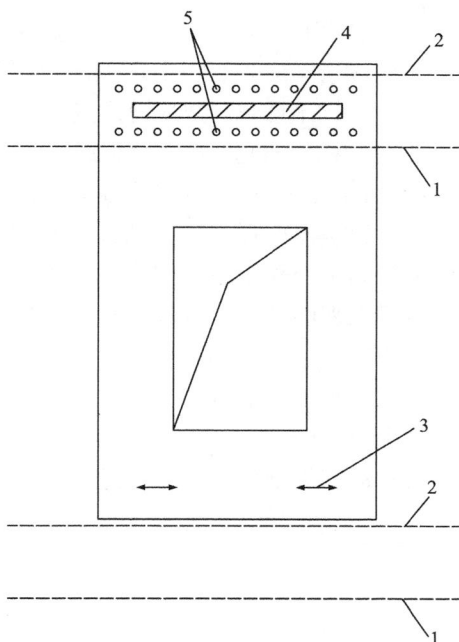

图 6-24　线支承式外挂墙板及其连接形式示意图
1-主体结构梁底；2-主体结构梁顶；3-墙板下端限位点；4-剪力键槽；5-连接钢筋

多遇地震和设防地震作用下，墙板上部线支承竖向接缝的受剪承载力设计值 $V_{uE}$ 为

$$V_{uE} = 1.65 A_{sd} \sqrt{f_c f_y} \tag{6-14}$$

罕遇地震作用下，$V_{uE}$ 为

$$V_{uE} = 1.65 A_{sd} \sqrt{f_{ck} f_{yk}} \tag{6-15}$$

式中：$A_{sd}$——线支承连接钢筋面积，其他参数按《混凝土结构设计规范》（GB 50010—2010）（2015 年版）确定。

下部限位件按《钢结构设计标准》（GB 50017—2017）有关规定设计。

3. 墙板构造设计

根据我国吊车的起重能力、卡车的运输能力、施工单位的施工水平以及连接节点构造的成熟程度等，目前还不宜将构件做得过大。构件尺度过长或过高，如跨越两个层高后，主体结构层间位移对外挂墙板内力的影响较大，有时甚至需要考虑构件的二阶效应。

预制墙板最小厚度考虑了预制外墙的防水构造做法以及侧面的排水导流槽、施工制作、吊装、运输、安装等因素，所以外挂墙板的高度不宜大于一个层高，厚度不宜小于 100mm。对于夹心墙板，其内、外叶墙板的厚度都不应小于 50mm。

外挂墙板由于受到平面外风荷载和地震作用的双向作用，应双层、双向配筋，且内外层、竖向与水平向配筋均应满足最小配筋率的要求。因此，混凝土外挂墙板宜采用双层、双向配筋，配筋率不应小于 0.15%，且钢筋直径不宜小于 5mm，间距不宜大于 200mm。

　　外挂墙板门窗洞口边由于应力集中，应采取防止开裂的加强措施。对开有洞口的外挂墙板，应根据外挂墙板平面内水平和竖向地震作用效应设计值，对洞口边配加强钢筋并进行配筋计算。混凝土外挂墙板开洞口处应在角部配置斜向加强筋，在外墙两侧各配不少于 2 根直径 12mm 的钢筋，加强筋伸入洞口角部两侧长度应满足钢筋锚固长度的要求（图 6-25）。

　　外挂墙板的饰面可以有多种做法，应根据外挂墙板饰面的不同做法，确定其钢筋混凝土保护层的厚度。当外挂墙板的饰面采用表面露出不同深度的骨料时，其最外层钢筋的保护层厚度，应从最凹处混凝土表面计起。外挂墙板最外层钢筋的混凝土保护层厚度除有特殊要求外，应符合下列规定。

　　（1）对石材或面砖饰面，不应小于 15mm；

　　（2）对清水混凝土，不应小于 20mm；

　　（3）对露骨料装饰面，应从最凹处混凝土表面计起，且不应小于 20mm。

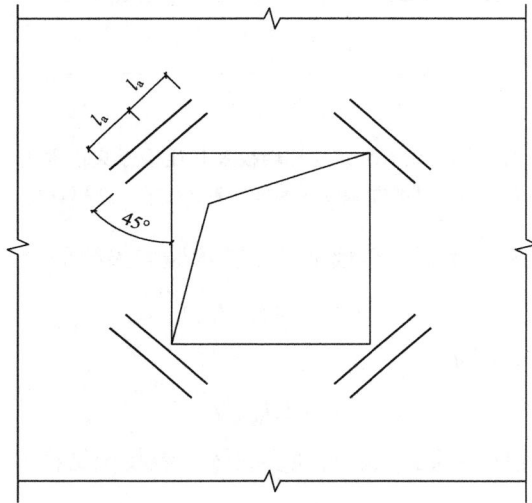

图 6-25　外墙洞口加强钢筋构造示意图

# 第7章 立体构件设计

装配式建筑混凝土预制构件中除了水平构件和竖向构件外，还有立体构件，前两者属于一维和二维构件，而后者属于三维构件。目前预制立体构件主要有预制楼梯、预制卫生间和预制厨房等，随着装配式建筑技术的不断发展，未来可能会有更多的立体构件类型。这里主要介绍预制楼梯、预制整体卫生间和预制整体厨房三种立体构件。

## 7.1 预制楼梯设计

预制楼梯（图 7-1）是最能体现装配式优势的 PC 构件之一。传统现浇楼梯支模方式复杂，现场绑扎钢筋用工多，现浇混凝土不仅费工费时，而且很难保证楼梯踏步的完成面质量。在工厂预制楼梯远比现浇方便，成品也更精致，安装后马上就可以使用，给工地施工带来了很大的便利，还可提高施工速度和安全性。因此，对于发展房屋类预制构件而言，预制装配式混凝土楼梯具有显著的优势。

图 7-1 预制楼梯梯段板

### 7.1.1 预制楼梯的分类

1. 按照建筑功能分类

装配式混凝土楼梯按建筑功能一般可简单分为预制单跑楼梯、双跑楼梯、多跑楼梯、交剪楼梯、旋转楼梯、弧形楼梯等多种类型。预制单跑楼梯、双跑楼梯、交剪楼梯在普通住宅中比较常见。预制装配式楼梯、梯台施工方法不仅比现场浇筑的传统方法节省模板，工期更短，而且预制楼梯梯段的预制工艺水平远比现场施工精准优良，无须二次水泥砂浆抹面，视觉感官良好。总体来说，预制楼梯构件质量要优于现场浇筑的质量。

**2. 按照预制楼梯结构特点**

一般从结构上考虑，仅把预制楼梯看作功能性构件存在，其本身并不参与主体结构计算，设计荷载和地震力是由周围的墙、梁等主体结构来承担的。这种设计思路的意义在于保证主体结构的独立性，简化装配式楼梯的支座安装节点，能够实现干法施工，真正体现装配式优势。预制楼梯按照自身的结构类型可分为以下两类。

**1）板式预制楼梯**

板式预制楼梯是把预制楼梯当作一块板考虑，板的两端支撑在休息平台的边梁上，休息平台的边梁支撑在墙上，结构关系简单。板式预制楼梯的水平投影长度控制在≤3m、板厚≤120mm 时，比较经济合理。

**2）梁式预制楼梯**

梁式预制楼梯是将踏步板支撑在两条斜梁上，斜梁支撑在平台梁上，平台梁再支撑在墙上。梁式预制楼梯的水平投影长度>6m 时比较实用，板厚控制在 80～100mm，这样的设计可以有效减轻预制楼梯自重，而不影响施工塔吊的选型，对于一般 6m 跨度剪刀梯，按 1.2m 宽设计，可以将重量控制在 4.0t 以下。

## 7.1.2　预制楼梯与支承构件的连接节点

楼梯作为竖向疏散通道，是建筑物中的主要垂直交通空间，是重要的安全疏散通道。在火灾、地震等危险情况下，楼梯间疏散能力的大小直接影响着人民生命的安全。2008 年汶川地震、大量震害资料显示了楼梯的重要性。楼梯不倒塌就能保证人员有疏散通道，更大程度地保证人民生命安全。《建筑抗震设计规范》（GB 50011—2010）（2016 年版）第 6.1.15 节规定："楼梯构件与主体结构整浇时，应计入楼梯构件对地震作用及其效应的影响，应进行楼梯构件的抗震承载力验算；宜采取构造措施，减少楼梯构件对主体结构刚度的影响。"采取构造措施，减少楼梯对主体结构的影响是目前设计行业最简便、可行、可控的方法。

根据国家建筑标准设计图集《装配式混凝土结构连接节点构造（楼盖结构和楼梯）》（15G310-1），预制混凝土楼梯与现浇楼梯平台的连接方式分为三种：①高端固定铰支座，低端滑动铰支座（图 7-2）；②高端固定支座，低端滑动支座（图 7-3）；③两端固定支座（图 7-4）。

聚苯板填充
表面由建筑设计处理

≥30    ≥5d

梯板预留孔2个，孔径≥50
孔边加强筋$A_{s1}$，由设计确定
预制梯板

≥12d

20

叠合或现浇
平台板

叠合或现浇梯梁

≥6d

h

≥200

水泥砂浆

挑耳预留C级螺栓$A_{sd}$
由设计确定
螺栓下端设钢筋锚固板

留缝内不填充材料
表面由建筑设计处理

≥200

固定螺母
垫片

d    ≥5d

≥60

预制梯板

≥10d

20

空腔

≥6d

h

水泥砂浆

隔离层
材料由设计指定

≥$\Delta u_p$+50

挑耳预留C级螺栓$A_{sd}$
由设计确定
螺栓下端设钢筋锚固板

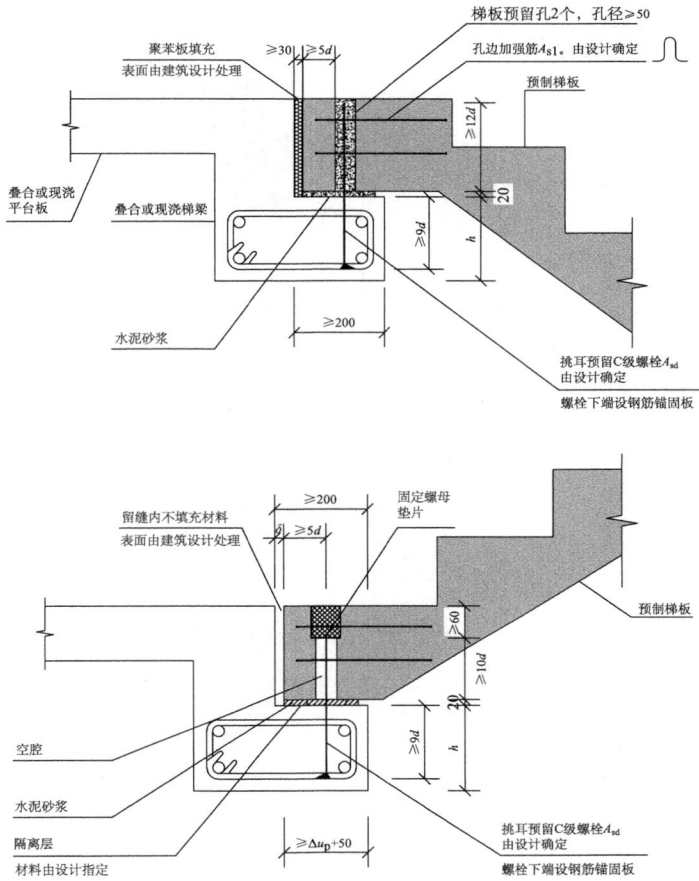

图 7-2　高端固定铰支座，低端滑动铰支座

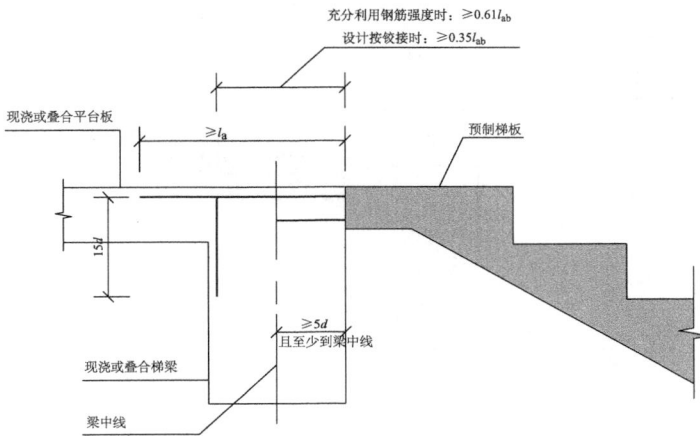

充分利用钢筋强度时：≥0.61$l_{ab}$
设计按铰接时：≥0.35$l_{ab}$

现浇或叠合平台板

≥$l_a$

预制梯板

15d

≥5d
且至少到梁中线

现浇或叠合梯梁

梁中线

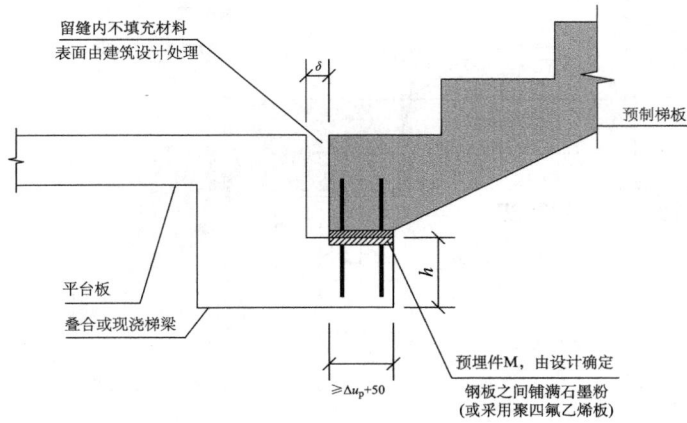

图 7-3 高端固定支座，低端滑动支座

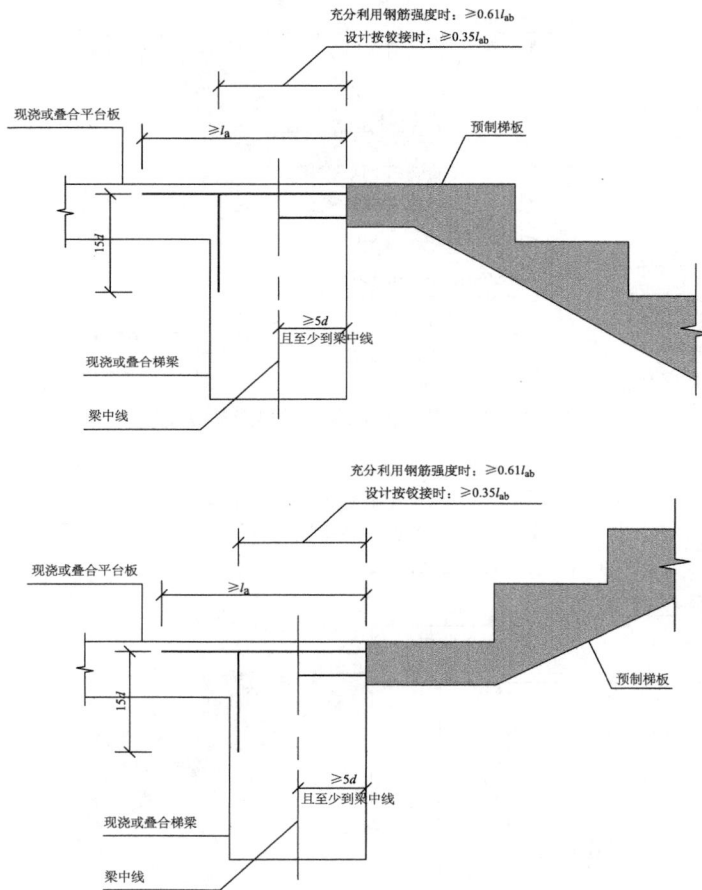

图 7-4 两端固定支座

连接方式①为国家建筑标准设计图集《预制钢筋混凝土板式楼梯》（15G367-1）所采用的连接方式，亦是《装配式混凝土结构技术规程》（JGJ 1—2014）推荐的连接方式。

梯段板按简支计算模型考虑，楼梯不参与整体抗震计算。构件制作时，梯板上下端各预留两个孔，不需预留胡子筋，成品保护简单。该方式应先施工梁板，待现场楼梯平台达到强度要求后再进行构件安装，梯板吊装就位后采用灌浆料灌实除空腔外的预留孔，施工方便快捷。

连接方式②与传统现浇楼梯的滑移支座相似，楼梯不参与整体抗震计算，上端纵向钢筋需要伸出梯板，要求楼梯预制时在模具两端留出穿筋孔，使得构件加工时钢筋入模、出模以及运输、堆放、安装困难。施工时，需先放置楼梯，待楼梯吊装就位后，绑扎平台梁上部受力筋，现场施工不方便。

连接方式③类似于楼梯与主体结构整浇，需考虑楼梯对主体结构的影响，尤其是框架结构，楼梯应参与整体抗震计算，并满足相应的抗震构造要求。该形式楼梯上下端纵向钢筋均伸出梯板，制作、运输、堆放、安装和施工困难。

综合考虑构件制作、成品保护、现场安装等因素，连接方式①具有较大优势，在工程项目中使用最广泛。下节将基于连接方式①进行讨论。

### 7.1.3　预制楼梯结构设计

《装配式混凝土结构技术规程》（JGJ 1—2014）要求：预制楼梯作为预制构件，其结构设计主要考虑以下三种工况。

（1）对持久设计状况，应对预制构件进行承载力、变形、裂缝控制验算；

（2）对地震设计状况，应对预制构件进行承载力验算；

（3）对制作、运输和堆放、安装等短暂设计状况下的预制构件验算，应符合现行国家标准《混凝土结构工程施工规范》（GB 50666—2011）的有关规定。

前两种工况与传统现浇楼梯相同，短暂设计工况因混凝土强度、受力状态、计算模式与使用阶段不同，亦可能对构件设计起控制作用，不可忽略。

#### 1. 预制楼梯持久设计工况计算

持久设计工况下，应对预制楼梯进行承载力极限状态和正常使用极限状态计算。对采用连接方式①的预制楼梯，梯段板两端无转动约束，支承构件仅受梯段板传来的竖向力，其梯段板按两端铰接的单向简支板进行计算，计算简图见图 7-5，跨中弯矩按下式计算：

$$M_{\max} = Pl_0^2/8 \tag{7-1}$$

式中，$M_{\max}$——斜板跨中最大弯矩设计值；

$P$——斜板在水平投影面上的垂直均布荷载设计值；

$l_0$——斜板的水平投影计算长度。

此外，预制楼梯还需按受弯构件验算裂缝和挠度，裂缝控制等级为三级，最大裂缝宽度限值为 0.3mm；计算梯段板挠度时，应取斜向计算长度 $l_0'$ 及沿斜向的垂直均布荷载 $p_x'$，挠度限值为 $l_0'/200$。

支承预制楼梯的挑耳，持久设计工况下仅承受梯板传来的竖向荷载，按牛腿进行设计。

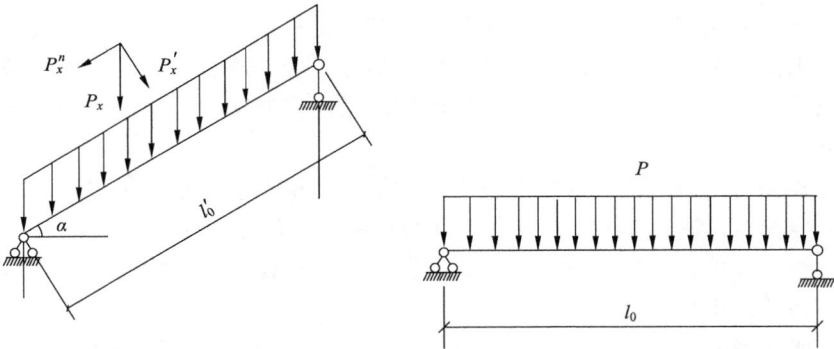

图 7-5　预制楼梯计算简图

### 2. 预制楼梯地震设计工况计算

#### 1）地震作用计算

预制楼梯的地震作用主要是由自身质量产生的惯性力，可采用简化的等效侧力法进行计算，参考外挂墙板地震作用的计算公式：

$$F_{Ek} = \beta_E \alpha_{max} G_k \tag{7-2}$$

式中，$F_{Ek}$ ——施加于预制楼梯重心处的水平地震作用标准值；

$\beta_E$ ——动力放大系数，可参考外挂墙板取 5.0；

$\alpha_{max}$ ——水平地震影响系数最大值；

$G_k$ ——预制楼梯的重力荷载标准值。

#### 2）固定铰支座承载力计算

预制楼梯采用连接方式①时，地震作用产生的水平剪力 $F_{Ek}$ 由高端固定铰支座传递给梯梁，低端滑动铰支座仅产生变位，不承受水平剪力。高端固定铰支座共设置 2 个预埋螺栓，则每个螺栓所受水平地震剪力设计值为

$$V = F_{Ek} \gamma_E / 2 \tag{7-3}$$

式中，$V$ ——每个螺栓承受的水平地震剪力设计值；

$\gamma_E$ ——地震作用分项系数，取 1.3。

预埋螺栓的受剪承载力设计值应满足 $N_v^b \geqslant V$，由此计算确定螺栓大小和材质。

地震设计工况下，高端梯梁上的挑耳承受竖向荷载及水平剪力，按牛腿进行验算，结合持久设计工况计算结果，按不利情况配筋。

#### 3）滑动铰支座水平位移计算

预制楼梯抗震设计时，滑动支座端不但要留出足够的位移空间，还要采取必要的连接措施，防止位移过大时楼梯从支承构件上滑落。根据不同结构体系在罕遇地震作用下弹塑性层间位移角限值的规定，预制楼梯的最大水平位移量可按下式计算：

$$\Delta u_p = [\theta_p] h \tag{7-4}$$

式中，$\Delta u_p$ ——预制楼梯最大水平位移值；

$[\theta_p]$——弹塑性层间位移角限值；

$h$　——预制楼梯的梯段高度。

设计时，应注意以下几点：①预制梯板与梯梁之间的留缝宽度 $\delta$ 应大于 $\Delta u_p$，缝内不填充或填充柔性材料保证位移空间；②预留孔洞大小应满足位移要求，考虑地震方向不确定性，孔洞直径 $D$ 应大于 $d + \Delta u_p$；③支座搁置长度应大于 $\Delta u_p + 50$ 及规范中最小搁置长度；④梯梁挑耳宽度应大于 $\delta + \Delta u_p + 50$ 及 200 mm。

3．预制楼梯短暂设计工况验算

预制楼梯在生产、施工过程中应按实际工况的荷载、计算简图、混凝土实体强度进行短暂设计工况验算，脱模方式及吊装形式应由各单位协商确定。

1）脱模验算

预制楼梯模具通常有立式和卧式两种，设计时应根据实际生产设备和工艺情况进行脱模计算。采用立模生产工艺时，构件表面平整光滑，构件达到强度后拆模，无须进行脱模计算，仅在侧边埋设起模吊点，脱模验算时采用的等效静荷载标准值为构件自重标准值乘以动力系数 1.5。采用卧模生产工艺时，脱模验算采用的等效静荷载标准值取构件自重标准值乘以动力系数后与脱模吸附力之和，且不宜小于构件自重标准值的 1.5 倍。脱模时，构件混凝土强度应达到设计强度等级的 75%，且不应小于 $15\text{N/m}^2$，在脱模过程中构件不产生裂缝，即满足 $\delta_{ct} \leqslant f'_{tk}$。

2）吊装验算

为便于预制楼梯的安装施工，在楼梯正面设置 4 个吊点，可近似设置在楼梯 1/4 长度的踏步中间位置，见图 7-6。吊装验算时，等效静力荷载标准值取构件自重标准值乘以动力系数 1.5，按等代梁模型对纵向配筋进行验算。等代梁的宽度取楼梯一半宽度，按图 7-7 所示的计算简图进行验算，使得梯板配筋能满足吊装阶段要求。

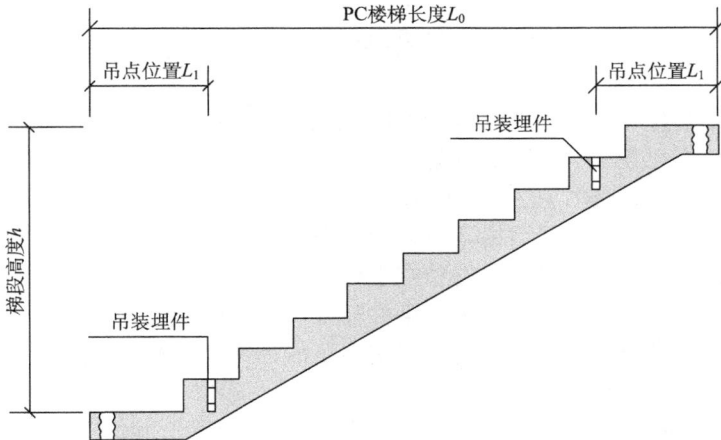

图 7-6　吊点位置示意图

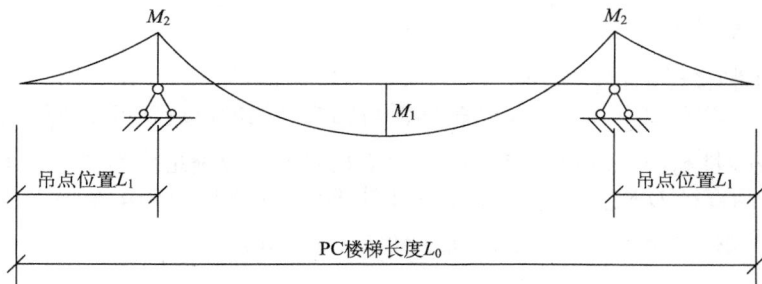

图 7-7　吊装验算

### 7.1.4　预制混凝土楼梯的构造要求

按照现行规范和图集，预制楼梯采用连接方式①时，除满足计算要求外，还需满足以下规定。

（1）预制楼梯梯板的厚度不宜小于 120mm。

（2）预制楼梯板底应配置通长的纵向钢筋；板面宜配置通长的纵向钢筋，配筋率不宜小于 0.15%，分布钢筋的直径不宜小于 8mm，间距不宜大于 250mm。

（3）预制楼梯端部在支承构件上的最小搁置长度应符合表 7-1 的规定。预制楼梯设置滑动铰的端部应采取防止滑落的构造措施。

表 7-1　预制楼梯端部在支承构件上的最小搁置长度

| 抗震设防烈度 | 6 度 | 7 度 | 8 度 |
|---|---|---|---|
| 最小搁置长度/mm | 75 | 75 | 100 |

此外，预制楼梯设计时，因梯梁处设置挑耳，需注意挑耳对梯段处净高的影响。

## 7.2　预制整体卫生间设计

在《装配式混凝土建筑技术标准》（GB/T 51231—2016）中，预制整体卫生间又称为集成式卫生间，指由工厂生产的楼地面、墙面（板）、吊顶和洁具设备及管线等集成并主要采用干式工法装配而成的卫生间。目前我国常用的预制整体卫生间以防水底盘、墙板、顶盖构成整体框架，在工厂采用模具将复合材料一次性压制成型，再与各种洁具及功能配件组合，形成具有一定规格尺寸的独立卫生间模块化产品。与采用传统做法现场施工的卫生间相比，整体卫生间的工厂生产条件较好、质量管理措施完善，可有效提高建筑质量和施工效率，降低建造成本，同时也实现了成品化，将质量责任划清，便于工程质量管理以及保险制度的实施。

预制整体卫生间在我国装配式建筑体系中属于标准化的内装部品，为非结构构件。预制整体卫生间整个结构体自成体系，不需依靠另外的结构支撑墙，既可以用轻质板如石膏板做围护墙板，又可以利用原来的毛坯墙体。《装配式整体卫生间应用技术标准》（JGJ/T 467—2018）规定，整体卫生间壁板与其外围合墙体之间应预留一定的安装尺寸，因此会浪费一些户内的使用空间。

　　在新加坡、中国香港等地，历经几代产品的更新优化，预制整体卫生间已不仅仅是内装部品，而是采用混凝土预制而成、卫生间墙体与结构墙体二合一，现场采用现浇混凝土与其他结构连接成整体，在提高施工效率的同时，大大减少了户内使用空间的浪费，满足当地市场的需求。图 7-8 为香港有利集团最新一代应用于装配式建筑中的预制整体卫生间。该整体卫生间具有以下特点。

（1）整体卫生间为具有底板和顶板的箱体结构；

图 7-8　预制整体卫生间

（2）整体卫生间顶板为半结构板；

（3）整体卫生间部分墙体为结构墙；

（4）整体卫生间在楼板浇筑后进行现场吊装，在主体结构墙施工时进行固定，通过现浇混凝土与其他结构墙连接。

　　图 7-9 为该类型预制整体卫生间部分结构平面图及剖面图。

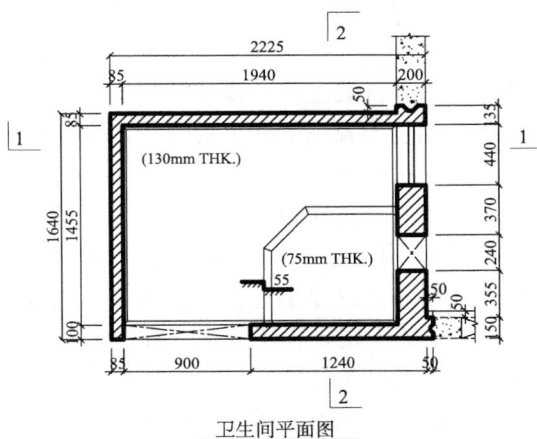

卫生间平面图

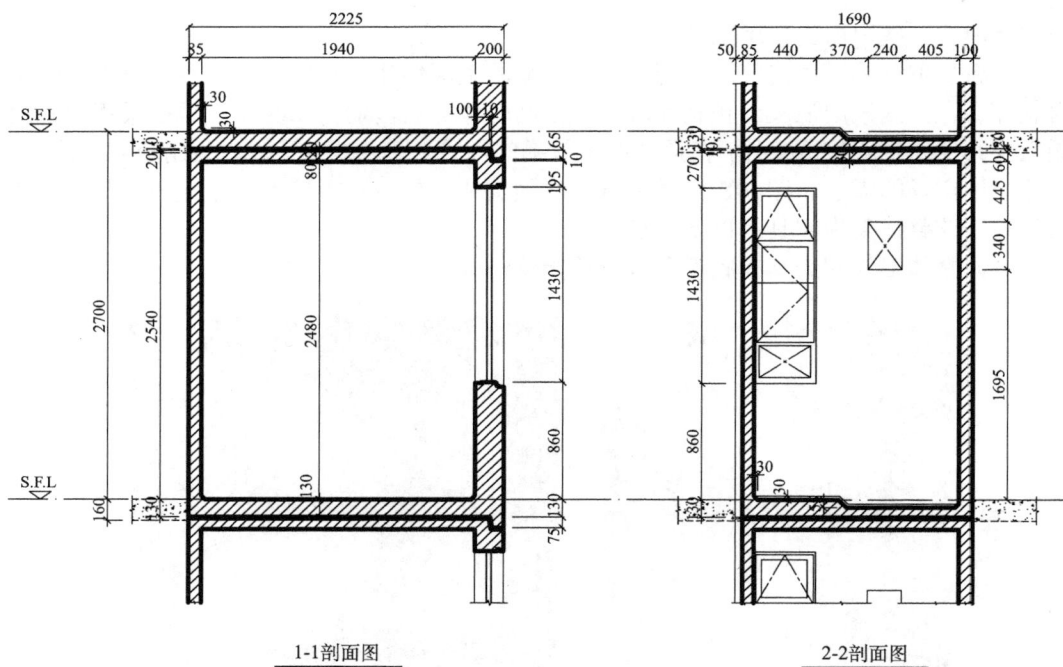

1-1剖面图　　　　　　　　　　　　　2-2剖面图

图 7-9　预制整体卫生间结构图

THK.-板厚；S.F.L-楼面标高

## 7.3　预制整体厨房设计

在《装配式混凝土建筑技术标准》（GB/T 51231—2016）中，预制整体厨房又称为集成式厨房，指由工厂生产的楼地面、吊顶、墙面、橱柜和厨房设备及管线等集成并主要采用干式工法装配而成的厨房。

与预制整体卫生间相同，预制整体厨房在我国装配式建筑体系中也属于标准化的内装部品，为非结构构件。《装配式整体厨房应用技术标准》（JGJ/T 477—2018）也规定，装配式整体厨房是装配式建筑装饰装修的重要组成部分，其设计应按照标准化、系列化的原则，实现在制作和加工阶段全部装配化。虽然国家已发布技术标准指导预制整体厨房的工程应用，但由于厨房在功能上较卫生间更为复杂，设施设备更为繁多，受使用者喜好不同的影响更大，目前国内市场鲜有应用。

在我国香港地区，目前由政府投资建设的公租房广泛使用预制整体厨房，且与预制整体卫生间相同，预制整体厨房不仅仅是内装部品，而是采用混凝土预制而成、厨房墙体与结构墙体二合一，现场采用现浇混凝土与其他结构连接成整体，在提高施工效率的同时，大大减少了户内使用空间的浪费，满足当地市场的需求。图 7-10 为香港有利集团最新一代应用于装配式建筑中的预制整体厨房，具有与预制整体卫生间相同的特点。

图 7-11 为该类型预制整体厨房部分结构平面图及剖面图。

图 7-10　预制整体厨房

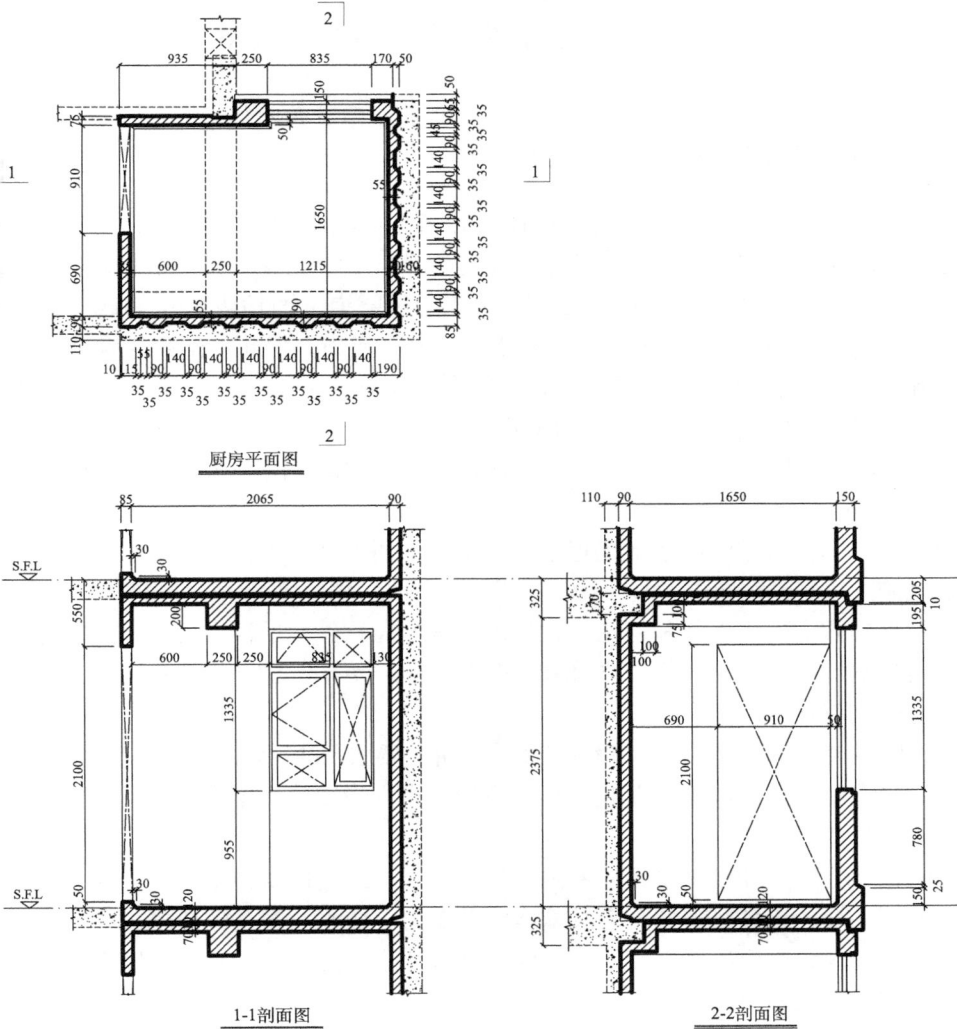

厨房平面图

1-1剖面图

2-2剖面图

图 7-11　预制整体厨房结构图

# 第8章　地下隧道盾构管片设计

盾构法是城市轨道、高速公路、高速铁路及市政工程等地下隧道最为常用的一种施工方法。盾构隧道通常采用预制整体装配式衬砌结构，该隧道衬砌结构采用的是通用性管片，因此盾构衬砌结构属于一种典型的装配式建筑类型。盾构管片是盾构施工的主要装配预制构件，具有通用性和重复性，当然也是一种典型的预制构件。本章主要介绍盾构管片的设计。

## 8.1　管片设计的基本原则与思路

### 8.1.1　管片设计的基本原则

隧道是典型的地质工程，围岩的性质直接决定隧道稳定性和隧道的施工方法与施工工艺，盾构隧道支护结构管片设计应充分考虑场地的工程地质条件和水文地质条件，目前盾构隧道多用于城市地铁工程，需要考虑隧道上面地表建筑物载荷作用及浅表地下各种管线安全，其支护结构要有足够的承载能力。因此，在管片设计中要考虑管片的配筋、混凝土及接头强度。在确定隧道盾构施工方法以后，综合考虑场地工程地质条件及水文地质条件，进行盾构隧道直径、环片分块和管片设计。管片设计的基本原则是在保证隧道结构性能安全的前提下，要满足隧道使用功能。盾构隧道设计的基本原则如下。

（1）充分掌握隧道沿线场地工程地质和水文地质条件及周围环境条件，确定隧道施工方法及施工工艺。

（2）根据隧道使用功能和施工工艺要求，确定盾构结构的净空尺寸，同时考虑施工误差、结构变形和位移的影响。结构综合净空余量：按半径方向采用100mm。在此基础上，确定隧道直径。

（3）根据隧道所选择的盾构机特点和管片拼装要求，进行管片分块，确定管片形状。

（4）根据基本荷载、施工荷载大小及环境要求，确定管片厚度、管片宽度、管片分块形式，分析其适用性。

（5）在管片的尺寸设计中还应考虑制作、吊装、运输以及施工的安全和方便。

（6）接头设计应满足安装受力及基本荷载受力、防水、耐久性要求。

（7）管片设计中应考虑抗震性，适当提高管片承载力，对于地震烈度大于等于8度区场地要进行地震动效应分析。

　　（8）根据隧道场地地下水腐蚀性及隧道用途，给出相应措施，进行抗腐蚀设计。

　　（9）螺栓设计中除了应满足连接管片环的抵抗环向拉应力及切向剪应力要求，还要确保安装方便可靠。

　　在设计中，依据预定施工方法，采用选定构件的类型及材料，根据实际工程经验和技术理论确定作用荷载种类及大小，建立盾构隧道地质模型及结构模型，通过解析法求解或数值模拟计算结构受力及变形，进行施工及使用期的稳定性及安全性评价。

　　另外在盾构隧道设计中要求隧道上方覆土厚度不宜小于一倍隧道外轮廓直径，如特殊地段埋深较浅时，应采取相应加固保证措施。同时在盾构法施工的平行隧道之间要有一定的净间距，主要根据工程地质条件、埋置深度、盾构类型等因素确定，一般不宜小于一倍隧道外轮廓直径。当因功能需要或其他原因不能满足上述要求时，应在设计和施工中采取必要的加固措施。

　　近年来，以混凝土结构物为中心，其设计方法在向极限状态设计法和性能验算设计法转变，考虑到这种情况，本章主要以极限状态设计法为主。在极限状态设计法中对结构物的承载力、耐久性等使用性能分别设定安全系数进行验算，从此观点出发，可以明确结构物对某种状态是否具有富余。从这种意义上说，它是一种合理的设计方法。不过，在衬砌设计中，要在正确把握荷载和隧道破坏机理的基础上，对隧道的极限状态进行明确的定义是很困难的，这一设计方法是值得进一步研究的课题。

## 8.1.2　管片设计思路

　　管片设计主要从隧道横断面和纵断面两个方面进行。一般来说，管片设计断面取决于横断面方向的设计。

　　关于构件管片的设计主要包括主断面、管片接头、环间接头等部分。在这些构件设计中，要计算横断面方向上与纵断面方向上的结构断面内力，以及作为施工荷载的千斤顶推力引起的断面内力。这里主要介绍混凝土管片设计。其中接头形式以《预制混凝土衬砌管片》（GB/T 22082—2017）中具有代表性的由短螺栓及钢接头板组成的螺栓接头结构作为研究对象。对这以外的管片及接头形式，要在充分考虑其结构特点的基础上，应用于那些可适用的项目。在钢铁管片构件设计中，多对环肋、面板中与有效宽度相当的部分、管片接头、环间接头、纵肋进行设计。另外，在混凝土管片设计中，多以主断面、管片接头及环间接头为对象来进行设计。

　　具体设计思路如图 8-1 所示。

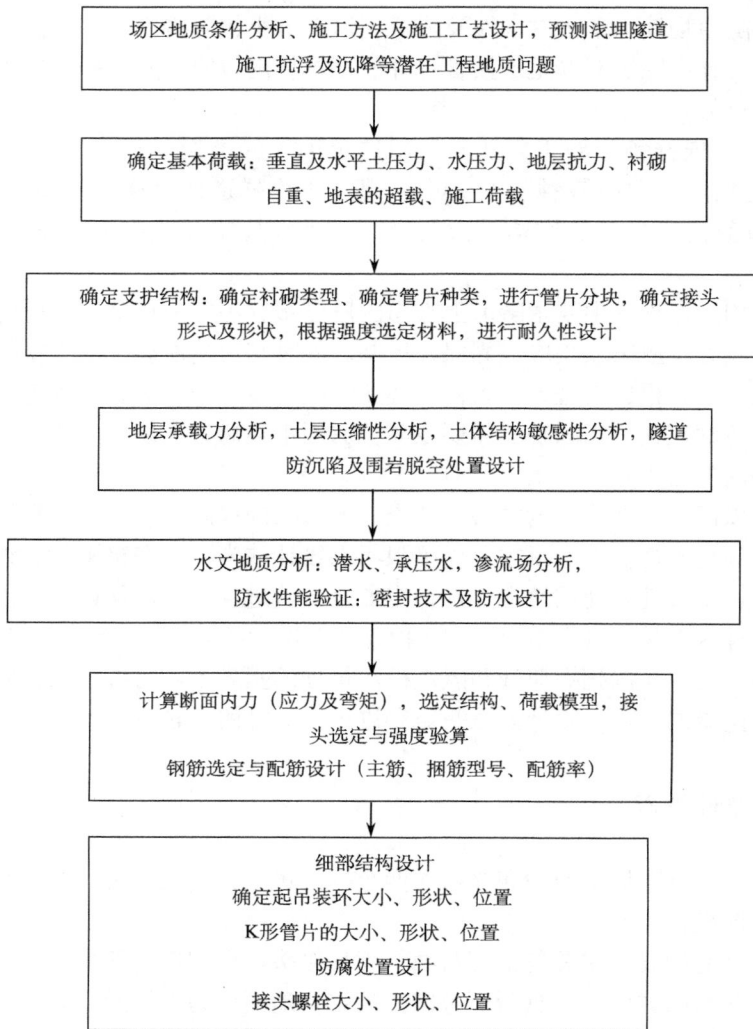

图 8-1 盾构隧道支护结构混凝土管片设计思路

## 8.2 管片的种类及选定

### 8.2.1 管片的种类

盾构隧道的衬砌一般是在隧道的横断面方向和纵断面方向上通过螺栓接头,将由工厂预制的环状箱形或者环状板形的管片拼装成管环及整体支护结构。从材质出发,管片可以分为混凝土管片、钢管片、球墨铸铁管片及用这些材料制作的合成管片,详见表 8-1。

表 8-1　管片的种类

| 种类 | 材质 | 断面形状 | 备注 |
|---|---|---|---|
| 混凝土管片 | 钢筋混凝土<br>预应力混凝土 | 平板形 | 代替钢筋，也有使用扁钢 |
| | 钢纤维加固混凝土 | 箱形 | "中"字形管片 |
| 钢管片 | 钢材 | 箱形 | 在一些接口较为复杂段使用，如输水隧道与取水口对接处宜使用钢管片 |
| | 钢材+素混凝土 | 平板形 | 充填混凝土钢管片 |
| 铸铁管片 | 球墨铸铁 | 箱形 | |
| | 球墨铸铁+素混凝土 | 波纹形 | |
| 合成管片 | 钢材+钢筋混凝土 | 平板形 | |
| | 钢材+素混凝土 | 平板形 | |

不同管片的特点如下。

1）混凝土管片

混凝土管片如图 8-2 所示。因混凝土管片具有承载能力大、价格相对低廉等优点，在中型以上大口径隧道中被广泛应用。它的突出优点：具有很好的耐久性能，强度及刚度大，且具有良好的防水性能。当然混凝土管片也有它的缺点：混凝土管片重量大，施工拼接时较为笨重，抗拉强度低，管片边缘容易破损，因此在脱模、运输及施工时需要加佶小心。

图 8-2　地铁盾构隧道混凝土管片

2）钢管片

钢管片是一种箱形管片。钢管片多用在直径较小的隧道上，具有制作速度快、承载力大、现场拼装方便、施工速度快等优点，在一些大直径隧道混凝土管片应用比较困难的地段多有应用。例如，江苏省某发电厂的输水隧道取水段因其连接取水口需要采用钢管片。

3）铸铁管片

铸铁管片主要采用球墨铸铁进行制作。该管片强度高，接头板精度高，不容易发生变形。采用该管片作为支护结构，其隧道具有较好的密封性和防水性。

球墨铸铁是 20 世纪 50 年代发展起来的一种高强度铸铁材料，其综合性能接近于钢，正是基于其优异的性能，已被成功地用于铸造一些受力复杂和强度、韧性、耐磨性要求较高的构件。球墨铸铁应用十分广泛，已迅速发展为仅次于灰铸铁的铸铁材料。所谓"以铁代钢"，这里的铁主要指球墨铸铁。球墨铸铁是通过球化和孕育处理得到球状石墨，有效地提高了铸铁的机械性能，特别是提高了塑性和韧性，其强度比碳钢还高。

4）合成管片

由钢材面板与钢筋混凝土或钢材面板与素混凝土合成的构件，该类管片具有强度高、抗变形能力强、接头平整、易于拼装等优点。但其造价相对较高，一般用于形态复杂、拼装难度大的特殊部位。

管片按照水平投影形状可以分为矩形、梯形、楔形、六边形、菱形、箱形等类型。多数采用矩形管片，偶有采用菱形管片，如山西省万家寨某隧道采用的菱形管片。

管片按照断面形式的不同可以分为箱形、平板形及波纹形等。

管片按在每一环中拼接所起的作用还可以分为楔形管片和通用管片。

1）楔形管片

楔形管片是具有一定锥度的管片，也称为楔形管环。一般来说，楔形管片用于隧道的转弯和纠偏。在隧道管片拼装时，根据隧道线路的走向，直线段采用标准环管片，曲线段采用楔形管片。

用于隧道转弯的楔形管片由管片的外径和相应的施工曲线半径而定，因此楔形管片构成的楔形环有最大宽度和最小宽度，楔形环的楔形角由标准管片的宽度、外径和施工曲线的半径而定。采用这类管片时，至少需三种管模，即标准环管模、左转弯环管模、右转弯环管模。

2）通用管片

通用管片是针对同一条等直径隧道而言的。该管片既适用于直线段隧道，也适用于不同半径的曲线段隧道。所谓通用就是把楔形管环实施组合优化，使得楔形管环能适用于不同曲率半径的隧道。

通用管片适用于所有单圆盾构施工的隧道工程，即通过通用管片的有序旋转可完成直线段和不同半径的曲线段以及空间曲线段。在隧道的实际设计过程中，通用管片夏适用于轴线存在较多曲线段以及空间曲线段的隧道。采用通用管片的优点在于：设计图纸简捷、施工方便，在管片制作中可以大大减少钢模的品种，有效降低工程造价。不过其也存在一定的缺点：K 管片在作纵向插入时，要求盾构推进油缸的行程增大，盾构的机身长度大，管环的每块管片必须等强度设计。因此在隧道轴线为直线时，采用通用管片并无显著优势。另外，当轴线存在较多曲线段，并且其曲线段的曲率半径 $R \leqslant 40D$（$D$ 为隧道外径）时，因管片宽度受到限制而无法采用通用管片。

另外，管片按分块形式，又可以分为小封顶块、大封顶块（等分块形式）。

小封顶块方法，即采用不等分割圆周，封顶块较小，可以不设纵向螺栓，如图 8-3 所示。

大封顶块为等分圆周，即等角度分割圆周，K 块与其余管片大小基本相同，需设纵向螺栓，如图 8-4 所示。

总体来说，小封顶块体积及重量小，吊装灵活，利于拼装，可以省去纵向螺栓，拼装速度快，目前在国内地铁建设中广泛使用。而大封顶块可以减少分块数，减少接缝，利于防水，但是由于封块体积和质量大，特别是有纵向螺栓，不利于拼装，主要在早期隧道施工中使用，目前使用相对较少。

管片结构：平板形、箱形。

隧道曲线拟合：通用型、直线+转弯。

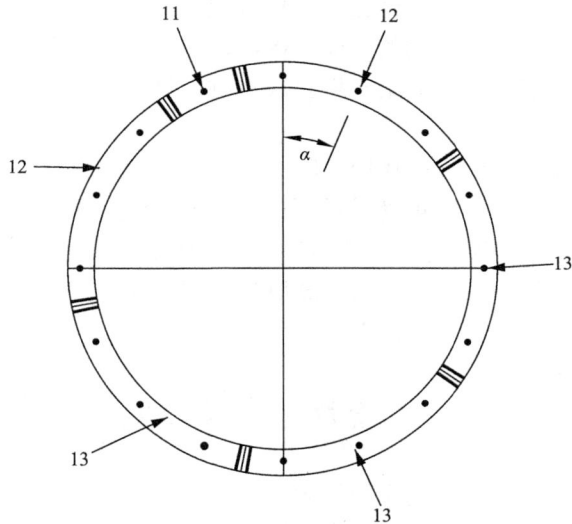

图 8-3　小封顶块管环拼接图

11-K 块封顶管片，12-连接块管片，13-通用标准管片

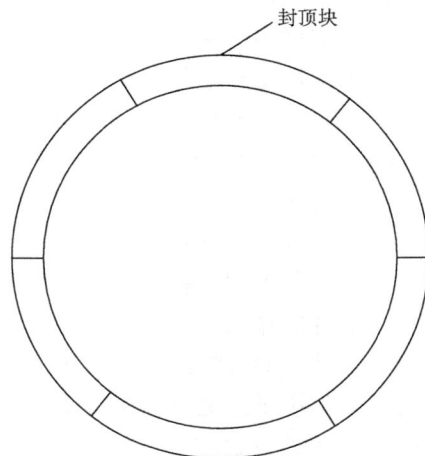

图 8-4　大封顶块管环拼接图

### 8.2.2　管片的选定

盾构隧道衬砌直接承受周围地层压力及上部地面各类建筑物荷载产生的应力，必须满足隧道的使用性能及正常施工安全的要求。所以衬砌结构材料、形式的选定，必须考虑穿越区地层岩性、地层结构特征，同时还要考虑隧道的防水、防腐蚀等耐久性能，以及保证施工安全与施工方便相适应。

2000 年之前，隧道衬砌是由一次衬砌和二次衬砌所构成，一般认为一次衬砌承担主要的力学功能，二次衬砌承担耐久性功能。但是随着科学技术的快速发展，材料的强度和耐久性均得到了很大提高。在此背景下，为了达到降低造价和有效缩短施工工期的目的，现在盾构隧道采用二次衬砌的施工方法越来越少，一般多采用一次衬砌施工方法，且一次衬砌支护结构具有两次衬砌的功能。例如，在工厂管片的制作阶段，在管片的内表面涂上具有抗腐蚀性能的合成脂来代替二次衬砌，这样就可以只使用一次衬砌来建造衬砌结构。

盾构隧道一次衬砌应能够承受作用在隧道上的水土压力、自重、地面超载的影响、地层反力等基本荷载，还要能够承受千斤顶推力、壁后注浆压力等施工荷载。当然管片除了具备上述功能外，还必须具备容易拼装、操作的特点及便于储存、运输等施工性能。此外，其还必须具有施工中及投入使用后隧道的防水功能，满足隧道用途的使用功能、耐久性能以及容易维护管理等重要性能。

## 8.3　管片宽度及厚度

在盾构隧道的管片设计中，选定管片类型之后就要确定管片的宽度及厚度。若从施工安装方便的角度考虑，管片的宽度越小越利于拼装，在弯道施工时也较为方便调整轴线方向和弯曲度，但是若从降低管片制作成本、提高施工速度、增强止水性能等方面考虑，则宽度越大越有利。在实际工程中，应对以上各种条件进行综合分析后，再决定管片的宽度。在日本，钢筋混凝土管片宽度多在 900～1000mm，钢管片宽度以 750～1000mm 为多。国内地铁隧道的钢筋混凝土管片最常用的宽度是 1000mm、1200mm、1500mm 三种。近年来，随着管片企业生产及吊运水平的提高，以及为节约防水材料，减少连接件，方便快速安装，国内大直径 11m 级的钢筋混凝土管片的宽度已扩大到 2000mm。

但是需说明的一点是，管片宽度加大后，推进油缸的行程需相应增长，从而造成盾尾增长，会直接影响盾构的灵敏度，因此，管片也不是越宽越好。管片宽度增加后，如不能确保管片的抗扭刚性，那么应力集中程度就会增大，与管片宽度方向的应力分布就不能保持一致，从而发挥不了梁构件的作用。因此，设计时不能一味追求施工速度而加大管片的宽度，必须充分考虑各种因素的影响，确保盾构隧道稳定性和施工安全。

由于管片主要是用来承受长期作用于隧道内外所有荷载和地下水压力，同时起到防水的作用，对于盾构法隧道管片的厚度，既要考虑其经济效益，又要保证隧道施工安全、隧道运营长期稳定性及其耐久性。所以要根据盾构直径和围岩的工程地质条件、土压力、水压力及地面超载等因素，来综合确定管片的厚度。另外，在施工过程中，管片必须能够承受盾构前进中推进油缸的推力及衬砌背后注浆时的压力。

一般来说，盾构隧道横截面多为圆形，圆形隧道不仅便于管片制作、拼装，而且可以等同地承受各方向外部压力。尤其是在饱和含水软土地层中修建地下隧道，由于顶压、侧压较为接近，拱效应更为明显，圆形隧道非常有利于隧道的稳定性与安全，所以在管片设计中可以适当地让管片的厚度薄一些。但是管片的厚度过薄，在施工过程中极易损伤及引起结构不稳定，所以必须注意其厚度不能过薄。

管片的厚度一般需根据计算或工程类比而定。目前根据国内外实际城市轨道工程实践，建议管片厚度取隧道外径的 4%～6%，盾构管片厚度的计算公式如下：

$$h=(0.04～0.06)D \tag{8-1}$$

式中，$D$——隧道的外径（m）；

$h$——管片的厚度，对于钢筋混凝土管片，$h$ 一般取 $0.05D$。

对于式（8-1），当只考虑隧道直径因素时，一般来说，大直径隧道取小值，小直径隧道取大值。对于隧道内部压力较大的特殊用途的隧道需进行计算确定。

从目前城市地铁盾构隧道管片的使用情况来看，其隧道上下线多采用双向平行隧道，隧道外径在 6200mm 左右。目前地铁盾构隧道管片厚度有 350mm（南京、上海、天津、杭州），300mm（北京、沈阳、广州、深圳、西安、成都）和 250mm（新加坡）等多种类型。总体来说，国内城市地铁盾构隧道安全系数更高一些。

管片厚度的选择，反映了对管片设计理念的正确理解。首先来了解一下与之密切相关的柔性衬砌的设计理论。柔性衬砌设计理论认为，隧道衬砌并不是受很明显的荷载作用的独立结构，衬砌的作用就像一层将荷载重新分配给围岩的薄膜，而不像一个去支撑地层传来荷载的拱圈。因此，通过适当调整隧道衬砌本身与周围地层之间的相对刚度，可以调整地层的变形，改变衬砌与地层的相互作用，从而有利于衬砌的受力，使衬砌设计更加经济合理。

另外管片拼装有通缝拼装和错缝拼装，这里不做赘述。

# 8.4　管片的结构特征

## 8.4.1　管环的分块

管环的分块首先要考虑管片的功能、制作、运输、拼装以及施工成本等因素。其中满足管片的功能及隧道的性能，有效保证施工质量和降低施工成本最为重要，同时管片要具有良好的防水性能，承载隧道内外载荷；其次是要利于管片的制作、运输和安装。若从降低制作费用、加快制作速度和利于安装角度来考虑，每环的管片块数越少越好。但是管环块数少了，管片的制作难度加大，包括管片的模具制作、管片钢筋绑扎以及浇筑脱模和后期保养难度都很大；最后是单块管片大了，其重量就会增加，不利于管片的运输和隧道内的搬运及拼装。所以在决定管环分块时一定要充分考虑各种因素。

管环的分块数应根据隧道的直径大小、螺栓安装位置的互换性（错缝拼装时）而定。

管片的分割首先要从利于安装这个角度来考虑，在安装时一般从隧道的底部向上管片对称或交替安装，即成对性，同时利于封顶，顶部块体要相对小一些。

因此，目前管环的分割数可以用下式表示：$n=X+2+1$。其中，$n$ 为管片数；$X$ 为标准块的数量；另外衬砌中有 2 块邻接块和 1 块封顶块。

标准块的数量 $X$ 与管片外径大小有关，外径越大，$X$ 越大，外径越小，$X$ 越小。城市上下水隧道、水源取水隧道、电力和通信电缆隧道中 $X$ 一般取 1～4，如城市地下管廊多为 1 片，见图 8-5；城市地铁隧道 $X$ 一般取 3～5，大铁隧道一般取 8～10，如地铁盾构隧道管片，见图 8-6。

图 8-5　电力和通信电缆隧道管片

（整体，1 片）

图 8-6　地铁隧道管片

一般情况下，软土地层中小直径隧道管环以 4～6 块为宜（也有采用 3 块的，如内径 $\phi 900$～2000mm 的微型盾构隧道管片，一般每环采用 3 块圆心角为 120° 的管片）。

城市地铁隧道内径一般为 $\phi 6250$mm，常用的分块数为 6（3A+2B+K）和 7（4A+2B+K）。

封顶块有大、小两种，小封顶块的弧长 $S$ 以 600～900mm 为宜。封顶块的楔形量宜取 1/5 弧长左右，径向插入的封顶块楔形量可适当取大一些，此外每块管片的环向螺栓数量不得少于 2 根。

管环分块时需考虑相邻环纵缝和纵向螺栓的互换性，同时尽可能地考虑让管片的接缝安排在弯矩较小的位置。一般情况下，管片的最大弧长宜控制在 4m 左右。管环的最小分块数为 3，小于 3 块的管片无法在盾构内实施拼装。

管环的最大分块数虽无限制，但从造价、稳定性以及防水角度考虑，分块宜少不宜多，尽量减少管环的分块数量。

## 8.4.2　管片接头

管片需要有接头进行连接形成管环和隧道支护结构，所以管片接头是管片的重要组成部分。管片接头分为两种，即在径向上将管片连接成管环的接头和在轴向上将管环连接构成支护结构的管环间的接头。这两种管片的接头应该具有以下性能。

（1）施工途中及拼装完成后受荷载作用不会损害其安全性能与耐久性能。

（2）可以方便地进行拼装，且可以保持拼装后的形状，有良好的施工性能。

（3）受到施工过程中泥水压力及壁后注浆压力等临时荷载的作用时，具有切实可靠的止水性能。

（4）在受到平常荷载及地震影响时，即使产生了一定的接头变形量，仍然可以保证所需的止水性能。

接头结构主要有螺栓接头结构、铰接头结构、销式插入接头结构、楔接头结构、榫接头结构等。这些接头结构都具有各自的特征，要选择合适拼装方便的接头，以便有效保证管环及整体支护结构的拼装精度、工程质量和提高拼装效率。因此，在选定接头结构时，除要考虑所需要的极限承载力与刚度，还有必要充分研究拼装的可靠性及作业性能。

1）螺栓接头结构

如图 8-7 所示，螺栓接头结构是一种用螺栓将接头钢板进行连接形成管环的抗拉接合结构，是在管片接头及环间接头中使用最多的结构。在混凝土管片中，也有将袋状螺母及插入式螺栓埋入混凝土管片中来代替一侧的接头板及螺母。另外，对"中"字形管片也有使用长螺栓、曲螺栓将接头部位的混凝土进行连接的结构。

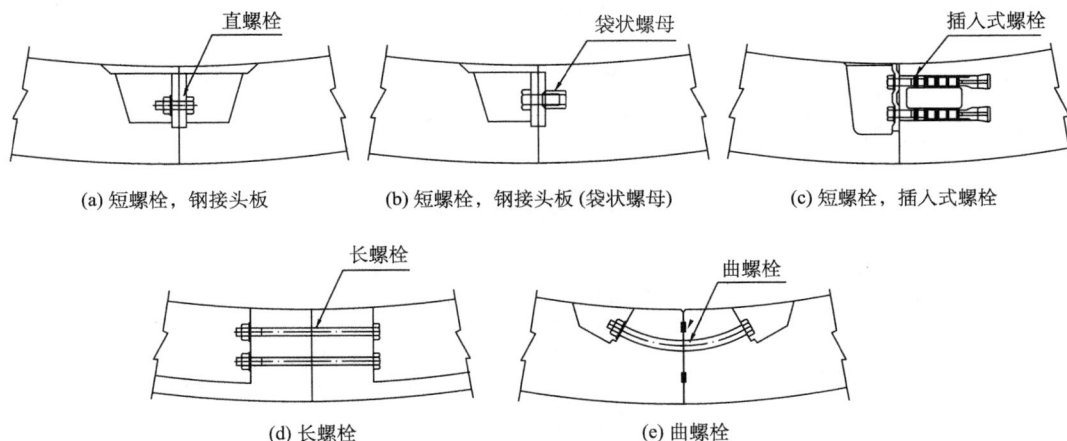

(a) 短螺栓，钢接头板　　　(b) 短螺栓，钢接头板 (袋状螺母)　　　(c) 短螺栓，插入式螺栓

(d) 长螺栓　　　　　(e) 曲螺栓

图 8-7 螺栓接头结构实例

2）铰接头结构

在混凝土管片中使用的多铰环管片接头，以转向接头结构为代表，主要用在地层条件比较好的隧道中。其在管片接头部位几乎不发生弯矩，轴压缩占主导地位。但在地层条件较差、地下水位很高的地区，特别是在中大直径隧道中很少使用该接头结构。另外，力学性能比较稳定的三铰结构作为小断面隧道的接头，使用比较普遍，如图 8-8 所示。此外，这种类型的接头一般情况下不具有连接力，从管片拼装开始到壁后注浆材料硬化

期间，有必要采取防止变形的措施，同时还要充分考虑其防水性能。

3）销式插入接头结构

销式插入接头结构主要作为混凝土管片环间接头来使用。一般来说，环间接头的主要功能是保证错缝拼装方式下环间的拼装效果（相邻管片间剪力的传递），从而保证隧道纵断面方向上的连续性与防水的性能，因此，环间接头要有足够的连接力。

采用销式插入接头结构（图 8-9）时，通过管片装配器或者盾构机的千斤顶将管片推向相邻的管片来完成拼接，这是一种工作效率比较高的接头结构。在这种接头结构设计中应合理地设定插销与插孔之间的富余量。插销与插孔之间的富余量可以根据表 8-2 来确定。富余量过大时，连接力变弱，管片环的变形量会增大，不利于密封与防水。但是，富余量也不能过小，过小时混凝土管片在施工时会产生裂缝。另外，在使用带有锁紧机构的销接头时，由于不能进行管片的拼装修正，这就要求拼装时要非常慎重，确保拼装准确无误。

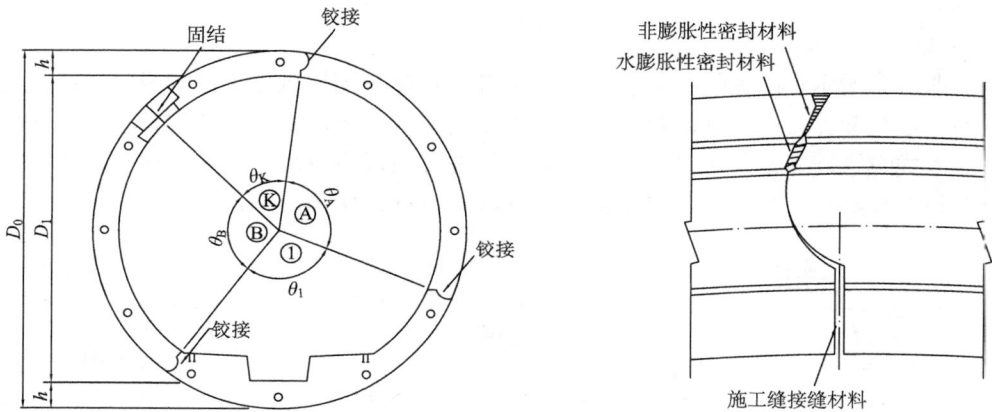

图 8-8　铰接头结构图

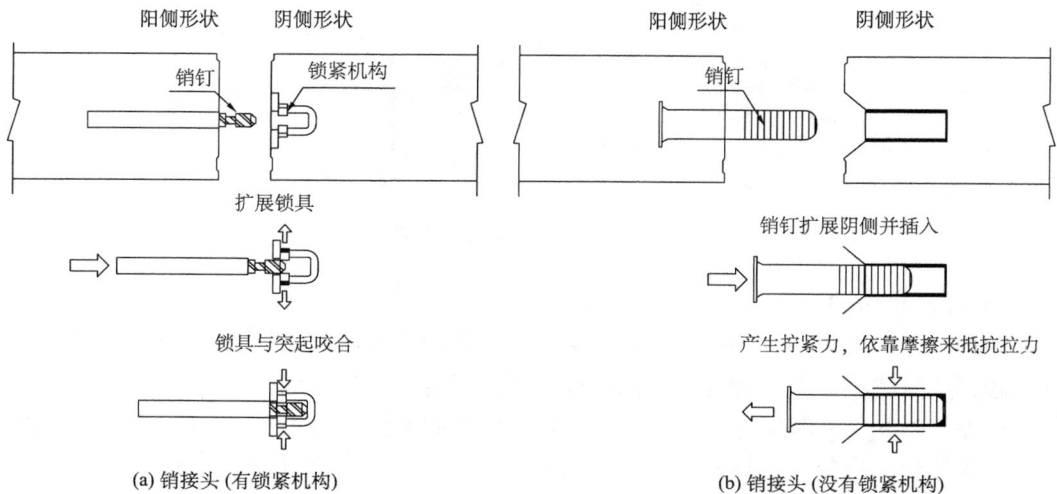

(a) 销接头 (有锁紧机构)　　　　　　　　　(b) 销接头 (没有锁紧机构)

图 8-9　销式插入接头结构图

表 8-2　插销与插孔的直径关系

| 插销的名义直径 | | 16 | 18 | 20 | 22 | 24 | 27 | 30 | 33 | 36 |
|---|---|---|---|---|---|---|---|---|---|---|
| 插孔直径/mm | 短 | 19 | 21～23 | 23～25 | 25～27 | 27～29 | 30～32 | 33～35 | 36～38 | 39～41 |
| | 长 | — | — | — | — | — | 32～33 | 32～38 | 38～41 | — |

4）楔接头结构

楔接头结构也是管片接头的一种形式，其典型结构如图 8-10 所示。它是利用楔作用将管片连接在一起，这种接头的防转动的刚度比较大，管片环不容易产生变形。该结构主要采用从隧道内侧表面预留的楔口嵌入楔形接头。这种结构是将楔形接头平行压入楔口，既可以用于隧道的径向拼接，也可以用于轴向拼接。目前在板形混凝土管片、钢铁管片及合成管片拼装中均有应用。

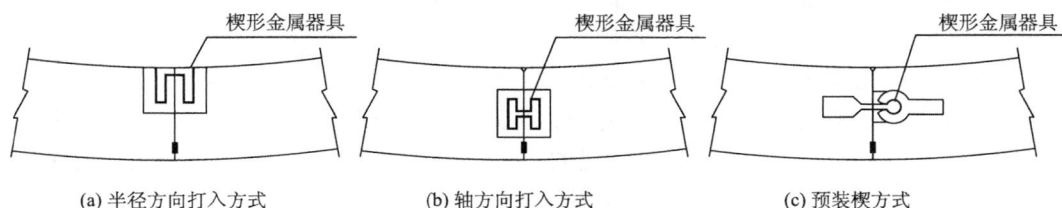

(a) 半径方向打入方式　　　(b) 轴方向打入方式　　　(c) 预装楔方式

图 8-10　楔接头结构图

5）榫接头结构

榫接头结构主要用于混凝土管片的环间接头。在接头处预制凹凸形接口，通过相互的咬合来传递力，如图 8-11 所示。在作为环间接头使用时，管片环的拼装精度很高。由于这一结构利用其凹凸形接口咬合的特点，拼装水平要求很高。另外，为了保证隧道轴向上的连续性与防水性，该结构一般与具有连接力的接头构造并用。

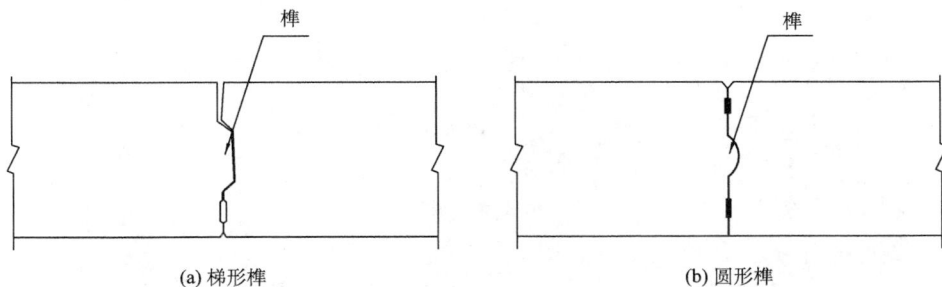

(a) 梯形榫　　　(b) 圆形榫

图 8-11　榫接头结构实例

管片接头上作用着弯矩、轴向力以及剪切力，但其结构性能根据拼接面的对接状态和紧固方法有很大的不同。有的拼接方法即使不设紧固装置，也能抵抗基本的剪切力。传统上多使用全面对拼方式，但最近部分对接、楔式对接及转向对接的使用频率有日趋增长的趋势。

　　为了提高管片环的刚性,管片接头多用金属紧固件连接。为了达到管片拼装高效化、快速化的目的,开发了多种金属紧固件。

　　管片有环向接头和纵向接头。接头的构造形式有直螺栓、曲螺栓、斜插螺栓、榫槽加销轴等,如图 8-7 所示。为了避免管片采用弯螺栓或大面积开孔,开发了斜插螺栓的形式。直螺栓接头是最常用的接头形式,不仅用于箱型管片,也广泛用于平板型管片。直螺栓连接条件最为优越,在施工方面,该形式的螺栓就位、紧固等方法最能让施工人员接受,弯螺栓接头是在管片的必要位置上预留一定弧度的螺孔,拼装管片时把弯螺栓穿入弯孔,将管片连接起来。

### 8.4.3　传力衬垫

　　传力衬垫材料粘贴在管片的环、纵缝内以达到应力集中时的缓冲作用,它不属于防水措施。衬垫材料根据不同位置、不同受力条件、不同使用习惯,其性质、厚度、宽度各有不同。国内最早明确提出使用衬垫的工程是上海地铁某号线试验段,当时主要采用的是 2mm 厚的胶粉油毡,以后的工程则大多采用丁腈橡胶软木垫,也有采用软质聚氯乙烯(PVC)塑料地板,或经防腐处理过的三夹板等。软质 PVC 塑料地板及胶粉油毡薄片在混凝土预制块中受压时,均表现出受压硬化的现象。

　　目前,地铁盾构用管片的传力衬垫材料一般采用厚度为 3mm 的丁腈橡胶软木垫,衬垫使用单组分氯丁-酚醛胶黏剂粘结在管片上。一般除封顶块贴 1 块传力衬垫外,其余每块管片上贴 3 块传力衬垫,如图 8-12 所示。

图 8-12　管片传力衬垫及密封垫照片

### 8.4.4　弹性密封垫与角部防水

管片的接缝防水是盾构隧道防水的重要环节，盾构隧道防水的核心就是管片接缝防水，接缝防水的关键是接缝面防水密封材料及其设置。一般在管片的接缝面设置密封材料沟槽，在沟槽内贴上框形三元乙丙橡胶（EPDM）或遇水膨胀橡胶弹性密封垫圈进行防水，如图 8-13 所示。

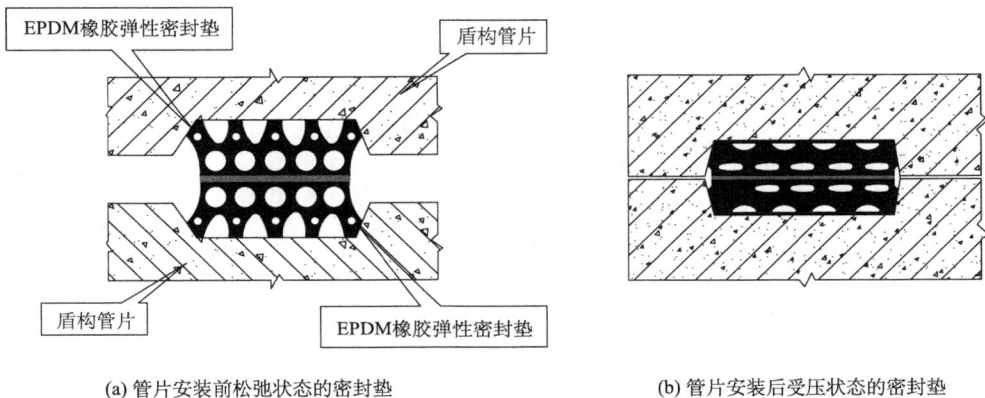

(a) 管片安装前松弛状态的密封垫　　　　　(b) 管片安装后受压状态的密封垫

图 8-13　管片安装前后密封垫状态

管片角部防水一般采用自黏性橡胶薄片，其材料为未硫化的丁基橡胶薄片，尺寸一般为长 200mm、宽 80mm、厚 1.5mm。

### 8.4.5　注浆孔与起吊环

1）注浆孔

为了将壁后注浆材料注入盾尾间隙中而在管片上设置的孔称为注浆孔，为了进行均匀地壁后注浆，多在各个管片上设置注浆孔。但因注浆孔与管片背面相贯通，容易成为漏水的漏点，也有只在构成管片环的一部分管片上设置注浆孔。近年来在中口径以上的盾构隧道中，在管片环挤向地层的同时采用从盾构机进行壁后注浆方式的工程实例在增多，考虑到注浆管会堵塞的情况及二次注浆，或者在小间距平行设置隧道的情况需进行补充注浆，多在 B 形管片上设置注浆孔。

如图 8-14 所示，作为注浆孔主体的有安装在管片中的插口与二次注浆用的螺纹接管及作为注浆孔塞的插塞与盖帽。图 8-15 展示了注浆孔的位置。为了防止在打开注浆孔塞时来自地层水与土砂的喷入，一般在注浆孔中设置反向停止阀，或者在插塞与盖帽上安装 O 形环来防止漏水，如图 8-16、图 8-17 所示。

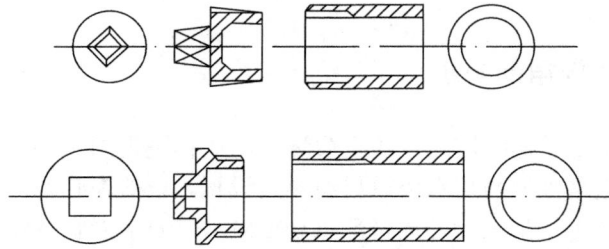

图 8-14　注浆孔用接管与插塞

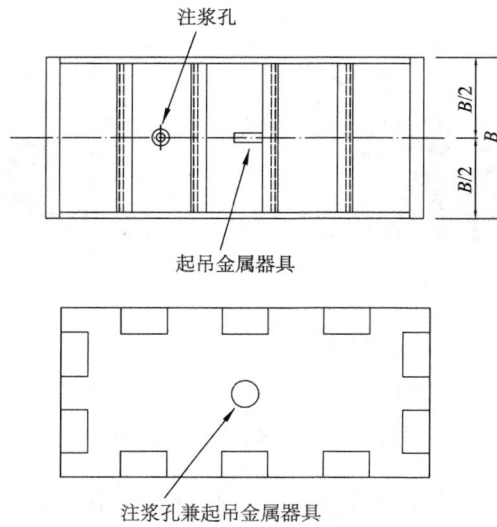

图 8-15　注浆孔的位置

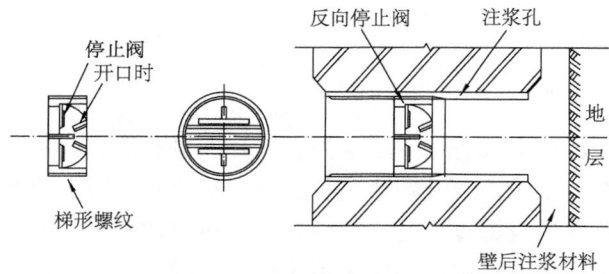

图 8-16　注浆孔反向停止阀实例

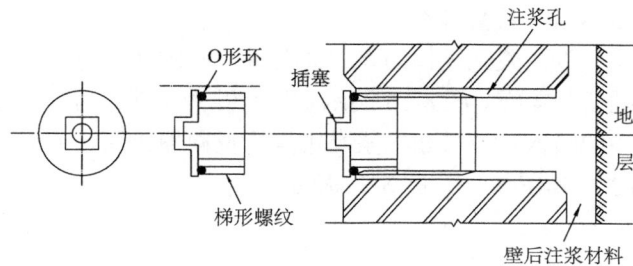

图 8-17　插塞安装实例

应该在考虑使用材料后决定注浆孔直径，一般多使用内径为 50mm 左右的注浆孔。另外，应在混凝土管片与铸铁管片中多将注浆孔与起吊孔兼用，多使用直径比钢管片大的注浆孔。在混凝土管片中因注浆孔采用与混凝土相异的材料，二者之间容易产生界面。因此，有从注浆孔发生渗漏的事故，如南京某过江隧道就发生了沿注浆孔地下水渗漏事故。这时，在注浆孔的插管周围嵌进橡皮筋状的防水材料（氯丁橡胶与遇水膨胀橡胶）是一种有效的防水方法。

此外，对注浆孔塞可以采用橡胶膨胀塞、ABS 树脂塞、聚苯醚（PPE）树脂塞及合成树脂制品。由于合成树脂制品长期使用时其拧紧力会发生劣化，必要时可以考虑使用铸铁及钢制品，有效防止注浆孔塞长期使用材料劣化问题。

2）起吊环

为了移动、运输、搬送及拼装，需要在管片上设置起吊环。

在钢筋混凝土管片与铸铁管片中起吊环多与壁后注浆孔并用，在钢管片中起吊环所用的金属器具与壁后注浆孔分别设置。考虑到管片起吊时的平衡，应尽量将起吊环布置于管片重心位置。

必须保证在运输、搬送及拼装时的荷载作用下任何管片都处于安全状态来设计起吊环，在《预制混凝土衬砌管片》（GB/T 22082—2017）中，使混凝土管片具有可以完全支持 1 环重量的结构，使钢管片具有可以承受管片的自重及耐冲击的结构来进行设计。但对于大断面混凝土管片，管片 1 环的重量变得非常大，起吊环有变得极大的情况。这时，也可采用构成隧道的最大管片重量、设定合适的安全系数来进行设计。

另外，在混凝土管片与铸铁管片中，在采用同步注浆及专用注浆孔时，从防止漏水的观点出发，多使用与管片外侧面没有贯通的专用起吊孔。

## 8.5　荷　　载

隧道设计和管片设计不仅要满足隧道的使用性能，还要满足施工过程中施工荷载作用以及安装安全方面有关要求。从这个角度出发，必须充分考虑荷载的作用，隧道支护结构所受荷载主要包括永久荷载、可变荷载、偶然荷载等。

### 8.5.1　永久荷载

永久荷载包括水土压力、结构自重、地面建筑物超载。

竖向水土压力按全覆土考虑，水平向水土压力采用水土分算。

水土压力主要计算参数取值：土层重度、地基抗力系数、静止侧压力系数均按土层厚度取加权平均值；地下水位取最不利水位（潜水位最小埋深的绝对标高）。

1）顶部水土压力

$$P_{y1} = \sum \gamma_i \cdot h_i + \gamma_w h_w \qquad (8\text{-}2)$$

式中，$\gamma_i$——水位以上取天然重度，水位以下取有效重度；

$h_{\mathrm{w}}$——隧道顶部的水头高度；

$\gamma_{\mathrm{w}}$——水的重度；

$h_{\mathrm{i}}$——隧道顶部以上各地层的厚度。

2）拱背处平均水土压力

$$P_{\mathrm{y2}} = \left(1 - \frac{\pi}{4}\right)R \cdot \gamma \qquad (8\text{-}3)$$

式中，$\gamma$——拱背处地层平均饱和容重；

$R$——管片外半径，取值为 3.1m。

3）顶部侧向水土压力

$$P_{\mathrm{x1}} = K_0(P_{\mathrm{y0}} + P_{\mathrm{y1}} - \gamma_{\mathrm{w}}h_{\mathrm{w}}) + \gamma_{\mathrm{w}}h_{\mathrm{w}} \qquad (8\text{-}4)$$

式中，$K_0$——土体静止侧压力系数；

$P_{\mathrm{y0}}$——隧道地面超载。

4）底部侧向水土压力

$$P_{\mathrm{x2}} = K_0\left(P_{\mathrm{y0}} + P_{\mathrm{y1}} + \sum \gamma_{\mathrm{i}}'h_{\mathrm{i}} - \gamma_{\mathrm{w}}h_{\mathrm{w}}\right) + \gamma_{\mathrm{w}}(h_{\mathrm{w}} + 2R) \qquad (8\text{-}5)$$

式中，$\gamma_{\mathrm{i}}'$——隧道顶至隧道底各土层的有效重度。

### 8.5.2　可变荷载

可变荷载主要是指在隧道的设计使用期内其值可能发生变化，且变化值与平均值相比不可忽略的荷载。例如，汽车静动荷载、屋面与楼面活荷载、雪荷载等，下穿建筑物段按建筑物实际超载进行取值。一般地面可变荷载标准值按 $20\mathrm{kN/m^2}$ 计算。另外还有安装荷载如千斤顶荷载，而且过大作用力会导致管片应力集中，造成管片产生裂缝等。

### 8.5.3　偶然荷载

关于人防荷载验算规定如下：根据人防工程有关规定，对上覆土厚度大于 2.5m、采用 HRB335 以上受力钢筋的地下结构，人防可通过验算。由于盾构隧道埋深多大于一个隧道直径，故此一般不做人防工况验算。特殊浅埋区段，要做人防荷载验算，主要考虑抵抗空气冲击波荷载作用。

地震荷载：根据《中国地震动参数区划图》给出的抗震设防烈度进行计算。目前我国东部地区大部分城市的抗震设防烈度为 7 度，设计基本地震加速度值为 $0.10g$，特征周期值 $0.45\mathrm{s}$。

### 8.5.4　荷载组合

结构设计采用以概率论为基础的极限状态设计方法，分别进行承载力极限状态计算和裂缝宽度验算。

（1）承载力极限状态计算采用基本组合：1.35×永久荷载标准值+1.4×可变荷载标准值。

（2）裂缝宽度验算采用准永久组合并考虑长期作用影响：1.0×永久荷载标准值+1.0×可变荷载标准值。

# 8.6　管片配筋设计

## 8.6.1　内力计算及配筋设计方法

管片内力的计算多采用惯用计算法及修正惯用计算法。计算管片环内力的惯用计算法自 1960 年左右被提出来以后，在日本盾构隧道建设中广泛应用，目前在我国城市地铁盾构隧道建设中的应用也较为普遍。在设计中，这一计算方法主要考虑隧道顶部与底部的均布线荷载、隧道侧面的线性分布荷载及管片的自重等荷载引起的弯矩、轴力和剪力，但没有考虑地层水平抗力作用。之后，伴随着盾构施工方法的发展，为了达到合理设计以下水道为代表的中小直径盾构用钢管片的目的，在设计中导入了能够反映地层抗力的计算方法，于 1961～1962 年又提出了考虑土压反力的地层水平抗力的断面内力计算公式，确立了完整的惯用计算法的基本公式。

惯用计算法及修正惯用计算法中所用的荷载体系如图 8-18 所示。假定垂直方向的地层抗力为均布荷载，水平方向的地层抗力为管片环顶部开始左右 45°～135° 内线性分布荷载（三角形分布）。隧道围岩地层水平方向抗力大小主要取决于隧道管片环轴心水平直径端部的水平方向上的位移，具体计算公式如下：

$$q_{\rm r} = k \cdot \delta \tag{8-6}$$

式中，$k$ ——水平方向上的地层抗力系数（$kN/m^3$）；

$\delta$ ——隧道管片环轴心水平直径端部的水平方向上的位移（m），不考虑管片自重引起的地层反力时，为

$$\delta = \frac{\left[2(p_{\rm e1}+p_{\rm w1})-(q_{\rm e1}+q_{\rm w1})-(q_{\rm e2}+q_{\rm w2})\right]R_{\rm c}^2}{24\left(\eta EI + 0.045k \cdot R_{\rm c}^4\right)} \tag{8-7}$$

考虑管片自重引起的地层反力时，为

$$\delta = \frac{\left[2(p_{\rm e1}+p_{\rm w1})-(q_{\rm e1}+q_{\rm w1})-(q_{\rm e2}+q_{\rm w2})+\pi g\right]R_{\rm c}^2}{24\left(\eta EI + 0.045k \cdot R_{\rm c}^4\right)} \tag{8-8}$$

式中，$EI$ ——单位宽度的抗弯刚度；

$\eta$ ——弯曲刚度有效率；

$g$ ——管片环单位面积的自重（$kN/m^2$）。

惯用计算法与修正惯用计算法的管片断面内力基本计算公式如下。

（1）垂直荷载（土压力 $p_{\rm e1}$+水压力 $p_{\rm w1}$）引起的弯矩、轴力及剪力：

$$M = \frac{1}{4}\left(1 - 2\sin^2\theta\right)(p_{e1} + p_{w1})R_c^2 \tag{8-9}$$

$$N = (p_{e1} + p_{w1})R_c\sin^2\theta \tag{8-10}$$

$$Q = -(p_{e1} + p_{w1})R_c\sin\theta\cos\theta \tag{8-11}$$

式中，$\theta$——管片的转角。

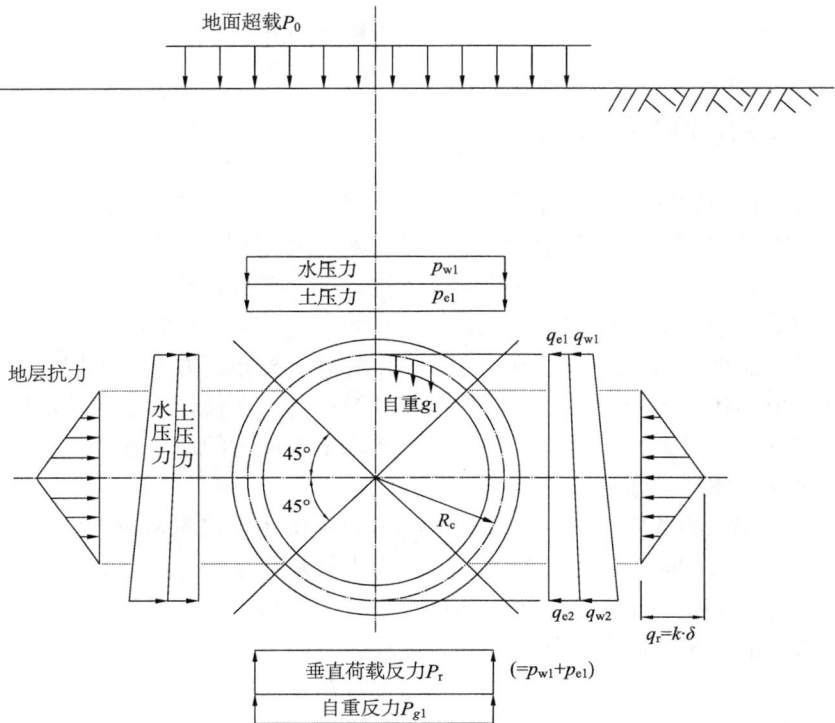

图 8-18　惯用计算法与修正惯用计算法中所用的荷载体系

水平荷载（由土压力和水压力引起的 $q_{e1} + q_{w1}$）引起的弯矩、轴力及剪力：

$$M = \frac{1}{4}\left(1 - 2\cos^2\theta\right)(q_{e1} + q_{w1})R_c^2 \tag{8-12}$$

$$N = (q_{e1} + q_{w1})R_c\cos^2\theta \tag{8-13}$$

$$Q = -(q_{e1} + q_{w1})R_c\sin\theta\cos\theta \tag{8-14}$$

（2）水平三角荷载（$q_{e2} + q_{w2} - q_{e1} - q_{w1}$）引起的弯矩、轴力及剪力：

$$M = \frac{1}{48}\left(6 - 3\cos\theta - 12\cos^2\theta + 4\cos^3\theta\right)(q_{e2} + q_{w2} - q_{e1} - q_{w1})R_c^2 \tag{8-15}$$

$$N = \frac{1}{16}\left(\cos\theta + 8\cos^2\theta - 4\cos^3\theta\right)(q_{e2} + q_{w2} - q_{e1} - q_{w1})R_c \tag{8-16}$$

$$Q = \frac{1}{16}\left(\sin\theta + 8\sin\theta\cos\theta - 4\sin\theta\cos^2\theta\right)(q_{e2} + q_{w2} - q_{e1} - q_{w1})R_c \tag{8-17}$$

（3）地层抗力（$q_r = k \cdot \delta$）引起的弯矩、轴力及剪力：

当 $0 \leqslant \theta < \dfrac{\pi}{4}$ 时：

$$M = (0.2346 - 0.3536\cos\theta) \, k \cdot \delta \cdot R_c^2 \tag{8-18}$$

$$N = 0.3536\cos\theta \cdot k \cdot \delta \cdot R_c \tag{8-19}$$

$$Q = 0.3536\sin\theta \cdot k \cdot \delta \cdot R_c \tag{8-20}$$

当 $\dfrac{\pi}{4} \leqslant \theta \leqslant \dfrac{\pi}{2}$ 时：

$$M = (-0.3487 - 0.5\sin^2\theta + 0.2357\cos^3\theta) k \cdot \delta \cdot R_c^2 \tag{8-21}$$

$$N = (-0.7071\cos\theta + \cos^2\theta - 0.7071\sin^2\theta\cos\theta) k \cdot \delta \cdot R_c \tag{8-22}$$

$$Q = (\sin\theta\cos\theta - 0.7071\cos^2\theta\sin\theta) k \cdot \delta \cdot R_c \tag{8-23}$$

由自重（$p_{g1} = \pi g_1$）产生的弯矩、轴力及剪力：

当 $0 < \theta < \dfrac{\pi}{2}$ 时：

$$M = \frac{3}{8}\pi - \theta\sin\theta - \frac{5}{6}\cos\theta \cdot g \cdot R_c^2 \tag{8-24}$$

$$N = (\theta \cdot \sin\theta - \frac{1}{6}\cos\theta) g \cdot R_c \tag{8-25}$$

$$Q = -\left(\theta \cdot \sin\theta + \frac{1}{6}\sin\theta\right) g \cdot R_c \tag{8-26}$$

当 $\dfrac{\pi}{2} \leqslant \theta \leqslant \pi$ 时：

$$M = \left[-\frac{1}{8}\pi + (\pi - \theta)\sin\theta - \frac{5}{6}\cos\theta - \frac{1}{2}\pi\sin^2\theta\right] g \cdot R_c^2 \tag{8-27}$$

$$N = (-\pi\sin\theta + \theta \cdot \sin\theta + \pi\sin^2\theta - \frac{1}{6}\cos\theta) g \cdot R_c \tag{8-28}$$

$$Q = \left[(\pi - \theta)\cos\theta - \pi\sin\theta\cos\theta - \frac{1}{6}\sin\theta\right] g \cdot R_c \tag{8-29}$$

当 $\eta$ 设为 1 时，以上公式则变成惯用计算法的计算公式。

式（8-7）和式（8-8）中轴心水平直径端部水平方向上的位移 $\delta$，与以水平直径为顶点的上下 45°范围内分布的水平方向上的地层抗力的大小有关。

关于管片配筋设计的内力计算，目前国内外在盾构隧道设计中主要采用 $\eta$-$\zeta$ 法即修正惯用计算法的计算过程，这里做一简要介绍。

首先将单环按匀质圆环计算，但考虑环向接头存在，圆环整体的弯曲刚度降低，取圆环抗弯刚度为 $\eta EI$（$\eta$ 为<1 的弯曲刚度有效率，一般情况下 $\eta$ 取 0.8 进行计算），算出圆环水平直径处变位为 $\delta$，以此计算两侧抗力 $q_r = k \cdot \delta$（图 8-19）。

然后考虑错缝拼装后整体补强效果，进行弯矩的重分配（图 8-20）。

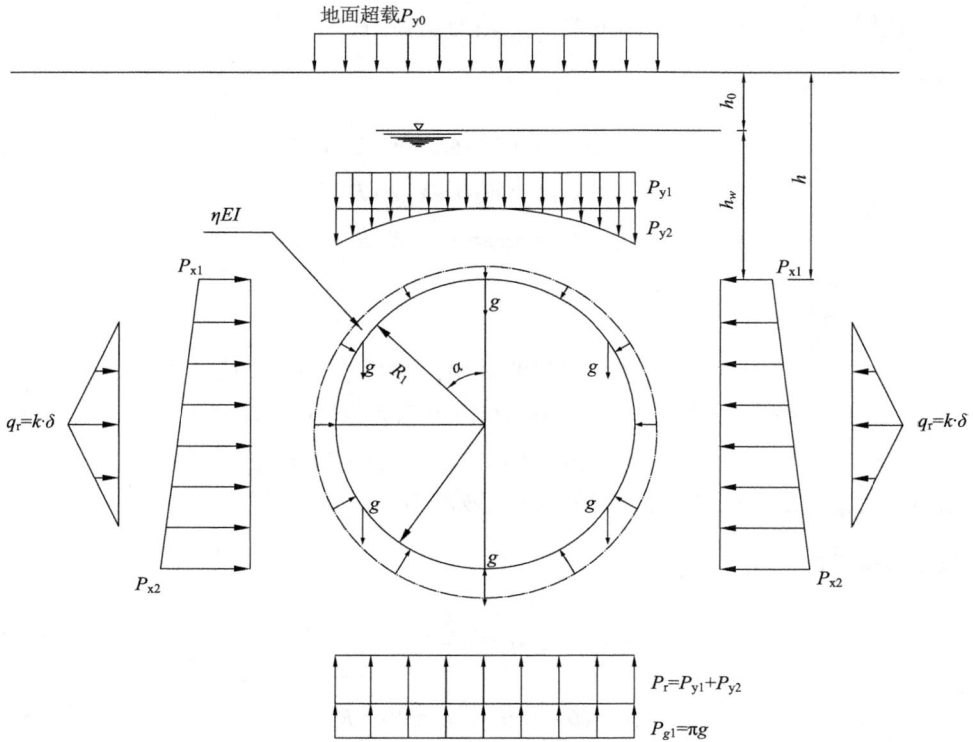

图 8-19　计算简图

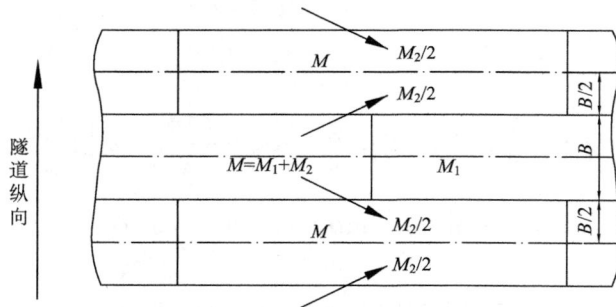

图 8-20　错缝拼装弯矩传递及分配示意图

接头处内力：

$$M_{ji} = (1-\xi)M_i \tag{8-30}$$

$$N_{ji} = N_i \tag{8-31}$$

管片内力：

$$M_{si} = (1+\xi)M_i \tag{8-32}$$

$$N_{si} = N_i \tag{8-33}$$

式中，$\xi$——弯矩提高率，根据国内外经验，在初步确定盾构隧道管片参数时，$\xi$ 取 0.2。

根据内力计算结果，分别进行承载力极限状态计算和裂缝宽度验算，以确定管片的配筋。

## 8.6.2　管片设计实例

以苏州地铁某线路盾构隧道为例，分别在拟建线路右线 4 个断面进行配筋验算。各断面主要计算参数汇总见表 8-3。

**表 8-3　主要计算参数**

| 计算断面 | 右一 | 右二 | 右三 | 右四 |
|---|---|---|---|---|
| 上覆土厚度/m | 10.6 | 11.5 | 12.1 | 16.4 |
| 静止侧压力系数（加权平均） | 0.3 | 0.6 | 0.6 | 0.5 |
| 水平基床系数（加权平均）/（MPa/m） | 200.0 | 27.6 | 18.8 | 17.6 |
| 地下水位（距离地表）/m | 3.0 | 4.6 | 1.9 | 1.9 |
| 重度（加权平均） | 25.1 | 21.9 | 19.4 | 19.3 |

各断面荷载标准值汇总见表 8-4。

**表 8-4　荷载标准值**　　　　　　　　　　　　　　（单位：kN/m）

| 计算断面 | 右一 | 右二 | 右三 | 右四 |
|---|---|---|---|---|
| $P_{y0}$ | 20.0 | 20.0 | 40.0 | 40.0 |
| $P_{y1}$ | 236.0 | 205.7 | 216.1 | 297.8 |
| $P_{y2}$ | 16.7 | 14.6 | 12.9 | 12.9 |
| $P_{x1}$ | 135.4 | 158.7 | 190.9 | 248.1 |
| $P_{x2}$ | 228.3 | 262.9 | 286.6 | 341.1 |

### 1. 内力计算

本线路盾构隧道采用混凝土管片，管片宽 1.2m。各断面基本组合和准永久组合下每环盾构管片内力设计值汇总详见表 8-5，内力分布如图 8-21 所示。

**表 8-5　每环盾构管片内力设计值统计表（1.2m）**

| 计算断面 | 承载力极限状态计算<br>（基本组合，已乘以重要性系数 1.1） | | | | | | 裂缝宽度验算（准永久组合） | | | | | |
|---|---|---|---|---|---|---|---|---|---|---|---|---|
| | $M_1$ | $N_1$ | $M_2$ | $N_2$ | $M_3$ | $N_3$ | $M'_1$ | $N'_1$ | $M'_2$ | $N'_2$ | $M'_3$ | $N'_3$ |
| 右一 | 142.2 | 1157.5 | −15.6 | 1492.9 | 86.7 | 1354.2 | 95.7 | 779.5 | −10.5 | 1005.4 | 58.4 | 912.0 |
| 右二 | 146.4 | 1059.7 | −91.8 | 1323.9 | 82.4 | 1278.6 | 98.6 | 713.6 | −61.8 | 891.5 | 55.5 | 861.0 |
| 右三 | 161.7 | 1201.0 | −114.4 | 1473.6 | 104.1 | 1403.2 | 108.9 | 808.7 | −77.0 | 992.3 | 70.1 | 944.9 |
| 右四 | 243.4 | 1525.0 | −187.5 | 1899.7 | 188.0 | 1721.8 | 163.9 | 1027.0 | −126.3 | 1279.2 | 126.6 | 1159.5 |

注：弯矩单位：kN·m；轴力单位：kN。

2. 配筋设计计算

1）配筋计算控制条件

（1）管片混凝土强度等级 C50；

（2）管片主筋外侧混凝土保护层厚度 51mm，内侧混凝土保护层厚度 40mm；

（3）管片最小配筋率 0.2%；

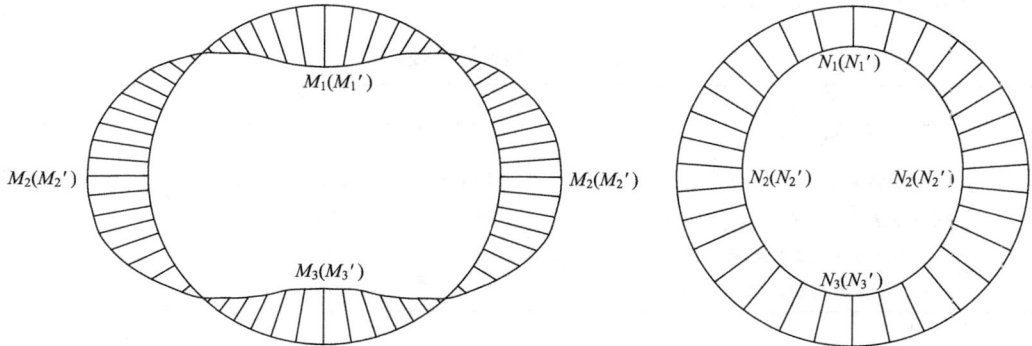

图 8-21　管片内力分布示意图

（4）最大计算裂缝宽度允许值 0.2mm；

（5）裂缝宽度验算主筋混凝土保护层厚度取 30mm。

2）管片内侧配筋设计计算

目前管片设计内力验算有容许承载力设计法和极限状态设计法，本章主要介绍极限状态设计法的计算过程。这里以某地铁盾构隧道右一断面为例，配筋计算结果如下。

（1）承载力极限状态配筋计算。

①工程基本资料。

a. 轴向压力设计值 $N$ = 1492.9kN，$M_{1x}$ = 0kN·m，$M_{2x}$ = 15.6kN·m，$M_{1y}$ = 0kN·m，$M_{2y}$ = 0kN·m；构件的计算长度 $L_{cx}$ = 4000mm，$L_{cy}$ = 4000mm；构件的计算长度 $L_{0x}$ = 4000mm，$L_{0y}$ = 4000mm；结构构件的重要性系数 $\gamma_0$ = 1.1。

b. 矩形截面，截面宽度 $b$ = 1200mm，截面高度 $h$ = 350mm。

c. 采用对称配筋，即 $A_s' = A_s$。

d. 混凝土强度等级为 C50，$f_c$ = 23.109N/mm²；钢筋抗拉强度设计值 $f_y$ = 360N/mm²，钢筋抗压强度设计值 $f_y'$ = 360N/mm²，钢筋弹性模量 $E_s$ = 200000N/mm²；相对界限受压区高度 $\zeta_b$ = 0.5176。

e. 纵筋的混凝土保护层厚度 $c$ = 40mm；全部纵筋最小配筋率 $\rho_{min}$=0.55%。

②轴心受压构件验算。

a. 钢筋混凝土轴心受压构件的稳定系数 $\varphi$

$$L_0/i = \max\{L_{0x}/i_x, L_{0y}/i_y\} = \max\{4000/101, 4000/346\} = \max\{39.6, 11.5\}$$
$$= 39.6，取 \ \varphi = 0.9603。$$

b. 矩形截面面积 $A = b \cdot h = 1200 \times 350 = 420000 \text{mm}^2$；轴压比 $U_c = N/(f_c \cdot A) = 1492900/(23.109 \times 420000) = 0.15$。

c. 全部纵向钢筋的最小截面面积 $A_{s,min} = A \cdot \rho_{min} = 420000 \times 0.55\% = 2310 \text{mm}^2$。

d. 一侧纵向钢筋的最小截面面积 $A_{s1,min} = A \cdot 0.20\% = 420000 \times 0.20\% = 840 \text{mm}^2$。

e. 全部纵向钢筋的截面面积 $A_s'$ 按下式求得

$$N \leqslant 0.9\varphi \left( f_c \cdot A + f_y' \cdot A_s' \right)$$

$$A_s' = [\gamma_0 \cdot N/(0.9\varphi) - f_c \cdot A]/(f_y' - f_c)$$

$$= [1.1 \times 1492900/(0.9 \times 0.9603) - 23.109 \times 420000]/(360 - 23.109)$$

$$= -23171 \text{mm}^2 < A_{s,min} = 2310 \text{mm}^2，\text{取 } A_s' = A_{s,min}。$$

③考虑二阶效应后的弯矩设计值。

弯矩设计值 $M_x$

a. $l_{cx}/i_x = 4000/101 = 39.6$；$34 - 12(M_{1x}/M_{2x}) = 34 - 12 \times (0/15.6) = 34$；$l_{cx}/i_x > 34 - 12(M_{1x}/M_{2x})$，应考虑轴向压力产生的附加弯矩影响。

b. $\zeta_c = 0.5 f_c \cdot A/N = 3.2507 > 1.0$，取 $\zeta_c = 1.0$；附加偏心距 $e_a = \max\{20, h/30\} = \max\{20, 12\} = 20 \text{mm}$；

$$\eta_{nsx} = 1 + (l_{cx}/h)^2 \zeta_c/[1300(M_{2x}/N + e_a)/h_0]$$

$$= 1 + (4000/350)^2 \times 1/[1300 \times (15600000/1492900 + 20)/289] = 1.9536；$$

$$C_{mx} = 0.7 + 0.3 M_{1x}/M_{2x} = 0.7 + 0.3 \times 0/15.6 = 0.7；$$

$$M_x = C_{mx} \cdot \eta_{nsx} \cdot M_{2x} = 0.7 \times 1.9536 \times 15.6 = 21.33 \text{kN} \cdot \text{m}。$$

④在 $M_x$ 作用下正截面偏心受压承载力计算。

a. 附加偏心距 $e_a = \max\{20, h/30\} = \max\{20, 11.7\} = 20 \text{mm}$；

轴向压力对截面重心的偏心距 $e_0 = M/N = 21333133/1492900 = 14.3 \text{mm}$；

初始偏心距 $e_i = e_0 + e_a = 14.3 + 20 = 34.3 \text{mm}$。

b. 轴力作用点至受拉纵筋合力点的距离 $e = e_i + h/2 - a = 34.3 + 350/2 - 61 = 148.3 \text{mm}$。

c. 混凝土受压区高度 $x$ 由下列公式求得：$N \leqslant \alpha_1 \cdot f_c \cdot b \cdot x + f_y' \cdot A_s' - \sigma_s \cdot A_s$。

当采用对称配筋时，可令 $f_y' \cdot A_s' = \sigma_s \cdot A_s$，代入上式可得

$$x = \gamma_0 \cdot N/(\alpha_1 \cdot f_c \cdot b) = 1.1 \times 1492900/(1 \times 23.109 \times 1200)$$

$$= 59.2 \text{mm} \leqslant \xi_b \cdot h_0 = 149.6 \text{mm}，属于大偏心受压构件。$$

d. 当 $x < 2a'$ 时，受拉区纵筋面积 $A_s$ 可按下式求得

$$N \cdot e_s' \leqslant f_y \cdot A_s(h_0 - a_s')；$$

$$e_s' = e_i - h/2 + a_s' = 34.3 - 350/2 + 61 = -80 \text{mm} \leqslant 0；$$

$$A_{sx} = 0 \text{mm}^2 < A_{s1,min} = 840 \text{mm}^2，取 A_{sx}' = 840 \text{mm}^2；$$

根据隧道埋深选择配筋形式为中埋配筋，即内侧配筋为 4$\underline{\Phi}$20+4$\underline{\Phi}$18，钢筋面积为 $A_s = 2274.5 \text{mm}^2$，满足要求。

（2）裂缝验算。

根据配筋形式选择中埋配筋，即内侧配筋为 4$\underline{\Phi}$20+4$\underline{\Phi}$18，钢筋面积为 $A_s = 2274.5 \text{mm}^2$，裂缝宽度验算如下。

①矩形截面偏心受压构件，构件受力特征系数 $\alpha_{cr} = 1.9$，截面尺寸 $b \times h = 1200\text{mm} \times 350\text{mm}$，受压构件计算长度 $l_0 = 4000\text{mm}$。

②纵筋根数、直径。第 1 种：4$\underline{\Phi}$20，第 2 种：4$\underline{\Phi}$18。

受拉区纵向钢筋的等效直径 $d_{eq} = \sum(n_i \cdot d_i^2) / \sum(n_i \cdot \upsilon \cdot d_i) = 19.1\text{mm}$，带肋钢筋的相对黏结特性系数 $\upsilon = 1$。

③受拉纵筋面积 $A_s = 2274.5\text{mm}^2$，钢筋弹性模量 $E_s = 200000\text{N/mm}^2$。

④最外层纵向受拉钢筋外边缘至受拉区底边的距离 $c_s = 30\text{mm}$，纵向受拉钢筋合力点至截面近边的距离 $a_s = 40\text{mm}$，$h_0 = 310\text{mm}$。

⑤混凝土轴心抗拉强度标准值 $f_{tk} = 2.643\text{N/mm}^2$。

⑥按荷载准永久组合计算的轴向力值 $N_q = 1157.5\text{kN}$，按荷载准永久组合计算的弯矩值 $M_q = 142.2\text{kN·m}$，轴向力对截面重心的初始偏心距 $e_0 = M_q/N_q = 1000 \times 142.2/1157.5 = 123\text{mm}$。

⑦对 $e_0/h_0 = 0.3963 \leqslant 0.55$ 的偏心受压构件，可不验算裂缝宽度。

3）管片外侧配筋设计计算

（1）承载力极限状态配筋计算。

①工程基本资料。

a. 轴向压力设计值 $N = 1492.9\text{kN}$，$M_{1x} = 0\text{kN·m}$，$M_{2x} = 15.6\text{kN·m}$，$M_{1y} = 0\text{kN·m}$，$M_{2y} = 0\text{kN·m}$；构件的计算长度 $L_{cx} = 4000\text{mm}$，$L_{cy} = 4000\text{mm}$；构件的计算长度 $L_{0x} = 4000\text{mm}$，$L_{0y} = 4000\text{mm}$；结构构件的重要性系数 $\gamma_0 = 1.1$。

b. 矩形截面，截面宽度 $b = 1200\text{mm}$，截面高度 $h = 350\text{mm}$。

c. 采用对称配筋，即 $A_s' = A_s$。

d. 混凝土强度等级为 C50，$f_c = 23.109\text{N/mm}^2$；钢筋抗拉强度设计值 $f_y = 360\text{N/mm}^2$，钢筋抗压强度设计值 $f_y' = 360\text{N/mm}^2$，钢筋弹性模量 $E_s = 200000\text{N/mm}^2$；相对界限受压区高度 $\zeta_b = 0.5176$。

e. 纵筋的混凝土保护层厚度 $c = 51\text{mm}$；全部纵筋最小配筋率 $\rho_{min} = 0.55\%$。

②轴心受压构件验算。

a. 钢筋混凝土轴心受压构件的稳定系数 $\varphi$

$$L_0/i = \max\{L_{0x}/i_x, L_{0y}/i_y\} = \max\{4000/101, 4000/346\} = \max\{39.6, 11.5\}$$
$$= 39.6，取 \varphi = 0.9603。$$

b. 矩形截面面积 $A = b \cdot h = 1200 \times 350 = 420000\text{mm}^2$；轴压比 $U_c = N/(f_c \cdot A) = 1492900/(23.109 \times 420000) = 0.15$。

c. 全部纵向钢筋的最小截面面积 $A_{s,min} = A \cdot \rho_{min} = 420000 \times 0.55\% = 2310\text{mm}^2$。

d. 一侧纵向钢筋的最小截面面积 $A_{s1,min} = A \cdot 0.20\% = 420000 \times 0.20\% = 840\text{mm}^2$。

e. 全部纵向钢筋的截面面积 $A_s'$ 按下式求得

$$N \leqslant 0.9\varphi(f_c \cdot A + f_y' \cdot A_s')$$
$$A_s' = [\gamma_0 \cdot N(0.9\varphi) - f_c \cdot A]/(f_y' - f_c)$$
$$= [1.1 \times 1492900/(0.9 \times 0.9603) - 23.109 \times 420000]/(360 - 23.109)$$

$= -23171\text{mm}^2 < A_{s,\min} = 2310\text{mm}^2$，取 $A'_s = A_{s,\min}$。

③考虑二阶效应后的弯矩设计值。

弯矩设计值 $M_x$

a. $l_{cx} / i_x = 4000/101 = 39.6$；$34 - 12(M_{1x} / M_{2x}) = 34 - 12 \times (0/15.6) = 34$；

$l_{cx} / i_x > 34 - 12(M_{1x} / M_{2x})$，应考虑轴向压力产生的附加弯矩影响。

b. $\zeta_c = 0.5 f_c \cdot A / N = 3.2507 > 1.0$，取 $\zeta_c = 1.0$；附加偏心距 $e_a = \max\{20, h/30\} = \max\{20, 12\} = 20\text{mm}$；

$$\eta_{nsx} = 1 + (l_{cx} / h)^2 \zeta_c / [1300(M_{2x} / N + e_a) / h_0]$$
$$= 1 + (4000/350)^2 \times 1 / [1300 \times (15600000/1492900 + 20) / 289] = 1.9536;$$

$$C_{mx} = 0.7 + 0.3 M_{1x} / M_{2x} = 0.7 + 0.3 \times 0/15.6 = 0.7;$$

$$M_x = C_{mx} \cdot \eta_{nsx} \cdot M_{2x} = 0.7 \times 1.9536 \times 15.6 = 21.33\text{kN} \cdot \text{m}.$$

④在 $M_x$ 作用下正截面偏心受压承载力计算。

a. 附加偏心距 $e_a = \max\{20, h/30\} = \max\{20, 11.7\} = 20\text{mm}$；

轴向压力对截面重心的偏心距 $e_0 = M / N = 21333133/1492900 = 14.3\text{mm}$；

初始偏心距 $e_i = e_0 + e_a = 14.3 + 20 = 34.3\text{mm}$。

b. 轴力作用点至受拉纵筋合力点的距离 $e = e_i + h/2 - a = 34.3 + 350/2 - 61 = 148.3\text{mm}$。

c. 混凝土受压区高度 $x$ 由下列公式求得

$$N \leqslant \alpha_1 \cdot f_c \cdot b \cdot x + f_{y'} \cdot A'_s - \sigma_s \cdot A_s$$

当采用对称配筋时，可令 $f'_y \cdot A'_s = \sigma_s \cdot A_s$，代入上式可得

$$x = \gamma_0 \cdot N / (\alpha_1 \cdot f_c \cdot b) = 1.1 \times 1492900 / (1 \times 23.109 \times 1200)$$
$$= 59.2\text{mm} \leqslant \xi_b \cdot h_0 = 149.6\text{mm}，属于大偏心受压构件。$$

d. 当 $x < 2a'$ 时，受拉区纵筋面积 $A_s$ 可按下式求得

$$N \cdot e'_s \leqslant f_y \cdot A_s (h_0 - a'_s);$$

$$e'_s = e_i - h/2 + a'_s = 34.3 - 350/2 + 61 = -80\text{mm} \leqslant 0;$$

$$A'_{sx} = 0\text{mm}^2 < A_{s1,\min} = 840\text{mm}^2，取 A'_{sx} = 840\text{mm}^2.$$

根据配筋形式选择中埋配筋，即外侧配筋为 10$\Phi$16，钢筋面积为 $A_s = 2011\text{mm}^2$，满足要求。

（2）裂缝验算。

根据配筋形式选择中埋配筋，即外侧配筋为 10$\Phi$16，钢筋面积为 $A_s = 2010.6\text{mm}^2$，裂缝宽度验算如下。

①矩形截面偏心受压构件，构件受力特征系数 $\alpha_{cr} = 1.9$，截面尺寸 $b \times h = 1200\text{mm} \times 350\text{mm}$，受压构件计算长度 $l_0 = 4000\text{mm}$。

②纵筋根数、直径：10$\Phi$16。

受拉区纵向钢筋的等效直径 $d_{eq} = \sum(n_i \cdot d_i^2) / \sum(n_i \cdot \upsilon \cdot d_i) = 16\text{mm}$，带肋钢筋的相对黏结特性系数 $\upsilon = 1$。

③受拉纵筋面积 $A_s = 2010.6\text{mm}^2$，钢筋弹性模量 $E_s = 200000\text{N/mm}^2$。

④最外层纵向受拉钢筋外边缘至受拉区底边的距离 $c_s = 30mm$，纵向受拉钢筋合力点至截面近边的距离 $a_s = 38mm$，$h_0 = 312mm$。

⑤混凝土轴心抗拉强度标准值 $f_{tk} = 2.643N/mm^2$。

⑥按荷载准永久组合计算的轴向力值 $N_q = 1492.9kN$，按荷载准永久组合计算的弯矩值 $M_q = 15.6kN·m$，轴向力对截面重心的初始偏心距 $e_0 = M_q / N_q = 1000 \times 15.6/1492.9 = 10mm$。

⑦对 $e_0/h_0 = 0.0335 \leqslant 0.55$ 的偏心受压构件，可不验算裂缝宽度。

4）各断面计算结果

各断面配筋计算结果和裂缝验算结果详见表 8-6。

表 8-6　配筋计算和裂缝验算结果汇总表

| 计算断面 | 承载力极限状态 | | | | 裂缝宽度验算 | |
|---|---|---|---|---|---|---|
| | 内侧 | | 外侧 | | 内侧 | 外侧 |
| | $A_s/mm^2$ | 实配钢筋 | $A_s/mm^2$ | 实配钢筋 | | |
| 右一 | 840 | 4⊈20+4⊈18 | 840 | 10⊈16 | 不需验算 | 不需验算 |
| 右二 | 840 | 4⊈20+4⊈18 | 840 | 10⊈16 | 不需验算 | 不需验算 |
| 右三 | 840 | 4⊈20+4⊈18 | 840 | 10⊈16 | 不需验算 | 不需验算 |
| 右四 | 1018 | 4⊈22+4⊈20 | 840 | 10⊈16 | 不需验算 | 不需验算 |

通过计算给出了配筋规格及配筋率，预制件厂按设计图进行扎筋和管片浇筑，图 8-22、图 8-23 分别为扎筋完成的管片钢筋笼子、模具中钢筋笼子及预埋件。

图 8-22　扎筋完成的管片钢筋笼子

图 8-23　模具中钢筋笼子及预埋件

### 3. 端部千斤顶荷载局部抗压计算与抗浮验算

1）端部千斤顶荷载局部抗压计算

施工过程中，千斤顶的作用对管片结构内力有较大的影响。因此，设计中需考虑千斤顶荷载对管片结构配筋的影响。考虑到千斤顶数量、最大推力（按 2000kN 考虑）及作用位置，将管片看作宽 1.20m、长 3.2m、厚 35cm 的板，千斤顶撑靴板长度 50cm，作用在宽度为 25cm 的管片端面上。通过对管片受压环的局部承压面积为 $500 \times 250 \text{mm}^2$ 的力压复核，即

$$F = 1.35 \beta_c \beta_1 f_c A_{\ln} = 4612.3 \text{kN} > 2000 \text{kN}$$

满足局部抗压要求。

2）抗浮验算

选取区间结构覆土最浅处验算，在右 DK09+705.000 处最小覆土厚度为 6.3m，取各层土的容重为 19 kN/m³，隧道半径 $R$ 为 3.1m。

上覆土重：　　$P = (19 - 10) \times 6.3 \times 6.2 = 351.54 \text{kN}$；

结构自重：　　$G = \gamma_c \cdot \pi \cdot d \cdot t = 25 \times \pi \times 5.85 \times 0.35 = 160.8 \text{kN}$；

水的浮力：　　$F_{浮} = \rho g V = 1 \times 10 \times \pi R^2 \times 1 = 301.9 \text{kN}$；

抗浮安全系数：　　$K = \dfrac{P + G}{F_{浮}} = 1.7 > 1.05$，满足抗浮要求。

# 主要参考文献

北京市建筑设计研究院. 1992. CECS 43: 92 钢筋混凝土装配整体式框架节点与连接设计规程[S]. 北京: 中国工程建设标准化协会.

曹双寅, 舒赣平, 冯健, 等. 2018. 工程结构设计原理[M]. 南京: 东南大学出版社.

陈云, 张琦俊. 2021. 一种钢筋混凝土预制柱及其施工方法: 112922233A[P]. 2021-06-08.

程春森, 王晓锋, 郑毅敏, 等. 2016. 预制混凝土构件脱模验算国内外标准对比[J]. 施工技术, 45(9): 46-48.

崔瑶, 范新海. 2016. 装配式混凝土结构[M]. 北京: 中国建筑工业出版社.

戴鹏, 袁盈琴. 2019. 浅谈预制混凝土楼梯在装配式建筑中的技术应用[J]. 住宅与房地产, (2): 87-90.

房冬梅. 2016. 预制装配式混凝土楼梯设计与应用[J]. 建筑结构, 46(S1): 637-640.

郭学明. 2017. 装配式混凝土结构建筑的设计、制作与施工[M]. 北京: 机械工业出版社.

姜中天, 杨大斌, 万庆好. 2014. 装配式整体厨房设计及装配研究[J]. 住宅产业, (7): 30-34.

蒋勤俭. 2010. 国内外装配式混凝土建筑发展综述[J]. 建筑技术, 41(12): 1074-1077.

李滨. 2014. 我国预制装配式建筑的现状与发展[J]. 中国科技信息, (7): 114-115.

李青山, 黄营. 2018. 装配式混凝土建筑——结构设计与拆分设计 200 问[M]. 北京: 机械工业出版社.

刘海成, 郑勇. 2016. 装配式剪力墙结构深化设计、构件制作与施工安装技术指南[M]. 北京: 中国建筑工业出版社.

卢家森. 2016. 装配整体式混凝土框架实用设计方法[M]. 长沙: 湖南大学出版社.

卢家森, 吴金虎, 郑振鹏. 2014. 庙三 110kV 变电站预制混凝土框架结构设计[J]. 建筑结构, 44(13): 24-28.

邱洪兴. 2012. 建筑结构设计(第一册)——基础教程[M]. 北京: 高等教育出版社.

戎贤, 杨洪渭, 张健新, 等. 2021. 装配式钢筋混凝土柱与柱拼接结构及方法: 113152669A[P]. 2021-07-23.

社团法人预制建筑协会. 2012. R-PC 的设计(预制建筑技术集成, 第四册)[M]. 薛伟辰, 胡伟, 译. 北京: 中国建筑工业出版社.

社团法人预制建筑协会. 2012. W-PC 的设计(预制建筑技术集成, 第二册)[M]. 薛伟辰, 胡伟, 译. 北京: 中国建筑工业出版社.

社团法人预制建筑协会. 2012. WR-PC 的设计(预制建筑技术集成, 第三册)[M]. 薛伟辰, 胡伟, 译. 北京: 中国建筑工业出版社.

社团法人预制建筑协会. 2012. 预制建筑总论(预制建筑技术集成, 第一册)[M]. 朱邦范, 译. 北京: 中国建筑工业出版社.

深圳市住房和建设局. 2009. SJG18—2009 预制装配整体式钢筋混凝土结构技术规范[S]. 北京: 中国建筑工业出版社.

施岚青. 2016. 一级注册结构工程师专业考试复习教程[M]. 北京: 中国建筑工业出版社.

孙书云. 2020. 一种装配式钢骨混凝土叠合梁结构: 209975866U[P]. 2020-01-21.

田东, 李新伟, 马涛. 2016. 基于 BIM 的装配式混凝土建筑构件系统设计分析与研究[J]. 建筑结构, 46(17): 58-62.

同济大学. 2016. DG/TJ 08-2071—2016 装配整体式混凝土住宅体系设计规程[S]. 上海: 同济大学出版社.

王俊, 赵基达, 胡宗羽. 2016. 我国建筑工业化发展现状与思考[J]. 土木工程学报, 49(5): 1-8.

魏江洋. 2016. 浅析预制装配式混凝土(PC)技术在民用建筑中的应用与发展[D]. 南京: 南京大学.

吴锋. 2017. 钢筋混凝土装配式住宅设计中预制构件的选择[J]. 山西建筑, 43(26): 46-48.

吴水根, 丁景辰. 2014. 装配式混凝土住宅中的整体卫浴间国内应用前景探析[J]. 建筑施工, 36(2): 201-203.

肖明. 2017. 日本装配式建筑发展状况[J]. 住宅产业, (5): 10-11.

徐科峰, 耿冠霖. 2016. 住宅工业化中的整体厨房设计浅析[J]. 住宅科技, 36(1): 15-19.

徐其功. 2017. 装配式混凝土结构设计[M]. 北京: 中国建筑工业出版社.

徐其功, 何敏秀, 王桂生, 等. 2021. 装配式混凝土建筑结构预留钢筋穿孔的预制柱及梁柱节点: 213741571U[P]. 2021-07-20.

徐雨濛. 2015. 我国装配式建筑的可持续性发展研究[D]. 武汉: 武汉工程大学.

姚大鹍, 吕臻. 2016. 一种预制装配式混凝土叠合梁对接连接构造: 205822451U[P]. 2016-12-21.

张海云, 庞瑞. 2018. 装配式混凝土结构设计[M]. 郑州: 黄河水利出版社.

赵顺波, 张新中. 2001. 混凝土叠合结构设计原理与应用[M]. 北京: 中国水利水电出版社.

赵勇, 王晓锋. 2013. 预制混凝土构件吊装方式与施工验算[J]. 住宅产业, (2): 60-63.

赵勇, 王晓锋, 姜波, 等. 2012. 装配式混凝土结构施工验算评析[J]. 施工技术, 41(5): 29-34.

中国建筑标准设计研究院. 2015. 15G107-1 装配式混凝土结构表示方法及示例(剪力墙结构)[S]. 北京: 中国计划出版社.

中国建筑标准设计研究院. 2015. 15G365-1 预制混凝土剪力墙外墙板[S]. 北京: 中国计划出版社.

中国建筑标准设计研究院. 2015. 15G365-2 预制混凝土剪力墙内墙板[S]. 北京: 中国计划出版社.

中国建筑标准设计研究院. 2015. 15G366-1 桁架钢筋混凝土叠合板(60mm 厚底板)[S]. 北京: 中国计划出版社.

中国建筑标准设计研究院. 2015. 15G367-1 预制钢筋混凝土板式楼梯[S]. 北京: 中国计划出版社.

中国建筑标准设计研究院. 2015. 15J939-1 装配式混凝土结构住宅建筑设计示例(剪力墙结构)[S]. 北京: 中国计划出版社.

中国建筑标准设计研究院. 2016. 16J110-2、16G333 预制混凝土外墙挂板(一)[S]. 北京: 中国计划出版社.

中国建筑标准设计研究院. 2016. 装配式建筑系列标准应用实施指南(装配式混凝土结构建筑)[M]. 北京: 中国计划出版社.

中国有色工程有限公司. 2016. 混凝土结构构造手册[M]. 5 版. 北京: 中国建筑工业出版社.

中华人民共和国国家质量监督检验检疫总局, 中国国家标准化管理委员会. 2009. GB/T 11228—2008 住宅厨房及相关设备基本参数[S]. 北京: 中国标准出版社.

中华人民共和国建设部, 中华人民共和国国家质量监督检验检疫总局. 2006. GB 50368—2005 住宅建筑规范[S]. 北京: 中国建筑工业出版社.

中华人民共和国交通运输部. 2015. 超限运输车辆行驶公路管理规定[M]. 北京: 人民交通出版社.

中华人民共和国质量监督检验检疫总局, 中国国家标准化管理委员会. 2013. GB 8624—2012 建筑材料及制品燃烧性能分级[S]. 北京: 中国标准出版社.

中华人民共和国住房和城乡建设部, 中华人民共和国国家质量监督检验检疫总局. 2010. GB 50011—2010(2016 年版)建筑抗震设计规范[S]. 北京: 中国建筑工业出版社.

中华人民共和国住房和城乡建设部, 中华人民共和国质量监督检验检疫总局. 2008. GB 50153—2008 工程结构可靠性设计统一标准[S]. 北京: 中国建筑工业出版社.

中华人民共和国住房和城乡建设部, 中华人民共和国质量监督检验检疫总局. 2011. GB 50661—2011 钢结构焊接规范[S]. 北京: 中国建筑工业出版社.

中华人民共和国住房和城乡建设部, 中华人民共和国质量监督检验检疫总局. 2017. GB 50017—2017 钢结构设计标准[S]. 北京: 中国建筑工业出版社.

中华人民共和国住房和城乡建设部. 2009. JGJ/T 477—2018 装配式整体厨房应用技术标准[S]. 北京: 中国建筑工业出版社.

中华人民共和国住房和城乡建设部. 2010. JGJ 3—2010 高层建筑混凝土结构技术规程[S]. 北京: 中国建筑工业出版社.

中华人民共和国住房和城乡建设部. 2011. GB 50010—2010(2015 年版)混凝土结构设计规范[S]. 北京: 中国建筑工业出版社.

中华人民共和国住房和城乡建设部. 2011. JGJ 224—2010 预制预应力混凝土装配整体式框架结构技术规程[S]. 北京: 中国建筑工业出版社.

中华人民共和国住房和城乡建设部. 2012. GB 50096—2011 住宅设计规范[S]. 北京: 中国计划出版社.

中华人民共和国住房和城乡建设部. 2012. GB 50666—2011 混凝土结构工程施工规范[S]. 北京: 中国建筑工业出版社.

中华人民共和国住房和城乡建设部. 2012. GB 50763—2012 无障碍设计规范[S]. 北京: 中国建筑工业出版社.

中华人民共和国住房和城乡建设部. 2012. JG/T 183—2011 住宅整体卫浴间[S]. 北京: 中国标准出版社.

中华人民共和国住房和城乡建设部. 2012. JG/T 184—2011 住宅整体厨房[S]. 北京: 中国标准出版社.

中华人民共和国住房和城乡建设部. 2012. JG/T 258—2011 预制带肋底板混凝土叠合楼板技术规程[S]. 北京: 中国建筑工业出版社.

中华人民共和国住房和城乡建设部. 2012. JGJ 18—2012 钢筋焊接及验收规程[S]. 北京: 中国建筑工业出版社.

中华人民共和国住房和城乡建设部. 2012. JGJ 256—2011 钢筋锚固板应用技术规程[S]. 北京: 中国建筑工业出版社.

中华人民共和国住房和城乡建设部. 2013. JG/T 163—2013 钢筋机械连接用套筒[S]. 北京: 中国标准出版社.

中华人民共和国住房和城乡建设部. 2014. GB/T 50002—2013 建筑模数协调标准[S]. 北京: 中国建筑工业出版社.

中华人民共和国住房和城乡建设部. 2014. JGJ 1—2014 装配式混凝土结构技术规程[S]. 北京: 中国建筑工业出版社.

中华人民共和国住房和城乡建设部. 2015. 15G310-1 装配式混凝土结构连接节点构造(楼盖结构和楼梯)[S]. 北京: 中国计划出版社.

中华人民共和国住房和城乡建设部. 2015. 15G368-1 预制钢筋混凝土阳台板、空调板及女儿墙[S]. 北京:

中国计划出版社.

中华人民共和国住房和城乡建设部. 2015. JGJ 355—2015 钢筋套筒灌浆连接应用技术规程[S]. 北京: 中国建筑工业出版社.

中华人民共和国住房和城乡建设部. 2016. GB/T 51129—2015 工业化建筑评价标准[S]. 北京: 中国建筑工业出版社.

中华人民共和国住房和城乡建设部. 2016. JGJ 107—2016 钢筋机械连接技术规程[S]. 北京: 中国建筑工业出版社.

中华人民共和国住房和城乡建设部. 2017. GB/T 51231—2016 装配式混凝土建筑技术标准[S]. 北京: 中国建筑工业出版社.

中华人民共和国住房和城乡建设部. 2018. GB/T 51129—2017 装配式建筑评价标准[S]. 北京: 中国建筑工业出版社.

中华人民共和国住房和城乡建设部. 2018. JGJ/T 467—2018 装配式整体卫生间应用技术标准[S]. 北京: 中国建筑工业出版社.

中华人民共和国住房和城乡建设部. 2018. JGJ/T 477—2018 装配式整体厨房应用技术标准[S]. 北京: 中国建筑工业出版社.

中华人民共和国住房和城乡建设部. 2019. JGJ/T 458—2018 预制混凝土外挂墙板应用技术标准[S]. 北京: 中国建筑工业出版社.

中华人民共和国住房和城乡建设部. 2020. JG/T 225—2020 预应力混凝土用金属波纹管[S]. 北京: 中国标准出版社.

中华人民共和国住房和城乡建设部. 2020. JG/T 398—2019 钢筋连接用灌浆套筒[S]. 北京: 中国标准出版社.

中华人民共和国住房和城乡建设部. 2020. JG/T 408—2019 钢筋连接用套筒灌浆料[S]. 北京: 中国标准出版社.